建设行业专业人员快速上岗 100 问丛书

# 手把手教你当好设备安装施工员

刘淑华　主　编

魏久平　温世洲　胡　静
　　　　　　　　　　　　　副主编
曹晓婧　雷济时　马振宇

王文睿　主　审

中国建筑工业出版社

**图书在版编目(CIP)数据**

手把手教你当好设备安装施工员/刘淑华主编.—北京:中国建筑工业出版社,2014.12
(建设行业专业人员快速上岗100问丛书)
ISBN 978-7-112-17546-8

Ⅰ.①手… Ⅱ.①刘… Ⅲ.①房屋建筑设备-建筑安装工程-工程施工-问题解答 Ⅳ.①TU8-44

中国版本图书馆CIP数据核字(2014)第274842号

建设行业专业人员快速上岗100问丛书
**手把手教你当好设备安装施工员**

刘淑华 主 编
魏久平 温世洲 胡 静
曹晓婧 雷济时 马振宇 副主编
王文睿 主 审

\*

中国建筑工业出版社出版、发行(北京西郊百万庄)
各地新华书店、建筑书店经销
北京科地亚盟排版公司制版
北京云浩印刷有限责任公司印刷

\*

开本:850×1168毫米 1/32 印张:10¾ 字数:288千字
2015年5月第一版 2015年5月第一次印刷
定价:**30.00**元
ISBN 978 - 7 - 112 - 17546 - 8
(26759)

本书是"建设行业专业人员快速上岗 100 问丛书"之一。主要根据《建筑与市政工程施工现场专业人员职业标准》JGJ/T 250—2011 编写。全书包括通用知识、基础知识、岗位知识、专业技能共四章 31 节，内容涉及建筑设备安装施工员工作中所需掌握的知识点和专业技能。

为了方便读者的学习与理解，全书采用一问一答的形式，对书中内容进行分解，共列出 297 道问题，逐一进行阐述，针对性和参考性强。

本书可供建筑设备安装施工企业的施工员、建设单位工程项目管理人员、监理单位工程监理人员使用，也可作为基层设备安装施工管理人员学习的参考。


责任编辑：范业庶　王砾瑶　万　李
责任设计：董建平
责任校对：陈晶晶　刘梦然

# 出 版 说 明

随着科学技术的日新月异和经济建设的高速发展，中国已成为世界最大的建设市场。近几年建设投资规模增长迅速，工程建设随处可见。

建设行业专业人员（各专业施工员、质量员、预算员，以及安全员、测量员、材料员等）作为施工现场的技术骨干，其业务水平和管理水平的高低，直接影响着工程建设项目能否有序、高效、高质量地完成。这些技术管理人员中，业务水平参差不齐，有不少是由其他岗位调职过来以及刚跨入这一行业的应届毕业生，他们迫切需要学习、培训，或是能有一些像工地老师傅般手把手实物教学的学习资料和读物。

为了满足广大建设行业专业人员入职上岗学习和培训需要，我们特组织有关专家编写了本套丛书。丛书涵盖建设行业施工现场各个专业，以国家及行业有关职业标准的要求和规定进行编写，按照一问一答的形式对专业人员的工作职责、应该掌握的专业知识、应会的专业技能、对实际工作中常见问题的处理等进行讲解，注重系统性、知识性，尤其注重实用性、指导性。在编写内容上严格遵照最新颁布的国家技术规范和行业技术规范。希望本套丛书能够帮助建设行业专业人员快速掌握专业知识，从容应对工作中的疑难问题。同时也真诚地希望各位读者对书中不足之处提出批评指正，以便我们进一步改进和完善。

中国建筑工业出版社

2014 年 12 月

# 前　　言

本书为"建设行业专业人员快速上岗100问丛书"之一，主要为建筑设备安装施工员实际工作需要编写。本书主要内容包括通用知识、基础知识、岗位知识、专业技能四章共31节，总共297道问答题，囊括了设备安装施工企业施工员实际工作中可能遇到和需要的绝大部分知识点和所需技能的内容。本书为了便于建筑设备安装施工员及其他基层项目管理者学习和使用，坚持做到理论联系实际、通俗易懂、全面受用的原则，在内容选择上注重基础知识和常用知识的阐述，对设备安装施工员在工程施工过程中可能遇到的常见问题，采用了一问一答的方式对各题进行了简明扼要的回答。

本书将建筑设备安装施工员的职业要求、通用知识和专业技能等有机地融为一体，尽可能做到通俗易懂，简明扼要，一目了然。本书涉及的相关专业知识均按2010年以来修订的新规范编写。

本书可供建筑设备安装施工企业的施工员及其他相关基层管理人员、建设单位项目管理人员、工程监理单位技术人员使用，也可作为基层设备安装施工管理人员学习建筑设备安装工程施工技术和项目管理基本知识时的参考。

本书由刘淑华主编，魏久平、温世洲、胡静、曹晓婧、雷济时、马振宇等担任副主编，王文睿担任主审。由于理论水平有限，本书中存在的不足和缺漏在所难免，敬请广大建筑设备安装施工员、施工管理人员及专家学者批评指正，以便帮助我们提高工作水平，更好地服务广大建筑设备安装施工员和项目管理工作者。

编　者

2014 年 12 月

# 目　录

## 第一章　通用知识

### 第一节　相关法律法规知识

## 第二节　工程材料的基本知识

## 第三节　施工图识读、绘制的基本知识

### 第四节 工程施工工艺和方法

### 第五节　工程项目管理的基本知识

## 第二章　基 础 知 识

### 第一节　设备安装相关的力学知识

### 第二节　建筑设备的基本知识

### 第三节　工程预算的基本知识

## 第三节　施工进度计划的编制

## 第四节　环境与职业健康安全管理

## 第八节　工程质量检测检验、质量验收

# 第四章 专业技能

## 第一节 编制施工组织设计、专项施工方案

## 第二节 施工图及其他施工等文件

## 第三节 技术交底文件、技术交底

## 第七节　工程量计算及初步的工程计价

## 第八节　施工质量控制点，编制质量控制文件，质量交底

## 第九节　施工安全防范重点，职业健康安全与环境技术文件

第十节　施工质量缺陷和危险源

第十一节　调查分析施工质量、职业健康安全与环境问题

# 第一章 通用知识

## 第一节 相关法律法规知识

**1. 从事建筑活动的施工企业应具备哪些条件？**

答：根据《中华人民共和国建筑法》的规定，从事建筑活动的施工企业应具备以下条件：

（1）具有符合规定的注册资本；

（2）有与其从事建筑活动相适应的具有法定执业资格的专业技术人员；

（3）有从事相关建筑活动所应有的技术装备；

（4）法律、行政法规规定的其他条件。

**2. 从事建筑活动的施工企业从业的基本要求是什么？《建筑法》对从事建筑活动的技术人员有什么要求？**

答：根据《中华人民共和国建筑法》的规定，从事建筑活动的施工企业应满足下列要求：从事建筑活动的施工企业，按照其拥有的注册资本、专业技术人员、技术装备和已完成的建筑工程业绩等资质条件，划分为不同的资质等级，经资质审查合格，取得相应等级的资质证书后，方可在其资质等级许可的范围内从事建筑活动。

《建筑法》对从事建筑活动的技术人员的要求是：从事建筑活动的专业技术人员，应依法取得相应的执业资格证书，并在职业资格许可证的范围内从事建筑活动。

**3. 建筑工程安全生产管理必须坚持的方针和制度各是什么？建筑施工企业怎样采取措施确保施工工程的安全？**

答：根据《中华人民共和国建筑法》的规定，从事建筑活动的施工企业建筑工程安全生产管理必须坚持安全第一、预防为主的方针，必须建立健全安全生产的责任制和群防群治制度。

建筑施工企业在编制施工组织设计时，应当根据建筑工程的特点制定相应的安全技术措施；对专业性较强的工程建设项目，应当编制专项安全施工组织设计，并采取安全技术措施。

建筑施工企业应当在施工现场采取维护安全、防范危险、预防火灾等措施；有条件的，应当对施工现场进行封闭管理。

施工现场对毗邻的建筑物、构筑物和特殊作用环境可能造成损害的，应当采取安全防护措施。

**4. 建设工程施工现场安全生产的责任主体属于哪一方？安全生产责任怎样划分？**

答：建设工程施工现场安全生产的责任主体是建筑施工企业。实行施工总承包的，总承包单位为安全生产主体，施工现场的安全责任由其负责。分包单位向总承包单位负责，服从总承包单位对施工现场的安全生产管理。

**5. 建设工程施工质量应符合哪些常用的工程质量标准的要求？**

答：建设工程施工质量应在遵守《建筑法》中对建筑工程质量管理的规定，以及《建设工程质量管理条例》的前提下，应符合相关工程建设的设计规范、施工验收规范中的具体规定和《建设工程施工合同（示范文本）》约定的相关规定，同时对于地域特色、行业特色明显的建设工程项目还应遵守地方政府建设行政管理部门和行业管理部门制定的地方和行业规程和标准。

**6. 建筑工程施工质量管理责任主体属于哪一方？施工企业应如何对施工质量负责？**

答：《建设工程质量管理条例》明确规定，建筑工程施工质量管理责任主体为施工单位。施工单位应当建立质量责任制，确定工程项目的项目经理、技术负责人和施工管理负责人。建设工程实行总承包的，总承包单位应当对全部建设工程质量负责。总承包单位依法将建设工程分包给其他单位的，分包单位应当按照分包合同的规定对其分包工程的质量向总承包单位负责，总承包单位与分包单位对分包工程的质量承担连带责任。施工单位必须按照工程设计图纸和技术标准施工，不得擅自修改工程设计，不得偷工减料。施工单位在施工过程中发现设计文件和图纸有差错的，应当及时提出意见和建议。施工单位必须按照工程设计要求，施工技术标准和合同约定，对建筑材料、建筑构配件、设备和商品混凝土进行检验，检验应当有书面记录和专业人员签字；未经检验或检验不合格的，不得使用。施工单位必须建立、健全施工质量的检验制度，严格工序管理，做好隐蔽工程的质量检查和记录。隐蔽工程在隐蔽前，施工单位应当通知建设单位和建设工程质量监督机构。施工人员对涉及结构安全的试块、试件以及有关材料，应当在建设单位或者工程监理单位监督下现场取样，并送具有相应资质等级的质量检测单位进行检测。施工单位对施工中出现质量问题的建设工程或者竣工验收不合格的工程，应当负责返修。施工单位应当建立、健全教育培训制度，加强对职工的教育培训；未经教育培训或者考核不合格的人员不得上岗。

### 7. 建筑施工企业怎样采取措施保证施工工程的质量符合国家规范和工程的要求？

答：严格执行《建筑法》和《建设工程质量管理条例》中对工程质量的相关规定和要求，采取相应措施确保工程质量。做到在资质等级许可的范围内承揽工程；不转包或者违法分包工程。建立质量责任制，确定工程项目的项目经理、技术负责人和施工管理负责人。实行总承包的建设工程由总承包单位对全部建设工程质量负责，分包单位按照分包合同的约定对其分包工程的质量负责。做到按图纸和技术标准施工；不擅自修改工程设计，不偷工减料；对施工过程中出现的质量问题或竣工验收不合格的工程项目，负责返修。准确全面理解工程项目相关设计规范和施工验收规范的规定、地方和行业法规和标准的规定；施工过程中完善工序管理，实行事先、事中管理，尽量减少事后管理，避免和杜绝返工，加强隐蔽工程验收，杜绝质量事故隐患；加强交底工作，督促作业人员工作目标明确、责任和义务清楚；对关键和特殊工艺、技术和工序要做好培训和上岗管理；对影响质量的技术和工艺要采取有效措施进行把关。建立健全企业内部质量管理体系，施工单位必须建立、健全施工质量的检验制度，严格工序管理，做好隐蔽工程的质量检查和记录；在实施中做到使施工质量不低于上述规范、规程和标准的规定；按照保修书约定的工程保修范围、保修期限和保修责任等履行保修责任，确保工程质量在合同规定的期限内满足工程建设单位的使用要求。

### 8.《安全生产法》对施工及生产企业为具备安全生产条件的资金投入有什么要求？

答：施工单位应当具备的安全生产条件所必需的资金投入，由生产经营单位的决策机构、主要负责人或者个人经营的投资人予以保证，并对由于安全生产所必需的资金投入不足导致的后果承担责任。

建筑施工单位新建、改建、扩建工程项目（以下统称建设项目）的安全设施，必须与主体工程同时设计、同时施工、同时投入生产和使用。安全设施投资应当纳入建设项目概算。

### 9.《安全生产法》对施工生产企业安全生产管理人员的配备有哪些要求？

答：建筑施工单位应当设置安全生产管理机构或者配备专职安全生产管理人员。从业人员超过三百人的，应当设置安全生产管理机构或者配备专职安全生产管理人员；从业人员在三百人以下的，应当配备专职或者兼职的安全生产管理人员，或者委托具有国家规定的相关专业技术资格的工程技术人员提供安全生产管理服务。建筑施工单位依照前述规定委托工程技术人员提供安全生产管理服务的，保证安全生产的责任仍由本单位负责。施工单位的主要负责人和安全生产管理人员必须具备与本单位所从事的生产经营活动相应的安全生产知识和管理能力。建筑施工单位的主要负责人和安全生产管理人员，应当由有关主管部门对其安全生产知识和管理能力考核合格后方可任职。

## 10. 为什么施工企业应对从业人员进行安全生产教育和培训？安全生产教育和培训包括哪些方面的内容？

答：施工单位对从业人员进行安全生产教育和培训，是为了保证从业人员具备必要的安全生产知识，能够熟悉有关的安全生产规章制度和安全操作规程，更好地掌握本岗位的安全操作技能。同时为了确保施工质量和安全生产，规定未经安全生产教育和培训合格的从业人员，不得上岗作业。

安全生产教育和培训的内容为日常安全生产常识的培训，包括安全用电、安全用气、安全使用施工机具车辆、多层和高层建筑高空作业安全培训、冬期防火培训、雨期防洪防雹培训、人身安全培训、环境安全培训等；在施工活动中采用新工艺、新技术、新材料或者使用新设备时，为了让从业人员了解、掌握其安全技术特性，并采取有效的安全防护措施，应对从业人员进行专门的安全生产教育和培训。施工中有特种作业时，对特种作业人员必须按照国家有关规定经专门的安全作业培训，在其取得特种作业操作资格证书后，方可允许上岗作业。

## 11. 《安全生产法》对建设项目安全设施和设备作了什么规定？

答：建设项目安全设施的设计人、设计单位应当对安全设施设计负责。矿山建设项目和用于生产、储存危险物品的建设项目的安全设施设计应当按照国家有关规定报经有关部门审查，审查部门及其负责审查的人员对审查结果负责。

5

矿山建设项目和用于生产、储存危险物品的建设项目的施工单位必须按照批准的安全设施设计施工，并对安全设施的工程质量负责。矿山建设项目和用于生产、储存危险物品的建设项目竣工投入生产或者使用前，必须依照有关法律、行政法规的规定对安全设施进行验收；验收合格后，方可投入生产和使用。验收部门及其验收人员对验收结果负责。施工和经营单位应当在有较大危险因素的生产经营场所和有关设施、设备上，设置明显的安全警示标志。安全设备的设计、制造、安装、使用、检测、维修、改造和报废，应当符合国家标准或者行业标准。生产经营单位必须对安全设备进行经常性维护、保养，并定期检测，保证正常运转。维护、保养、检测应当做好记录，并由有关人员签字。

施工单位使用的涉及生命安全、危险性较大的特种设备，以及危险物品的容器、运输工具，必须按照国家有关规定，由专业生产单位生产，并经取得专业资质的检测、检验机构检测、检验合格，取得安全使用证或者安全标志，方可投入使用。检测、检验机构对检测、检验结果负责。国家对严重危及生产安全的工艺、设备实行淘汰制度。

### 12. 建筑工程施工从业人员劳动合同中规定的安全的权利和义务各有哪些？

答：《中华人民共和国安全生产法》明确规定：施工单位与从业人员订立的劳动合同，应当载明有关保障从业人员劳动安全、防止职业危害的事项，以及依法为从业人员办理工伤社会保险的事项。施工单位不得以任何形式与从业人员订立协议，以免除或者减轻其对从业人员因生产安全事故伤亡依法应承担的责任。施工单位的从业人员有权了解其作业场所和工作岗位存在的危险因素、防范措施及事故应急措施，有权对本单位的安全生产工作提出建议。从业人员有权对本单位安全生产工作中存在的问题提出批评、检举、控告；有权拒绝违章指挥和强令冒险作业。施工单位不得因从业人员对本单位安全生产工作提出批评、检举、控告或者拒绝违章指挥、强令冒险作业而降低其工资、福利等待遇或者解除与其订立的劳动合同。从业人员发现直接危及人身安全的紧急情况时，有权停止作业或者在采取可能的应急措施后撤离作业场所。

施工单位不得因从业人员在前款紧急情况下停止作业或者采取紧急撤离措施而降低其工资、福利等待遇或者解除与其订立的劳动合同。因生产安全事故受到损害的从业人员，除依法享有工伤社会保险外，依照有关民事法律尚有获得赔偿的权利的，有权向本单位提出赔偿要求。从业人员在作业过程中，应当严格遵守本单位的安全生产规章制度和操作规程，服从管理，正确佩戴和使用劳动防护用品。从业人员应当接受安全生产教育和培训，掌握本职工作所需的安全生产知识，提高安全生产技能，增强事故预防和应急处理能力。从业人员发现事故隐患或者其他不安全因素，应当立即向现场安全生产管理人员或者本单位负责人报告；接到报告的人员应当及时予以处理。

## 13. 建筑工程施工企业应怎样接受负有安全生产监督管理职责的部门对自己企业的安全生产状况进行监督检查？

答：建筑工程施工企业应当依据《安全生产法》的规定，自觉接受负有安全生产监督管理职责的部门，依照有关法律、法规的规定和国家标准或者行业标准规定的安全生产条件，对本企业涉及安全生产需要审查批准的事项（包括批准、核准、许可、注册、认证、颁发证照等）进行监督检查。

建筑工程施工企业需协助和配合负有安全生产监督管理职责的部门依法对本企业执行有关安全生产的法律、法规和国家标准或者行业标准的情况进行监督检查，并行使以下职权：

（1）进入生产经营单位进行检查，调阅有关资料，向有关单位和人员了解情况。

（2）对检查中发现的安全生产违法行为，当场予以纠正或者要求限期改正；对依法应当给予行政处罚的行为，依照本法和其他有关法律、行政法规的规定作出行政处罚决定。

（3）对检查中发现的事故隐患，应当责令立即排除；重大事故隐患排除前或者排除过程中无法保证安全的，应当责令从危险区域内撤出作业人员，责令暂时停产停业或者停止使用；重大事故隐患排除后，经审查同意，方可恢复生产经营和使用。

（4）对有根据认为不符合保障安全生产的国家标准或者行业标准的设施、设备、器材予以查封或者扣押，并应当在十五日内依法作出处理决定。

施工企业应当指定专人配合安全生产监督检查人员对其安全生产进行检查，对检查的时间、地点、内容、发现的问题及其处理情况作出书面记录，并由检查人员和被检查单位的负责人签字确认。施工单位对负有安全生产监督管理职责的部门的监督检查人员依法履行监督检查职责，应当予以配合，不得拒绝、阻挠。

### 14. 施工企业发生生产安全事故后的处理程序是什么？

答：施工单位发生生产安全事故后，事故现场有关人员应当立即报告本单位负责人。单位负责人接到事故报告后，应当迅速采取有效措施，组织抢救，防止事故扩大，减少人员伤亡和财产损失，并按照国家有关规定立即如实报告当地负有安全生产监督管理职责的部门，不得隐瞒不报、谎报或者拖延不报，不得故意破坏事故现场，毁灭有关证据。

负有安全生产监督管理职责的部门接到事故报告后，应当立即按照国家有关规定上报事故情况。负有安全生产监督管理职责的部门和有关地方人民政府对事故情况不得隐瞒不报、谎报或者拖延不报。

有关地方人民政府和负有安全生产监督管理职责的部门的负责人接到重大生产安全事故报告后，应当立即赶到事故现场，组织事故抢救。任何单位和个人都应当支持、配合事故抢救，并提供一切便利条件。

## 15. 安全事故的调查与处理以及事故责任认定应遵循哪些原则?

答：事故调查处理应当遵循实事求是、尊重科学的原则，及时、准确地查清事故原因，查明事故性质和责任，总结事故教训，提出整改措施。

## 16. 施工企业的安全责任有哪些内容?

答：《安全生产法》规定：施工单位的决策机构、主要负责人、个人经营的投资人应依照《安全生产法》的规定，保证安全生产所必需的资金投入，确保生产经营单位具备安全生产条件。施工单位的主要负责人应履行《安全生产法》规定的安全生产管理职责。

施工单位应履行下列职责：

（1）按照规定设立安全生产管理机构或者配备安全生产管理人员；

（2）危险物品的生产、经营、储存单位以及矿山、建筑施工单位的主要负责人和安全生产管理人员应按照规定经考核合格；

（3）按照《安全生产法》的规定，对从业人员进行安全生产教育和培训，或者按照《安全生产法》的规定如实告知从业人员有关的安全生产事项；

（4）特种作业人员应按照规定经专门的安全作业培训并取得特种作业操作资格证书，上岗作业。用于生产、储存危险物品的建设项目的施工单位应按照批准的安全设施设计施工，项目竣工投入生产或者使用前，安全设施经验收合格；应在有较大危险因素的生产经营场所和有关设施、设备上设置明显的安全警示标志；安全设备的安装、使用、检测、改造和报废应符合国家标准或者行业标准；为从业人员提供符合国家标准或者行业标准的劳动防护用品；对安全设备进行经常性维护、保养和定期检测；不使用国家明令淘汰、禁止使用的危及生产安全的工艺、设备；特种设备以及危险物品的容器、运输工具经取得专业资质的机构检测、检验合格，取得安全使用证或者安全标志后再投入使用；进行爆破、吊装等危险作业，应安排专门管理人员进行现场安全管理。

## 17. 施工企业工程质量的责任和义务各有哪些内容？

答：《建筑法》和《建设工程质量管理条例》规定的施工企业的工程质量的责任和义务包括：做到在资质等级许可的范围内承揽工程；做到不允许其他单位或个人以自己单位的名义承揽工程；施工单位不得转包或者违法分包工程。施工单位对建设工程的施工质量负责。施工单位应当建立质量责任制，确定工程项目的项目经理、技术负责人和施工管理负责人。建设工程实行总承包的总承包单位应当对全部建设工程质量负责，分包单位应当按照分包合同的约定对其分包工程的质量负责。施工单位应按照工程设计图纸和施工技术标准施工，不得擅自修改工程设计，不得偷工减料；对施工过程中出现的质量问题或竣工验收不合格的工程项目，应当负责返修。施工单位在组织施工中应当准确全面理解工程项目相关设计规范和施工验收规范的规定、地方和行业法规与标准的规定。

## 18. 什么是劳动合同？劳动合同的形式有哪些？怎样订立和变更劳动合同？无效劳动合同的构成条件有哪些？

答：为了确定调整劳动者各主体之间的关系，明确劳动合同双方当事人的权利和义务，确保劳动者的合法权益，构建和发展和谐稳定的劳动关系，依据相关法律、法规、用人单位和劳动者双方的意愿等所签订的确定契约称为劳动合同。

劳动合同分为固定期限劳动合同、无固定期限劳动合同和以完成一定工作任务为期限的劳动合同等。固定期限劳动合同，是指用人单位与劳动者约定终止时间的劳动合同。用人单位与劳动者协商一致，可以订立固定期限劳动合同。无固定期限劳动合同，是指用人单位与劳动者约定无确定终止时间的劳动合同。以完成一定工作任务为期限的劳动合同是指用人单位与劳动者约定以某项工作的完成为合同期限的劳动合同。

用人单位与劳动者协商一致，并经用人单位与劳动者在劳动合同文本上签字或者盖章后生效。用人单位与劳动者协商一致，可以变更劳动合同约定的内容，变更劳动合同应当采用书面的形式。订立的劳动合同和变更后的劳动合同文本由用人单位和劳动者各执一份。

无效劳动合同，是指当事人签订成立的而国家不予承认其法律效力的合同。劳动合同无效或者部分无效的情形有：

（1）以欺诈、胁迫手段或者乘人之危，使对方在违背真实意思的情况下订立或者变更劳动合同的；

（2）用人单位免除自己的法定责任、排除劳动者权利的；

（3）违反法律、行政法规强制性规定的。

对于合同无效或部分无效有争议的，由劳动仲裁机构或者人民法院确定。

## 19. 怎样解除劳动合同？

答：有下列情形之一者，依照劳动合同法规定的条件、程序，劳动者可以与用人单位解除劳动合同关系：

（1）用人单位与劳动者协商一致的；

（2）劳动者提前 30 日以书面形式通知用人单位的；

（3）劳动者在试用期内提前三日通知用人单位的；

（4）用人单位未按照劳动合同约定提供劳动保护或者劳动条件的；

（5）用人单位未及时足额支付劳动报酬的；

（6）用人单位未依法为劳动者缴纳社会保险的；

（7）用人单位的规章制度违反法律、法规的规定，损害劳动者利益的；

（8）用人单位以欺诈、胁迫手段或者乘人之危，使劳动者在违背真实意思的情况下订立或变更劳动合同的；

（9）用人单位在劳动合同中免除自己的法定责任、排除劳动者权利的；

（10）用人单位违反法律、行政法规强制性规定的；

（11）用人单位以暴力威胁或者非法限制人身自由的手段强迫劳动者劳动的；

（12）用人单位违章指挥、强令冒险作业危及劳动者人身安全的；

（13）法律行政法规规定劳动者可以解除劳动合同的其他情形。

有下列情形之一者，依照劳动合同法规定的条件、程序，用人单位可以与劳动者解除劳动合同关系：

（1）用人单位与劳动者协商一致的；

（2）劳动者在试用期间被证明不符合录用条件的；

（3）劳动者严重违反用人单位的规章制度的；

（4）劳动者严重失职，营私舞弊，给用人单位造成重大损失的；

（5）劳动者与其他单位建立劳动关系，对完成本单位的工作任务造成严重影响，或者经用人单位提出，拒不改正的；

（6）劳动者以欺诈、胁迫手段或者乘人之危，使用人单位在违背真实意思的情况下订立或变更劳动合同的；

（7）劳动者被依法追究刑事责任的；

（8）劳动者患病或者因工负伤不能从事原工作，也不能从事由用人单位另行安排的工作的；

（9）劳动者不能胜任工作，经培训或者调整工作岗位，仍不能胜任工作的；

（10）劳动合同订立所依据的客观情况发生重大变化，致使劳动合同无法履行，经用人单位与劳动者协商，未能就变更劳动合同内容达成协议的；

（11）用人单位依照企业破产法规定进行重整的；

（12）用人单位生产经营发生严重困难的；

（13）企业转产、重大技术革新或者经营方式调整，经变更劳动合同后，仍需裁减人员的；

（14）其他因劳动合同订立时所依据的客观情况发生重大变化，致使劳动合同无法履行的。

**20. 什么是集体合同？集体合同的效力有哪些？集体合同的内容和订立程序各有哪些内容？**

答：企业职工一方与企业就劳动报酬、工作时间、休息休假、劳动安全卫生、保险福利等事项，签订的合同称为集体合同。集体合同草案应当提交职工代表大会或者全体职工讨论通过。集体合同由工会代表职工与企业签订；没有建立工会的企业，由职工推举的代表与企业签订。集体合同签订后应当报送劳动行政部门；劳动行政部门自收到集体合同文本之日起十五日内未提出异议的，集体合同即行生效。

依法订立的集体合同对用人单位和劳动者具有约束力。行业性、区域性集体合同对当地本行业、本区域的用人单位和劳动者具有约束力。依法订立的集体合同对企业和企业全体职工具有约束力。职工个人与企业订立的劳动合同中劳动条件和劳动报酬等标准不得低于集体合同的规定。集体合同中的劳动报酬和劳动条件不得低于当地人民政府规定的最低标准。

**21.《劳动法》对劳动卫生作了哪些规定？**

答：用人单位必须建立、健全劳动安全卫生制度，严格执行国家劳动安全卫生规程和标准，对劳动者进行劳动安全卫生教育，防止劳动过程中的事故，减少职业危害。劳动安全卫生设施必须符合国家规定的标准。新建、改建、扩建工程的劳动安全卫生设施必须与主体工程同时设计、同时施工、同时投入生产和使用。用人单位必须为劳动者提供符合国家规定的劳动安全卫生条件和必要的劳动防护用品，对从事有职业危害作业的劳动者应当定期进行健康检查。

## 第二节  工程材料的基本知识

**1. 给水管材、管件是怎样分类的?**

答:(1)管材分为如下类型:

1)热轧无缝钢管。

2)冷拔或冷轧精密无缝钢管。

3)低压流体输送用镀锌焊接钢管及焊接钢管。

(2)管件(可锻铸铁管路连接件)分为如下类型:

1)外接接头(又称为外接管、套筒、束结、套管、管子箍、内螺丝、直接头),它的主要用途是连接两根公称直径相同的管子。

2)异形接头(其他名称为异形束结、异形管子箍、大小头、大头小等),主要用于两根公称直径不同的管子,使管路通径缩小。

3)活接头(其他名称为活螺丝、连接螺母、由任),它主要用途和外接头相同,但比外接头拆卸方便,多用于时常需要装拆的管路上。

4)内接头(其他名称为六角内接头、外螺丝、六角外螺丝、外丝箍),它主要用于两个公称直径相同的内螺纹管件或阀门。

5)内外螺丝(其他名称为补芯、管子衬、内外螺母),它主要用于外螺纹一段配合外接头与大通径管子或内螺纹管件连接,内螺纹一端则直接与小直径的管子连接,使管路通径缩小。

6)锁紧螺母(其他名称为根母、防松螺帽、纳子),用于通丝外接头或其他管件。

7)弯头(其他名称90°弯头、直角弯)。

8)异径弯头(其他名称为异径90°弯头、大小弯),它主要用于连接两根直径不同的管子,使管路作90°转弯和通径缩小。

9)外丝月弯(其他名称为90°月弯、90°肘弯、肘弯),其用途与弯头相同,主要用于弯度较大的管路上。

10）45°弯头（其他名称为直弯、直冲、半弯、135°弯头），其作用是连接两根直径相同的管子，使管路作45°转弯。

11）三通（其他名称为丁字弯、三叉、三路通、三路天），其用途是从直管中接出支管用，连接的三根管子公称直径相同。

12）中小异径三通（其他名称为中小三通、异形三叉、异径三通、中小天），与三通相似，但从支管接出的管子公称直径小于从直管接出的管子的公称直径。

13）中大异径三通（其他名称为中大三通、异径三叉、中大天），与三通相似，但从支管接出的管子公称直径大于从直管接出的管子公称直径。

14）四通（其他名称为四叉、十字接头、十字天），用来连接四根公称直径相同，并成垂直相交的管子。

15）异径四通（其他名称为异径四叉、中小十字天），用途与四通相似，但管子的公称直径有两种，其中相对的两根管子直径是相同的。

16）外方管堵（其他名称为塞头、管子堵、管子塞、丝堵、闷头、管堵），其用途是用来堵塞管道，以阻止管路中介质泄漏，并可以阻止杂物侵入管路内，通常需与外接头、三通等管件配合使用。

17）管帽（其他名称为盖头、闷头、管子盖），其用途是用来封堵管路，作用与管堵相同，但管帽可直接旋在管子上，不需要其他管件配合。

## 2. 给水附件怎样分类？各自的用途是什么？

答：（1）管法兰

常用的可分为以下两大类：

1）平焊钢制管法兰（其他名称为平焊钢法兰）及对接焊钢制管法兰（其他名称为对焊钢法兰），其用途就是焊接在钢管两端，用来跟其他带法兰的钢管、阀门或管件进行连接。

2）螺纹管法兰（其他名称为螺纹法兰、丝扣法兰），其用途是用来旋在两端带螺纹的钢管上，以便与其他带法兰的钢管或阀门、管件进行连接。

（2）阀门

常用的阀门分为以下几类：

1）截止阀。内螺纹截止阀（其他名称为丝扣球型、七门、气掣等）；截止阀（其他名称为法兰截止阀、法兰球型阀、法兰气门、法兰气掣）；内螺纹角式截止阀（其他名称为丝口角式截止阀）。它们的用途是装在管路或设备上，用以启闭管路中介质，是应用比较广泛的一种阀门。角式截止阀适用于管路成 90°相交处。

2）旋塞阀。

① 内螺纹旋塞阀（其他名称为内螺纹填料旋塞、内螺纹直通填料旋塞、轧兰泗汀角、压盖转心门、考克、十字掣等）；旋塞阀（其他名称为法兰填料旋塞、法兰直通填料旋塞、法兰轧兰泗汀角、法兰压盖转心门）。它们的用途是通过装在管路中，用以启闭管路中介质，其特点是开关迅速。

② 三通旋塞阀（其他名称为内螺纹三通式旋塞阀、内螺纹三通填料旋塞、三路轧兰泗汀角、三路压盖转心门）；三路式旋塞阀（其他名称为三通式旋塞阀、三路法兰轧兰泗汀角、三路法兰压盖转心门）。其用途是装于 T 形管路上，除作为管路开关设备用外，还具有分配换向作用。

3）止回阀。

① 升降式止回阀。内螺纹升降式止回阀（其他名称为升降式逆止阀、直式单流阀、顶水门、横式止回阀）；升降式止回阀（其他名称为法兰升降式逆止阀、法兰直式单流阀、法兰顶水门、横式止回阀）。它们的用途是装在水平管路或设备上，以阻止管路、设备中介质倒流。

② 旋转式止回阀。内螺纹旋启式止回阀（其他名称为铰链逆止阀、铰链直流阀、铰链阀）；旋启式止回阀（其他名称为法兰旋启式逆止阀、法兰铰链直流阀、法兰铰链阀）；它们的用途是装在水平或垂直管路或设备上，以阻止其中介质倒流。

4）球阀。球阀的主要作用是装于管路上用以启闭管路中介质，其特点是结构简单、开关迅速。

5）冷水嘴及接管水嘴。冷水嘴（其他名称为自来水龙头、水嘴）；接管水嘴（其他名称为皮带龙头、接口水嘴、皮带水嘴）。它们的作用是装于自来水管路上作为放水设备，它们的区别在于接管水嘴多一个活接头，可连接输水胶管，以便把水送到较远的地方。

6）铜热水嘴（其他名称为铜木柄水嘴、木柄龙头、转心水嘴、搬把水嘴），它的用途是装在温度≤100℃，公称压力0.1MPa的热水锅炉或热水桶上，作为放水设备。

7）旋翼式冷水表（其他名称为翼轮速度式水表、液体流量计、水流量计），它的用途是用来记录流经自来水管道的水的总量。按水表计数器是否浸水，分为湿式和干式两种，通常使用的是湿式。

**3. 给水排水管材是怎样分类的？他们的应用范围是什么？**

答：（1）给水排水管材分类

管材是建筑的经脉，自古以来就广泛使用，现代建筑更是必不可少。现代管材除了在有些地方起到结构受力作用外，主要还是起给水和排水的作用。建筑给水排水管材分类主要有以下三种。

1）塑料管

塑料管是个庞大的家族，种类繁多、性质各异，不同的塑料管材，各由不相同的原料构成，也相应有各种不相同的性能特点、连接方式和适用范围。

2）复合管

复合管一般由金属和非金属复合而成，它兼有金属管材强度大、刚性好和非金属管材耐腐蚀的优点，同时也摒弃了两类管材的缺点。

3）金属管

是应用最广泛的管材，除了黑色金属管材以外现在许多有色

17

金属管材为环保节能带来了更多新选择。还有排水陶管以及混凝土输水管，由于其使用范围小，房产公司一般不采购，因此只作简单介绍。

（2）建筑给水排水管道及其配件的应用

1）建筑供水系统：叠压（无负压）供水设备、变频调速供水设备、气压给水装置等；

2）建筑雨水系统：虹吸屋面雨水排放收集系统、雨水综合利用及落水系统；

3）建筑中水系统：中水原水收集系统、处理系统和中水供水系统；

4）消防给水系统：消火栓给水系统、消防泵、气压罐及控制系统、消防增压稳压设备、自动喷水灭火系统等；

5）游泳喷泉类：泳池、喷泉给水排水系统；泳池设备、温泉、水上乐园、喷泉、泳池外围设施及配套产品等；火栓给水系统、消防泵、气压罐及控制系统、消防增压稳压设备、自动喷水灭火系统等；

6）建筑内部排水系统：室内同层排水系统中使用的产品，如隐蔽式水箱、地漏、节水型器具、龙头、大小便器、淋浴器等；

7）建筑热水系统：太阳能热水器与建筑一体化系统；太阳能热水器及系统、太阳能辅助加热装置（空气源、水源、地源）、热泵及复合热泵热水系统；

8）建筑饮水系统：供水净化系统、直饮水系统、终端净水、家庭饮用水过滤系统等。

（3）管道类

各种塑料管道、不锈钢管、铜管、金属波纹管、钢塑复合管、铝塑复合管、涂料钢管、镀锌钢管、铸铁管、非镀锌钢管、镀锌无缝钢管。

（4）泵阀类

供水泵、潜水泵、污水泵、潜污泵等；截止阀、闸阀、蝶阀；止回阀、报警阀、水力控制阀、导流防止器等。

（5）配套产品类

排水清通处理装置、塑料检查井、隔油器、小型污水处理装置、管道清通器械、水箱、储水罐、水箱（池）保洁装置、漏水自动检测报警装置、水表及远程抄表系统；隔振降噪装置、水锤消除器等。

（6）配件类

各类管泵阀及各类给水排水用密封及防腐材料，管道保温防冻、加固、除垢等。

（7）其他排水附件

1）地漏：XN—1型地漏；DDL—TQ型多用地漏；DL—1型地漏；DL—2型地漏；

2）铜铝地漏盖及箅子；

3）各种形状的承插管；

4）各种三通、四通；

5）存水弯；

6）各种透气口；

7）各种检查口。

**4. 卫生器具怎样分类？**

答：卫生器具安装工程指用于室内的污水盆、洗涤盆、洗脸（手）盆、盥洗槽、浴盆、淋浴器、大便器、小便器、小便槽、大便冲洗槽、妇女卫生盆、化验盆、排水栓、地漏、加热器、消毒器和饮水器等卫生器具的安装工程。卫生器具是建筑物给水排水系统的重要组成部分，是收集和排放室内生活（或生产）污水的设备。

卫生器具除大便器外，在排水口处均应设十字形栅，以防止较粗大的杂物进入管内，造成管道阻塞。每一卫生器具下面均应设置存水弯，以阻止臭气逸出。

**5. 常用绝缘导线的型号、特性和用途各有哪些内容？**

答：常用绝缘导线的型号、特性和用途如下：

（1）聚氯乙烯绝缘电线

它分为 BV、BLV、BLVV、BVR 等类型，该系列电线简称为塑料线，供各类交直流电器装置、电工仪表、电讯设备、电力及照明装置配线用。其线芯长期允许工作温度为 65℃，敷设温度不低于－15℃。这类电线按芯数可分为单芯、双芯线、三芯线。按构成可分为：BV 型双芯线、三芯线，BV、BLV 型单芯线、双芯平型线，BVV、BLVV 型双芯及三芯平型护套线。

（2）RV、RVB、RVS、RVV 型聚氯乙烯绝缘软线

RV 是指铜芯聚氯乙烯软线，RVB 是指铜芯聚氯乙烯平型软线，RVS 是指铜芯聚氯乙烯绞型软线，RVV 是指铜芯聚氯乙烯绝缘聚氯乙烯护套软线。其线芯长期允许工作温度为 65℃，敷设温度不低于－15℃。RV、RVB、RVS、RVV 型供交流 250V 及以下各种移动电器接线用。

（3）RFB、RFS 型丁腈聚氯乙烯复合物绝缘软线

该产品称为复合物绝缘软线，供交流 250V 及以下和直流 500V 及以下的各种移动电器、无线电设备和照明灯座等接线。

RFB 为复合物绝缘平型软线，FRS 为复合物绝缘绞型软线，线芯的长期允许工作温度为 70℃。

（4）BXF、BLXF、BXR、BLX、BX 形橡皮绝缘线

该系列电线（简称橡皮线），供交流 500V 及以下和直流 1000V 及以下的电器设备和照明装置配线用。线芯的长期允许工作温度为 65℃。

BXF 型氯丁橡皮线具有良好的耐老化性能和不延燃性，并有一定的耐油、耐腐蚀性能，适用于户外敷设。

（5）BXS、RX 型橡皮绝缘棉纱编织软线

该产品适用于 250V 及以下、直流 500V 及以下的室内干燥场所，供各种移动式日用电器设备和照明灯座与电源连接用，线芯的长期允许工作温度为 65℃。

（6）FVN 型聚氯乙烯绝缘尼龙护套电线

该电线系铜芯镀锡聚氯乙烯绝缘尼龙护套电线，用于交流

250V 及以下、直流 500V 及以下的低压线路中。芯线长期允许工作温度为 $-60℃ \sim 80℃$，在相对湿度 98% 的条件下使用时环境温度应小于 45℃。

（7）电力和照明用聚氯乙烯绝缘软线

该产品采用各种不同的铜芯线、绝缘及护套，能耐酸、碱、盐和许多溶剂的腐蚀，能经得起潮湿的霉菌作用，并具有阻燃性能，还可以制成各种颜色有利于接线操作及区别线路。

**6. 电力线缆的种类有哪些？电力线缆的基本结构是什么？**

答：（1）电力线缆的种类

按绝缘材料的不同，常用的电力电缆有以下几种：

1）油浸纸绝缘电缆；

2）聚氯乙烯绝缘、聚氯乙烯护套电缆，即全塑电缆；

3）交联聚乙烯绝缘、聚氯乙烯护套电缆，即橡皮电缆；

4）橡皮绝缘、聚氯乙烯护套电缆，即橡套软电缆。

电缆的型号是由许多字母和数字排列组合而成的，具体字母的含义详见有关专门资料。

（2）电力线缆的基本结构

电力线缆是在绝缘导线的外面加上增强绝缘层和防护层的导线，一般由许多层构成。一根电缆内可以有若干根芯线，电力线缆一般有单芯、双芯、三芯、四芯和五芯等几种，控制电缆为多芯。线芯的外部为绝缘层。多芯线缆的线芯之间加填料（黄麻或塑料），多芯线合并后外表再加一层绝缘层，其绝缘层外是铝或铅保护层，保护层外面是绝缘护套，护套外有些还要加钢铠防护层，以增加电缆的抗拉和抗压强度，钢铠的外面还要加绝缘层。由于电缆具有良好的绝缘层和防护层，敷设时不需要另外采用其他绝缘措施。

**7. 电线穿管的种类、特性和用途各有哪些内容？**

答：电线穿管分为塑料管、自熄塑料电线管和聚乙烯电线管等，它们各自的特性和应用情况如下：

（1）塑料管

用普通塑料加工制造而成，用于一般户内穿墙线管。材质轻、价格低廉、应用较多。

（2）自熄塑料电线管

它以改性聚氯乙烯作材料，隔电性能优良、耐腐蚀、自熄性能良好，并且韧性大，曲折不易断裂。其全套组件的连接只需用胶粘剂粘结，与金属管比较，减轻了重量，降低了造价，色泽鲜艳，故具有防火、绝缘、耐腐、材轻、美观、廉价，便于施工等优点。

（3）聚乙烯电线管

该电线管供水泥地坪或混凝土构件内暗敷或明敷保护照明线路用。

**8. 照明灯具的电光源怎样分类？它们各有哪些特性？**

答：照明灯具的电光源的分类和特性包括以下方面。

（1）白炽灯

白炽灯是利用钨丝通电发热而发光的一种热辐射光源。它构造简单、使用方便，分为普通灯泡和双螺旋普通照明灯泡。广泛使用在工业与民用建筑及日常生活的照明中。

（2）反射性普通照明灯泡

用聚光型玻壳制造。玻壳圆锥部分的内表面蒸镀有一层反射性能很好的镜面铝膜。因而灯光集中，适用于灯光广告牌、商店、橱窗、展览馆、工地等需要光线集中照射的场合。

（3）蘑菇形普通照明灯泡

主要用于日常生活照明，也可作装饰照明用。灯泡用全磨砂、乳白色的玻壳制造。

（4）装饰灯泡

利用各种颜色玻壳支撑，其种类有磨砂、色彩透明、彩色瓷料及内涂色等，颜色分为红、黄、蓝、绿、白、紫等，色彩均匀鲜艳。可用在建筑、商店、橱窗等处，作为装饰照明用。

（5）色彩灯泡

利用各色的透明瓷料、内涂色玻璃壳制成，应用在建筑、商店、展览馆、喷泉瀑布等场所装饰照明。

（6）荧光灯管

普通荧光灯为热阴极预热式低气压汞蒸气放电灯，与普通白炽灯相比，发光效率高（约为普通白炽灯的 4 倍）、寿命长、用电省等。

## 9. 开关、插座、交流电度表等电器装置怎样分类？

答：（1）开关、插座类型

1）组合用活装开关、插座电器装置。型号种类法多，这里不再逐一介绍。

2）80、86 系列通用开关、按钮。

3）80 系列活装式开关、插座。

4）86 系列活装式开关、插座。

5）86 系列固定开关、插座。

6）80、86 系列开关、插座。

7）金属接线盒。

8）难燃型聚氯乙烯接线盒。

（2）交流电度表

交流电度表分为单相电度表（包括 DD10、DD15、DD17、DD20、DD28 和 DD28—1 等信号）、三相四线有功电度表、三相四线无功电度表、三相三线有功电度表和三相三线无功电度表。

## 10. 电气材料运输和保管各应注意哪些？

答：（1）运输

电气材料在运输时要轻拿轻放，以免损害灯具、灯泡等玻璃制品，同时要注意风雨雪、防潮、防挤压。

（2）保管

电气材料要存放入库，防日晒、雨淋，灯管、灯泡灯具要用箱装，垛高不超过 1.2m、垛底要高于地面 20cm，开关、面板要防潮、防污染。要分门别类、分厂家保管。

## 第三节　施工图识读、绘制的基本知识

**1. 房屋建筑施工图由哪些部分组成？它的作用包括哪些？**

答：房屋建筑施工图由以下几部分组成：
（1）设计说明；
（2）各楼层平面布置图；
（3）屋面排水示意图、屋顶间平面布置图及屋面构造图；
（4）外纵墙面及山墙面示意图；
（5）内墙构造详图；
（6）楼梯间、电梯间构造详图；
（7）楼地面构造图；
（8）卫生间、盥洗室平面布置图，墙体及防水构造详图；
（9）消防系统图等。
施工图的主要作用包括：
（1）确定建筑物在建设场地内的平面位置；
（2）确定各功能分区及其布置；
（3）为项目报批、项目招标投标提供基础性参考依据；
（4）指导工程施工，为其他专业的施工提供前提和基础；
（5）是项目结算的重要依据；
（6）是项目后期维修保养的基础性参考依据。

**2. 建筑施工图的图示方法及内容各有哪些？**

答：建筑施工图的图示方法主要包括：
（1）设计说明；
（2）平面图；
（3）立面图；
（4）剖面图，有必要时加附透视图；

（5）表列汇总等。

建筑施工图的图示内容主要包括：

（1）房屋平面尺寸及其各功能分区的尺寸及面积；

（2）各组成部分的详细构造要求；

（3）各组成部分所用材料的限定；

（4）建筑重要性分级及防火等级的确定；

（5）协调结构、水、电、暖、卫和设备安装的有关规定等。

**3. 结构施工图的图示方法及内容各有哪些？**

答：结构施工图是表示房屋承重受各种作用的受力体系中各个构件之间相互关系、构件自身信息的设计文件，它包括下部结构的地基基础施工图，上部主体结构中承受作用的墙体、柱、板、梁或屋架等的施工图。

结构施工图包括结构设计总说明、结构平面布置图以及细部构造详图，它们是结构施工图整体中联系紧密、相互补充、相互关联、相辅相成的三部分。

（1）结构设计总说明。结构设计总说明是对结构设计文件全面、概括性的文字说明，包括结构设计依据，适用的规范、规程、标准图集等，结构重要性等级、抗震设防烈度、场地土的类别及工程特性、基础类型、结构类型、选用的主要工程材料、施工注意事项等。

（2）结构平面布置图。结构平面布置图是表示房屋结构中各种结构构件总体平面布置的图样，包括以下三种：

1）基础平面图。基础平面图反映基础在建设场地上的布置，标高、基坑和桩孔尺寸、地下管沟的走向、坡度、出口、地基处理和基础细部设计，以及地基和上部结构的衔接关系的内容。如果是工业建筑还应包括设备基础图。

2）楼层结构布置图。包括底层、标准层结构布置图，主要内容包括各楼层结构构件的组成、连接关系、材料选型、配筋、构造做法，特殊情况下还有施工工艺及顺序等要求的说明等。对于工业厂房，还应包括纵向柱列、横向柱列的确定，吊车梁、连系梁、必要时设置的圈梁、柱间支撑、山墙抗风柱等的设置。

3）屋顶结构布置图。包括屋面梁、板、挑檐、圈梁等的设置、材料选用、配筋及构造要求；工业建筑包括屋架、屋面板、屋面支撑系统、天沟板、天窗架、天窗屋面板、天窗支撑系统的选型、布置和细部构造要求。

（3）细部构造详图。一般构造详图是和平面结构布置图一起绘制和编排的。主要反映基础、梁、板、柱、楼梯、屋架、支撑等的细部构造做法和适用的材料，特殊情况下包括施工工艺和施工环境条件要求等内容。

**4. 建筑装饰施工图的图示特点有哪些?**

答：（1）按照国家有关现行制图标准，采用相应的材料图例，按照正投影原理绘制而成，必要时绘制所需的透视图、轴测图等。

（2）它是建筑施工图的一种也是重要组成部分，只是表达的重点内容与建筑施工图不同、要求也不同。它以建筑设计为基础，制图和识图上有自身的规律，如图样的组成、施工工艺及细部做法的表达方法与建筑施工图有所不同。

（3）装饰施工图受业主的影响大。业主的使用要求是装饰设计的一个主要因素，尤其是在方案设计阶段。设计的图纸最终要业主审查通过后才能进入施工程序。

（4）装饰设计图具有易识别性。图纸面对广大用户和专业施工人员，为了明了反映设计内容，增加与用户的沟通效果，设计需要简单易识别性。

（5）装饰设计涉及的范围广。装饰设计与建筑、结构、水电、暖、机械设备等都会发生联系，所以与施工和其他单位的项目管理也会发生联系，这就需要协调好各方关系。

（6）装饰施工图详图多，必要时应提供材料样板。装饰设计具有鲜明的个性，设计施工图具有个案性，很多做法难以找到现成的节点图进行引用。装饰装修施工用到的做法多、选材广，为了达到满意的效果需要材料供应商在设计阶段提供供材样板。

## 5. 建筑装饰平面布置图的图示方法及内容各有哪些？

答：（1）图示方法

假想用一个水平的剖切平面，在略高于窗台的位置，将结果内外装修后的房屋整个剖开向下投影所得的图。它与建筑平面图相配合，建筑平面图上剖切的部分在装饰施工图上也会体现出来，在图上剖到部分用粗线表示、看到的用细线表示。省去建筑平面图上与装饰无关的或关系不大的内容。装饰图中门窗的平面形式主要用图例表示，其装饰应按比例和投影关系绘制，标明门窗是里装、外装还是中装等，并注明设计编号；垂直构件的装饰形式，可用中实线画出它们的外轮廓，如门窗套、包柱、壁饰、隔断等；墙柱的一般饰面则用细实线表示。各种室内陈设品可用图例表示。图例是简化的投影，一般按中实线画出，对于特征不明显的图例可以用文字注明。

（2）图示内容

1）建筑主体结构，如墙、柱、门窗、台阶等。

2）各功能空间（如客厅、餐厅、卧室等）的家具的平面形状和位置，如沙发、茶几、餐桌、餐椅、酒柜、地柜、床、衣柜、梳妆台、床头柜、书柜、书桌等。

3）厨房的橱柜、操作台、洗涤池等的形状和位置。

4）卫生间的浴缸、大便器、洗手台等的形状和位置。

5）家电的形状和位置。如空调、电冰箱、洗衣机等。

6）隔断、绿化、装饰构件、装饰小品等的布置。

7）标注建筑主体结构的开间和进深尺寸等尺寸、主要的装修尺寸。

8）装修要求等文字说明。

9）装饰视图符号。

## 6. 室内给水排水施工图的组成包括哪些?

答：给水排水施工图包括室内给水排水、室外给水排水施工图两部分，它们的组成如下。

（1）图样目录。它是将全部施工图进行分类编号，并填入图样目录表格中，一般作为施工图的首页。

（2）设计说明及设备材料表。凡是图纸无法表达或表达不清楚而又必须为施工技术人员所了解的内容，均应用文字说明，包括所用的尺寸单位，施工时的质量要求，采用材料、设备的型号、规格，某些施工做法及设计图中采用标准图集的名称等。

（3）给排水平面图。又称俯视图，主要表达内容为各用水设备的类型及平面位置；各干管、立管、支管的平面位置，立管编号及管道的敷设方法，管道附件如阀门、消火栓、清扫口的位置；给水引入管和污水排出管的平面位置、编号以及与室外给水排水管网的联系等。多层建筑给水排水平面图，原则上分层绘制，一般包括地下室或底层、标准层、顶层及水箱间给排水平面图等，各种卫生器具、管件、附件及阀门等均应按《建筑给水排水制图标准》GB/T 50106—2010 中的规定绘制。

（4）给水排水系统图。主要表达管道系统在各楼层间前后、左右的空间位置及相互关系；各管段的管径、坡度、标高和立管编号；给水阀门、龙头、存水弯、地漏、清扫口、检查口等管道附件的位置等。一般采用正面斜等测投影法绘制。

（5）施工详图。凡是在以上图纸中无法表达清楚的局部构造或由于比例原因不能表达清楚的内容，必须绘制施工详图。施工详图优先采用标准图、通用施工详图系列，如卫生器具安装、阀门井、水表井、局部污水处理改造等均可选择相应的标准图作为施工详图。

**7. 室外给水排水施工图包括哪些内容?**

答：室外给水排水施工图一般由平面图、断面图和详图等组成。

（1）管网平面布置图。管网平面布置图应以管道布置为重点，用粗线条重点表示室外给水排水管道的位置、走向、管径、报告、管线长度；小区给水排水构筑物（水表井、阀门井、排水检查井、化粪池、雨水口等）的平面位置、分布情况及编号等。

（2）管道断面图。它可以分为横断面图与纵断面图，常见的是纵断面图。管道纵断面图是在某一部位沿管道纵向垂直剖切后的可见图形，用于表明设备和管道的里面形状、安装高度及管道和管道之间的布置与连接关系。管道纵断面图的内容包括干管的管径、埋设深度、地面标高、管顶标高、排水管的水面标高、与其他管道及地沟的距离和相对位置、管线长度、坡度、管道转向及构筑物编号等。

（3）详图。它主要反映各给水排水构筑物的构造、支管与干管的连接方法、附件的做法等，一般有标准图提供。

**8. 怎样读识室内给水排水施工图?**

答：读识室内给水排水施工图时，应首先熟悉图纸目录，了解设计说明，明确设计要求。将给水、排水平面图和系统图对照读识，给水系统可从引入管起沿流水方向，经干管、立管、横管、支管到用水设备，将平面图和系统图一一对应阅读；弄清管道的走向、分支位置，各管道的管径、标高，管道上的阀门、水表、升压设备及配水龙头的位置和类型。排水系统可从卫生器具开始，沿水流方向，经支管、横管、立管、干管到排水管依次识读。弄清管道的走向、汇合位置，各管段的管径、坡度、坡向、检查口、清扫口、地漏的位置，通风帽形式等。然后结合平面图、系统图和设计说明仔细识图详图。室内供水排水详图包括节点图、大样图、标准图，主要是管道节点、水表、消火栓、水加热器、卫生器具、套管、管道支架的安装图及卫生间大样图等。图中需注明详细尺寸，可供安装时直接选用。

（1）室内给水排水平面图

1）底层平面图。根据室内给水是从室外到室内的实际，需要从首层或地下室引入，所以，通常应画出用水房间底层给水管网平面图。

2）楼层平面图。如果各楼层的盥洗用房和卫生设备及管道布置完全相同，则需只画一个相同楼层的平面布置图，但在图中必须注明各楼层的层次和标高。

3）屋顶平面图。当屋顶设有水箱及管道布置时，可单独画出屋顶平面布置图，但如管道布置不太复杂，顶层平面布置图中又有多余图面，与其他设施及管道不致混淆时，可在最高楼层的平面布置图中，用双点长画线画出水箱的位置；如屋顶没有使用给水设备时，则不需画出屋顶平面图。

4）标注。为使土建施工与管道设备的安装能互为配合，在各层的平面布置图上，均需标明墙、柱的定位轴线及其编号并标注轴线间距。管线位置尺寸不标注。

（2）室内给水系统管道轴测图

轴测图上反映的主要内容有给水系统管道的总体情况，包括给水管引入位置、楼层标高，立管位置、管径，安装位置，支管与主管之间的距离、支管各段长度尺寸、管径，以及用水设备（便器、洗脸盆、防污器、小便池、小便挂斗、洗涤池等）的名称、位置，各水平管的标高位置等。

（3）室内排水系统轴测图

轴测图上反映的主要内容有排水系统管道的总体情况，包括排水管引出位置、楼层标高，立管位置、管径，安装位置，支管与主管之间的距离、支管各段长度尺寸、管径，以及排水设备（便器、洗脸盆、防污器、小便池、小便挂斗、洗涤池等）的名称、位置，各水平管的标高位置等。

## 9. 怎样读识室外给水排水总平面图？

答：（1）室外给水总平面图主要表达建筑物室内、外管道的连接和室外管道的布置情况。

（2）室外给水排水总平面图的特点：

①室外总平面图常用的比例为 1：500～1：2000，一般与建筑总平面图相同。②建筑物及各种附属设施。小区内的房屋、道路、草坪、广场、围墙等，均可按总建筑平面图的比例，用 0.25b 的细实线画出外框。在房屋屋角部位画上与楼层数相同个数的小黑点表示楼层数。③管径、检查井编号及标高，应按制图规范的规定对以上设施的详细内容进行标设。④指北针或风玫瑰图。用以反映小区平面布置方向，以及各管道走向。⑤图例。在给水排水总平面图上，应列出该图所用的所有图例，以便识读。⑥施工说明。包括标高、尺寸、管径的单位；与室内地面标高±0.000 相当的绝对标高值；管道的设置方式（明装或暗装）；各种管道的材料及防腐、防冻措施；卫生器具的规格、冲洗水箱的容积；检查井的尺寸；所套用的标准图的图号；安装质量的验收标准；其他施工要求。

## 10. 怎样读识室外给水排水系统图？

答：（1）根据水流方向，依次循序渐进，一般以引入管、干管、立管、横管、直管、支管、配水器等顺序进行。如果设有屋顶水箱分层供水，则立管穿过各楼层后进入水箱，再以水箱出水管、干管、立管、横管、支管、配水器等顺序进行，屋顶还应注意排气帽的标高位置。

（2）底层给水排水平面图的管道系统编号分为，供水管道系统，编号用圆圈内分数线上为"J"，分母用"1"表示；其中字母"J"为"净水"汉语拼音第一个字的声母，"1"代表净水系统的个数。同样废水系统、污水系统也可用类似的方法表示。在净水、废水、污水系统图上应该标清楚各分支系统管道的标高位置、管径、与主管和立管之间的距离等位置尺寸。

（3）污水、废水系统的流程正好与给水系统的流程相反，一般可按卫生器具或排水设备的存水弯、器具排水直观、排水横管、立管、排出管、检查井（窨井）等顺序进行，通常先在底层给水排水平面图中，看清各排水管道和各楼层、地面的立管，接着看各楼层的立管是如何伸展的。

### 11. 怎样读识室外管网平面布置图？

答：通常为了说明新建房屋室内给水排水与室外管网的连接情况，通常还用小比例（1∶500 或 1∶1000）画出室外管网总平面图。在该图中只画局部室外管网的干管，用以说明与给水引入管、与排水排出管的连接情况。

（1）给水管的材料

包括塑料管、铸铁管、钢管和其他管材等，如铜管、不锈钢管、钢塑复合管、铝塑复合管等。

（2）给水附件

1）供水附件包括旋塞式水龙头、陶瓷芯片式水龙头、盥洗水龙头、混合水龙头、自动控制水龙头。

2）控制附件包括截止阀、闸阀、蝶阀、止回阀、球阀、减压阀、安全阀等。

### 12. 怎样识读居民住宅配电及照明施工图？

答：（1）配电系统图的读识

通常居民住宅楼采用电源为三相四线 380/220V 引入，采用 TN—C—S，电源在进户总箱重复接地。

1）系统特点

系统采用三相四线制，架空或地沟中引入，通常导线为三根 35mm² 加一根 25mm² 的橡皮绝缘铜线（BX），引入后穿直径为 50mm 的焊接钢管（SC）埋地（FC）；引入到第一个单元总配电箱。第二单元总配电箱的电源由第一单元总配电箱经导线穿管埋地引入，导线为三根 $35mm^2$，加两根 $25mm^2$ 的塑料绝缘铜线（BV），$35mm^2$ 的导线为相线，$25mm^2$ 的导线为一根为 N 线，一根为 PE 线。穿管均为直径 50mm 的焊接钢管。其他单元总配电箱电源的取得与上述相同。

2）照明配电箱

底层照明配电箱采用 XRB03—G1（A）型改制，其他层采用 XRB03—G2（B），其主要区别是前者有单元的总计量电能表，并增加了地下室和楼梯间照明回路。

XRB03—G1（A）型配电箱配备三相四线制总电能表一块，型号 DT862—10（40）A，额定电流 10A，最大负荷 40A；配备总控三极低压断路器，型号 C45N/3P—40A，整定电流 40A。

供用户使用的回路，配备单项电能表一块，型号为 DD862—5（20）A，额定电流 5A，最大负荷 20A，不设总开关。每个回路又分为三个支路，分别供证明、卧室和客厅、厨房和卫生间插座。照明支路设双机低压断路器最为控制和保护用，型号 C45NL—60/2P，整定电流 6A；另外两个插座支路均设单极漏电开关作为控制和保护用，型号为 C45NL—60/1P，额度电流 10A。从配电箱引自各个支路的导线均采用塑料绝缘铜线穿阻燃塑料管（PVC），保护管直径 15mm。

XRB03—G2（B）型配电箱不设总电能表，只分几个供每层各用户使用，每个回路分为三个支路，其他内容与回路 XRB03—G1（A）型相同。

（2）标准层照明平面图

1）根据设计说明，图纸所有管线均采用焊接钢管或 PVC 阻燃塑料管沿墙或楼板内敷设，管径 15mm，采用塑料绝缘铜线，截面面积 $2.5mm^2$，管内导线根数按图中标注，在黑线（表示管线）上没有标注的均为两根导线，凡用斜线标注的应按斜线标注的根数计。

2）电源通常是从楼梯间的照明配电箱引入的，一梯两户时分为左户、右户，一梯三户时分为左户、中户、右户。每户内照明支路的灯排号、盏书、功率都在图上标注出来了。

为了节省篇幅，标准层配电平面图上的信息这里不再一一列举。

### 13. 照明平面图读识应注意的问题有哪些？

答：照明平面图读识应注意的几个问题如下：

（1）照明电路管线的敷设基本与动力管线敷设的方法相同，其中干线已于动力线路中敷设在竖井或电缆桥架内，其余管线均采用焊接钢管内穿 BV 铜素线，在现浇板内或吊顶内暗设。

（2）灯具的安装分为顶板上吊装或吸顶装、壁装等。因此，应与土建图样相对应。管线的敷设应适应灯具安装方式。在吊顶处管线应与动力线路中的风机盘管的管线敷设系统。

（3）注意管线敷设的穿上和引下，要对应上层与下层的具体位置。开关及其规格型号应与所控灯具的回路对应。

（4）与系统图对照读图。

### 14. 电力线缆的敷设方法有哪些？

答：常用的电缆敷设方法有直接埋地敷设、电缆沟敷设、电缆隧道敷设、排管敷设、室外支架敷设和桥架线槽敷设等。

（1）电缆直接埋地敷设

它是电力线缆敷设中最常用的一种方法。当同一路径的室外电缆根数为 8 根及以下，且场地条件有限时，电缆宜采用直接埋地敷设。这种敷设电缆的方法施工简单、经济适用，电缆散热良好，也适用于电力线缆敷设距离较长的场所。

（2）电缆排管敷设

按照一定的孔数和排列预制好的水泥管块，再用水泥砂浆浇注成一个整体，然后将电缆穿入管中，这种方法就称为电缆管敷设。电缆排管敷设方式适用于电缆数量不多，但道路交叉较多、路径拥挤，且不宜采用直埋或电缆沟敷设的地段。电缆排管可采用钢管、硬质聚氯乙烯管、石棉水泥管和混凝土管块等。

（3）电缆沟敷设

当平行敷设电缆根数较多时，可采用电缆沟或电缆隧道内敷设的方式。这种方式一般用于工厂厂区内。电缆隧道可以说是尺寸较大的电缆沟，是用砖砌筑或混凝土浇筑而成的。沟顶部用钢筋混凝土盖板盖住。沟内有电缆支架，电缆均挂在支架上，支架可在沟侧壁一侧布置，也可在沟的两侧布置。

（4）电缆明敷设

电缆明设是将电缆直接敷设在构架上，可以像电缆沟中一样，使用支架，也可以使用钢索悬挂或用挂钩悬挂。

（5）室外支架敷设

室外支架敷设是将电缆用设在墙上的专用支架悬空加设、固定，以达到敷设目的的一种电缆敷设方法。它是厂区、居民小区使用较多的一种电缆敷设方法。它的特点是省时、省力、经济、快速。

其他电力线缆敷设的方法从略。

## 15. 建筑物防雷接地施工图包括哪些内容？

答：（1）设计说明中涉及的内容

1）防雷等级。根据自然条件、当地雷电日数、建筑物的重要程度确定防雷等级或类别。

2）防直击雷、防电磁感应、防侧击雷、防雷电波侵入和等电位的措施。

3）当用钢筋混凝土内的钢筋作接闪器，引下线和接地装置时，应说明采取的措施和要求。

4）防雷接地阻值的确定，如对接地装置作特殊处理时，应说明措施、方法和达到的阻值要求。当利用共用接地装置时，应明确阻值要求。

（2）初步设计阶段

此阶段，建筑防雷工程一般不出图，特殊工程只出顶视平面图，画出接闪器、引下线和接地装置平面布置，并注明材料规格。

（3）施工设计阶段

绘出建筑物或构筑物防雷顶视平面图和接地平面图。小型建筑物仅绘制顶视平面图，形状复杂的大型建筑应加绘立面图，注明标高和主要尺寸。图中需要绘出避雷针、避雷带、接地线和接地极。断接卡等的平面位置、标明材料规格、相对尺寸等。而利用建筑物或构筑物内的钢筋作防雷接闪器，引下线和接地装置时，应标出连接点、预埋件及敷设形式，特别要标出索引图编号、页次。

图中需说明的内容有防雷等级和采取的防雷措施（包括防雷电波侵入），以及接地装置形式、接地电阻值、接地材料规格和埋设方法。利用桩基、钢筋混凝土内的钢筋作接地时，说明应采取的措施。

## 16. 室内供暖施工图由哪些内容组成？

答：室内供暖系统施工图包括图样目录、设计施工说明、设备材料表、供暖平面图、供暖系统图、详图及标准图等。

（1）图样目录和设备材料表

它的要求同给水排水施工图，一般放在整套施工图的首页。

（2）设计说明

它主要说明供暖系统热负荷、热媒种类及参数、系统阻力、采用管材及连接方式、散热器的种类及安装要求、管道的防腐保温做法等。

（3）供暖平面图

它包括首层、标准层和顶层供暖平面图。其主要内容有热力入口的位置、干管和支管的位置、立管的位置及编号，室内地沟的位置和尺寸，散热器的位置和数量，阀门、集气罐、管道支架及伸缩器的平面位置、规格及型号等。

（4）供暖系统图

它采用单线条绘制，与平面图比例相同。它是表示供暖系统空间布置情况和散热器连接形式的立体透视图。系统图应标注各管段管径的大小、水平管段的标高、坡度、阀门的位置，散热器的数量及支管的连接形式，与平面图对照可反映供暖系统的全貌。

（5）详图和标准图

详图和标准图要求与给水排水施工图相同。

## 🏃‍♂️ 17. 室外供热管网施工图由哪几部分组成？

答：室外供热管网施工图通常由平面图、断面图（纵剖面、横剖面）和详图等组成。

（1）室外供热管网平面图

它的主要内容包括室外地形标高、等高线的分布，热源或换热站的平面位置，供热管网的敷设方式、补偿器、阀门、固定支架的位置，热力入口、检查井的位置和编号等。

（2）室外供热管网断面图

室外供热管网采用地沟或直埋敷设时，应绘制管线纵向或横向断面图。纵、横剖面图主要反映管道及构筑物纵、横立面的布置情况，并将平面图上无法表示的立体情况表示清楚，所以，它是平面图的辅助图样。纵断面图主要内容包括地面标高、沟顶标高、沟底标高、管道标高、管径、坡度、管段长度、检查井编号及管道转向等内容；横断面图包括地沟断面构造及尺寸、管道与沟间距、管道与管道间距、支架的位置等。

（3）详图

它是对局部节点或构筑物放大比例绘制的施工图，主要有热力入口、检查井等构筑物的做法以及干管的连接情况等，管道可用单线条绘制，也可用双线条绘制。

## 🏃‍♂️ 18. 怎样读识供暖平面施工图？

答：在识读供暖施工平面图时，首先要分清热水供水管和热水回水管，并判断出管线的排布方法是上行式、下行式、单管式、双管式中的哪种形式；然后查清各散热器的位置、数量以及其他原件（如阀门等）的位置、型号；最后按供热管网的走向顺序读图。在识读平面图时，按照热水供水管的走向顺序读图。识读供暖平面施工图时应从以下几个方面着手。

（1）入口与出口

查找供暖总管入口和回水总管出口的位置、管径和坡度及一些附件。引入管一般在建筑物中间、两端或单元入口处。总管入口处一般由减压阀、混水器、疏水器、分水器、分水缸、除污器、控制阀门等组成。如果平面图上注明有入口节点图的，阅读时则要按平面图所注节点图的编号查找入口图进行识图。

（2）干管的布置

了解干管的布置方式，干管的管径，干管上的阀门、固定支架、补偿器等的平面位置和型号等。识图时要查看干管是敷设在最顶层（是上供式系统）、中间层（是中供式系统）、还是最底层（是下供式系统）。在底层平面图中一般会出现回水干管，一般用粗虚线表示。如果干管最高处设有集气罐，则说明为热水关系图；如果散热器出口处和底层干管上出现有疏水器，则说明干管（虚线表示）为凝结水管，从而表明该系统为蒸汽供热系统。读图时还应弄清楚补偿器和固定支架的平面位置及种类。为了防止供热管道升温时由于热伸长或温度应力而引发管道变形或破坏，需要在管道上设置补偿器。供热系统中的补偿器常用的有方形补偿器和自然补偿器。

（3）立管

查找立管的数量和布置位置。复杂的系统有立管编号，简单的系统可不对立管编号。

（4）建筑物内设置的散热器位置、种类、数量

查找建筑物内散热设备（散热器、辐射板、暖风机）的平面位置、种类、数量（片数）以及散热器的安装方式。散热器一般布置在外窗内侧窗台下（也有沿内墙布置的）。散热器的安装有明装、半暗装、暗装。通常散热器以明装较多。结合图纸说明确

定散热器的种类和安装方式及要求。

（5）各设备管道连接情况

对热水供暖系统，查找膨胀水箱、集气罐等设备的平面位置、规格尺寸及与其他连接的管道情况。热水供暖系统的集气罐一般装在系统最宜集气的地方，装在立管顶端的为立式集气罐，装在供水干管末端的为卧式集气罐。

## 19. 怎样读识供暖系统轴测图和供暖详图？

答：（1）供暖系统轴测图

1）查找入口装置的组成和热入口处热媒来源、流向、坡口、管道标高、管径及入口采用的标准图号或节点图编号。

2）查找各段管的管径、坡度、坡向、设备的标高和各立管的编号。一般情况下，系统图中各管段两端均注有管径，即变径管两端要注明管径。

3）查找散热器型号、规格和数量。

4）查找阀门、附件、设备及在空间的布置位置。

（2）供暖详图

1）搞清楚施工图中暖气支管与散热器和立管之间的连接形式，散热器与地面、墙面之间的安装尺寸、结合方式及结合件本身的构造。

2）对供暖施工图，一般只绘制平面图、系统图和通用标准图中所缺的局部节点图。在阅读供暖详图时，要弄清管道的连接做法，设备的局部构造尺寸、安装位置和做法等。

## 20. 怎样读识供暖自动排气阀安装施工图？

答：（1）自动排气阀安装在系统最高点和每条干管的终点，排气阀适用型号及具体设置位置应由设计给出。

（2）安装排气阀前应先安装截断阀，当系统试压、冲洗合格后才可装排气阀。

（3）安装前不应拆解或拧动排气阀端的阀帽。

（4）排气阀安装后，使用之前将排气阀短的阀帽拧动1～2圈。

**21. 怎样读识供暖散热器安装组对施工图？**

答：（1）散热器片制造质量应检查合格，特别是机加工部分，如凸缘及内外螺纹等，应符合技术标准。

（2）组对散热器前还应按照《采暖散热器系列数、螺纹及配件》JG/T6—1999对散热器的补芯、对丝、丝堵进行检查，其外形尺寸应符合图1-1的要求。

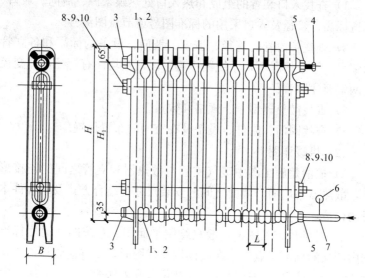

图1-1 供暖散热器安装组对施工图

1—对丝；2—垫片；3—丝堵；4—手动放气阀；5—补芯；6—散热器试压压力表；
7—组对后试压进水管；8—拉杆；9—螺母；10—垫板

（3）散热器组对所用垫片材质，对设计无要求时应采用耐热橡胶产品垫片，组对后垫片外露和内伸不应大于1mm。

（4）散热器组对后，水压试验前，散热器的补芯、丝堵、手动放气阀等附件应组装齐全，并接受水压试验检查。

40

（5）散热器组对后的平直度标准应符合表 1-1 的要求。

散热器组对后的平直度标准　　　　　　　表 1-1

| 散热器种类 | 片　　数 | 允许偏差 |
|---|---|---|
| 长翼型 | 2～4 | 4 |
|  | 5～7 | 6 |
| 铸铁片数 | 3～15 | 4 |
| 钢制片数 | 16～15 | 6 |

散热器组对后，或整组出厂的散热器在安装前应做水压试验。试验压力如无设计要求时应为工作压力的 1.5 倍，且不应小于 0.6MPa。检验方法为试验时间为 2～3min，压力不下降，且不渗不漏为合格。

（6）散热器加固拉条安装，组对铸铁散热器 15 片以上，钢制散热器 20 片以上，应装散热器横向加固拉条；拉条为直径 8mm 的 HPB300 级圆钢筋，两端套丝；加垫板（俗称骑马）用普通螺母紧固，拧紧拉条的丝杆外露不应超过一个螺母的厚度。拉条和两端的垫板及螺母应隐藏在散热器翼板内。

## 22. 怎样读识膨胀水箱施工图？

答：（1）机械循环热水供暖系统的膨胀水箱，安装在循环泵入口前的回水管（定压点处）上部，膨胀水箱底标高应高出供暖系统 1m 以上。

（2）重力循环上供下回热水供暖的膨胀水箱安装在供水总立管顶端，膨胀水箱箱底标高应高出供暖系统 1m 以上，应注意供水横向干管和回水管的坡向及坡度应符合设计图纸上注明的要求。

（3）膨胀水箱的膨胀管及循环管不得安装阀门，并应符合以下要求：①膨胀管与系统总回水管干管连接，其接点位置与定压点的距离为 1.5～3m（如果膨胀水箱安装在取暖房间内可取消此管）；②膨胀管的安装要符合规范和设计的要求。

（4）溢水管同样不能加阀门，且不可与压力回水管及下水管连接，应无阻力自动流入水池或水沟。

（5）水箱清洗、放空排气管应加截止阀，可与溢流管连接，也可直排。

（6）型号管亦称检查管道，连同浮标液面器的电器、仪表、控制点，应引至管理人员易监控和操作的部位（如主控室、值班室）。

（7）膨胀水箱的箱体及附件（浮标液面计、内外爬梯、上人孔、支座等）的制造尺寸、数量、材质及合格标准等，应符合设备制造规范、标准及设计要求。

## 23. 怎样读识集气罐安装图？

答：（1）集气罐安装位置多为供水系统最高点和主要干管的末端。

（2）集气罐的排气管应加截断阀，在系统上水时反复开关此阀，运行时定期开阀放气。

（3）集气罐安装的支架应参照管道支架安装要求进行施工和检验。

## 24. 怎样读识分、集水器安装图？

答：（1）每一集配装置的分支路不宜多余 8 个；住宅每户至少应设置一套集配装置。

（2）集配装置的分、集水管管径应大于总供、回水管管径。

（3）集配装置应高于底板加热管，并配置排气阀。

（4）总供、回水管进出口的每一供、回水支路均应配置截止阀或球阀或温控阀。

（5）总供、回水管的内侧，应设置过滤器。

（6）建筑设计应为明装或暗装的集配装置的合理设置和安装提供适当条件。

（7）当集中供暖的热水温度高于地暖供水温度上限（55℃）时，集配器前应安装混水装置。

（8）当分、集水器配有混水装置和地暖各环路设置温度控制器时，集配器安装部位应预埋当期接线盒、电源插座等及其预埋配套的电源线和信号线的套管。

（9）分、集水器有明装和暗装，要求分、集水器的支架安装位置正确，固定平直牢固。

（10）当分、集水器水平安装时，当分、集水器下端距地面应≥300mm。

（11）当分、集水器垂直安装时，当分、集水器下端距地面应≥150mm。

（12）分、集水器安装与系统供、回水管连接固定后，如系统尚未冲洗，应再将集水器与总供、回水管之间临时断开，防止外系统杂物进入地暖系统。

## 第四节　工程施工工艺和方法

### 1. 室内给水管道安装工程施工工艺流程包括哪些内容？

答：室内给水系统安装包括给水管道及配件安装、室内消火栓系统安装、自动喷水灭火系统安装、气体灭火系统安装、给水设备安装等几部分。

（1）施工准备

1）材料要求

① 铸铁给水管及管件的规格应符合设计压力要求，管壁薄厚均匀，内外光滑整洁，不得有砂眼、裂纹、毛刺和疙瘩；承插口的内外径及管件应造型规矩，管内外表面的防腐涂层应整洁均匀，附着牢固。管材及管件均应有出厂合格证。

② 镀锌碳素钢管及管件的规格种类应符合设计要求，管壁内外镀锌均匀，无锈蚀、无飞刺。管件无偏扣、乱扣、丝扣不全或角度不准等现象。管材及管件均应有出厂合格证。

③ 水表的规格应符合设计要求及自来水公司要求，热水系统选用符合温度要求的热水表。表壳铸造规矩，无砂眼、裂纹，

表玻璃盖无损坏，铅封完整，有出厂合格证。

④ 阀门的规格型号应符合设计要求，热水系统阀门符合温度要求。阀体铸造规矩，表面光洁，无裂纹，开关灵活，关闭严密，填料密封完好无渗漏，手轮完整无损坏，有出厂合格证。

2）主要机具

① 机械：套丝机、砂轮锯、台钻、电锤、手电钻、电焊机、电动试压泵等。

工具：套丝板、管钳、压力钳、手锯、手锤、活扳手、链钳、撅弯器、手压泵、捻凿、大锤、断管器等。

② 其他：水平尺、线坠、钢卷尺、小线、压力表等。

3）作业条件

① 地下管道铺设必须在房心土回填夯实或挖到管底标高，沿管线铺设位置清理干净，管道穿墙处已留管洞或安装套管，其洞口尺寸和套管规格符合要求，坐标、标高正确。

② 暗装管道应在地沟未盖沟盖或吊顶未封闭前进行安装，其型钢支架均应安装完毕并符合要求。

③ 明装托、吊干管安装必须在安装层的结构顶板完成后进行。沿管线安装位置的模板及杂物清理干净，托吊卡件均已安装牢固，位置正确。

④ 立管安装应在主体结构完成后进行。高层建筑在主体结构达到安装条件后，适当插入进行。每层均应有明确的标高线，暗装竖井管道，应把竖井内的模板及杂物清除干净，并有防坠落措施。

⑤ 支管安装应在墙体砌筑完毕，墙面未装修前进行（包括暗装支管）。

（2）操作工艺

1）工艺流程

安装准备→预制加工→干管安装→立管安装→支管安装→管道试压→管道防腐和保温→管道冲洗。

2）安装准备

认真熟悉图纸，根据施工方案决定的施工方法和技术交底的具体措施做好准备工作。参看有关专业设备图和装修建筑图，核对各种管道的坐标、标高是否有交叉，管道排列所用空间是否合理。有问题及时与设计和有关人员研究解决，办好变更洽商记录。

3）预制加工

按设计图纸画出管道分路、管径、变径、预留管口，阀门位置等施工草图，在实际安装的结构位置做上标记，按标记分段量出实际安装的准确尺寸，记录在施工草图上，然后按草图测得的尺寸预制加工（断管、套丝、上零件、调直、校对），按管段分组编号（工艺详见《SGBZ－0501暖卫管道安装施工工艺标准》）。

4）干管安装

以给水铸铁管道安装为例，包括如下步骤：

① 在干管安装前清扫管膛，将承口内侧插口外侧端头的沥青除掉，承口朝来水方向顺序排列，连接的对口间隙应不小于3mm，找平找直后，将管道固定。管道拐弯和始端处应支撑顶牢，防止捻口时轴向移动，所有管口随时封堵好。

② 捻麻时先清除承口内的污物，将油麻绳拧成麻花状，用麻钎捻入承口内，一般捻两圈以上，约为承口深度的三分之一，使承口周围间隙保持均匀，将油麻捻实后进行捻灰，水泥用42.5级以上加水拌匀（水灰比为1∶9），用捻凿将灰填入承口，随填随捣，填满后用手锤打实，直至将承口打满，灰口表面有光泽。承口捻完后应进行养护，用湿土覆盖或用麻绳等物缠住接口，定时浇水养护，一般养护2～5d。冬季应采取防冻措施。

③ 采用青铅接口的给水铸铁管在承口油麻打实后，用定型卡箍或包有胶泥的麻绳紧贴承口，缝隙用胶泥抹严，用化铅锅加热铅锭至500℃左右（液面呈紫红颜色），水平管灌铅口位于上方，将熔铅缓慢灌入承口内，使空气排出。对于大管径管道灌铅速度可适当加快，防止熔铅中途凝固。每个铅口应一次灌满，凝固后立即拆除卡箍或泥模，用捻凿将铅口打实（铅接口也可采用捻铅条的方式）。

④ 给水铸铁管与镀锌钢管连接时应按图 1-2 所示的几种方式安装。

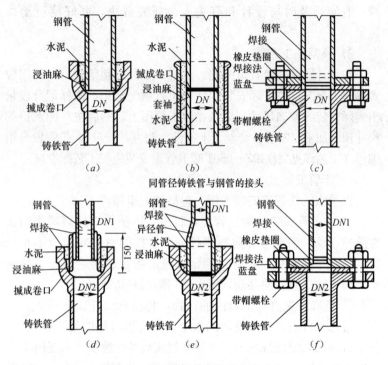

图 1-2 给水铸铁管与镀锌钢管连接
(*a*) 承插管；(*b*) 套袖；(*c*) 法兰盘；(*d*) 直套管；(*e*) 异径管；(*f*) 法兰盘

**2. 室内排水管道安装工程施工工艺流程包括哪些内容?**

答:(1) 施工准备

1) 材料要求

① 铸铁排水管及管件规格品种应符合设计要求。灰口铸铁的管壁薄厚均匀，内外光滑整洁，无浮砂、包砂、粘砂，更不允许有砂眼、裂纹、飞刺和疙瘩。承插口的内外径及管件造型规矩，法兰接口平整光洁严密，地漏和返水弯的扣距必须一致，不得有偏扣、乱扣、方扣、丝扣不全等现象。

② 镀锌碳素钢管及管件管壁内外镀锌均匀，无锈蚀，内壁无飞刺，管件无偏扣、乱扣、方扣、丝扣不全，无角度不准等现象。

③ 青麻、油麻要整齐，不允许有腐朽现象。沥青漆、防锈漆、调和漆和银粉必须有出厂合格证。

④ 水泥一般采用42.5级，必须有出厂合格证或复试证明。

⑤ 其他材料：汽油、机油、胶皮布、电气焊条、型钢、螺栓、螺母、铅丝等。

2）主要机具

① 机具：套丝机、电焊机、台钻、冲击钻、电锤、砂轮机等。

② 工具：套丝板、手锤、大锤、手锯、断管器、錾子、捻凿、麻钎、压力案、台虎钳、管钳、小车等。

③ 其他：水平尺、线坠、钢卷尺、小线等。

3）作业条件

① 地下排水管道的铺设必须在基础墙达到或接近±0.000标高，房心土回填到管底或稍高的高度，房心内沿管线位置无堆积物，且管道穿过建筑基础处，已按设计要求预留好管洞。

② 设备层内排水管道的敷设，应在设备层内模板拆除清理后进行。

③ 楼层内排水管道的安装，应与结构施工隔开一～二层，且管道穿越结构部位的孔洞等均已预留完毕，室内模板或杂物清除后，室内弹出房间尺寸线及准确的水平线。

（2）操作工艺

1）安装准备

根据设计图纸及技术交底，检查、核对预留孔洞大小尺寸是否正确，将管道坐标、标高位置画线定位。

2）管道预制

① 为了减少在安装中捻固定灰口，对部分管材与管件可预先按测绘的草图捻好灰口并编号，码放在平坦的场地，管段下面

用木方垫平垫实。

② 捻好灰口的预制管段，对灰口要进行养护，一般可采用湿麻绳缠绕灰口，浇水养护，保持湿润。冬季要采取防冻措施，一般常温 24～48h 后方能移动，运到现场安装。

3）污水干管安装

① 管道铺设安装

a. 在挖好的管沟或房心土回填到管底标高处铺设管道时，应将预制好的管段按照承口朝向来水方向，由出水口处向室内顺序排列。挖好捻灰口用的工作坑，将预制好的管段徐徐放入管沟内，封闭堵严总出水口，做好临时支撑，按施工图纸的坐标、标高找好位置和坡度，以及各预留管口的方向和中心线，将管段承插口相连。

b. 在管沟内捻灰口前，先将管道调直、找正，用麻钎或薄捻凿将承插口缝隙找均匀，把麻打实，校直、校正，管道两侧用土培好，以防捻灰口时管道移位。

c. 将水灰比为 1∶9 的水泥捻口灰拌好后，装在灰盘内放在承插口下部，人跨在管道上，一手填灰，一手用捻凿捣实，先填下部，由下而上，边填边捣实，填满后用手锤打实，再填再打，将灰口打满打平为止。

d. 捻好的灰口，用湿麻绳缠好养护或回填湿润细土掩盖养护。

e. 管道铺设捻好灰口后，再将立管及首层卫生洁具的排水预留管口，按室内地平线、坐标位置及轴线找好尺寸，接至规定高度，将预留管口装上临时丝堵。

f. 按照施工图对铺设好的管道坐标、标高及预留管口尺寸进行自检，确认准确无误后即可从预留管口处灌水做闭水试验，水满后观察水位不下降，各接口及管道无渗漏，经有关人员进行检查，并填写隐蔽工程验收记录，办理隐蔽工程验收手续。

g. 管道系统经隐蔽验收合格后，临时封堵各预留管口，配合土建填堵孔、洞，按规定回填土。

48

② 托、吊管道安装

a. 安装在管道设备层内的铸铁排水干管可根据设计要求做托、吊或砌砖墩架设。

b. 安装托、吊干管要先搭设架子，将托架按设计坡度栽好或栽好吊卡，量准吊棍尺寸，将预制好的管道托、吊牢固，并将立管预留口位置及首层卫生洁具的排水预留管口，按室内地平线、坐标位置及轴线找好尺寸，接至规定高度，将预留管口装上临时丝堵。

c. 托、吊排水干管在吊顶内者，需做闭水试验，按隐蔽工程项目办理隐检手续。

4）污水立管安装

① 根据施工图校对预留管洞尺寸有无差错，如系预制混凝土楼板则需剔凿楼板洞，应按位置画好标记，对准标记剔凿。如需断筋，必须征得土建施工队有关人员同意，按规定要求处理。

② 立管检查口设置按设计要求。如排水支管设在吊顶内，应在每层立管上均装立管检查口，以便作灌水试验。

③ 安装立管应二人上下配合，一人在上一层楼板上，由管洞内投下一个绳头，下面一人将预制好的立管上半部拴牢，上拉下托将立管下部插口插入下层管承口内。

④ 立管插入承口后，下层的人把甩口及立管检查口方向找正，上层的人用木楔将管在楼板洞处临时卡牢，打麻、吊直、捻灰。复查立管垂直度，将立管临时固定牢固。

⑤ 立管安装完毕后，配合土建用不低于楼板标号的混凝土将洞灌满堵实，并拆除临时支架。如系高层建筑或管道井内，应按照设计要求用型钢做固定支架。

⑥ 高层建筑考虑管道胀缩补偿，可采用法兰柔性管件，但在承插口处要留出胀缩补偿余量。

5）污水支管安装

① 支管安装应先搭好架子，并将托架按坡度栽好，或栽好吊卡，量准吊棍尺寸，将预制好的管道托到架子上，再将支管插

入立管预留口的承口内，将支管预留口尺寸找准，并固定好支管，然后打麻、捻灰口。

② 支管设在吊顶内，末端有清扫口者，应将管接至上层地面上，便于清掏。

③ 支管安装完后，可将卫生洁具或设备的预留管安装到位，找准尺寸并配合土建将楼板孔洞堵严，预留管口装上临时丝堵。

6）雨水管道安装

① 内排水雨水管安装，管材必须考虑承压能力按设计要求选择。

② 高层建筑内排雨水管可采用稀土铸铁排水管，管材承压可达到 0.8MPa 以上。管材长度可根据楼层高度，每层只需一根管，捻一个水泥灰口。

③ 选用铸铁排水管安装，其安装方法同上述室内排水管道安装。

④ 雨水漏斗的连接管应固定在屋面承重结构上。雨水漏斗边缘与屋面相接处应严密不漏。

⑤ 雨水管道安装后，应做灌水试验，高度必须到每根立管最上部的雨水漏斗。

（3）质量标准

1）一般规定

① 适用于室内排水管道、雨水管道安装工程的质量检验与验收。

② 生活污水管道应使用塑料管、铸铁管或混凝土管（由成组洗脸盆或饮用喷水器到共用水封之间的排水管和连接卫生器具的排水短管，可使用钢管）。

雨水管道宜使用塑料管、铸铁管、镀锌和非镀锌钢管或混凝土管等。

悬吊式雨水管道应选用钢管、铸铁管或塑料管。易受振动的雨水管道（如锻造车间等）应使用钢管。

2）排水管道及配件安装

主控项目包括：

① 隐蔽或埋地的排水管道在隐蔽前必须做灌水试验，其灌水高度应不低于底层卫生器具的上边缘或底层地面高度。

检验方法：满水 15min 水面下降后，再灌满观察 5min，液面不降，管道及接口无渗漏为合格。

② 生活污水铸铁管道的坡度必须符合设计或相关规范的规定。

### 3. 卫生器具安装工程施工工艺流程包括哪些内容？

答：（1）一般规定

卫生洁具的连接管、撮弯应均匀一致，不得有凹凸等缺陷，卫生洁具的安装宜采用预埋螺栓或膨胀螺栓，如用木螺栓固定，预埋的木砖须做防腐处理，并应凹进净墙面 10mm，卫生器具支、托架的安装须平整、牢固，与器具接触应紧密，安装完毕应采取保护措施。位置应正确允许偏差单独器具 10mm，成排器具 5mm，安装应平整，垂直度的允许偏差不得超过 3mm，安装电加热器应有良好的接地保护装置，试验时应注满水再启动。

（2）洗脸盆安装

1）首先安装脸盆下水：先将下水口根母、眼圈、胶垫卸下，将上垫垫好油灰后插入脸盆排水口孔内，下水口内的溢水口要对准排水口中的溢水口眼，外面加垫好的油灰的垫圈，套上眼圈，带上跟母，再用自制扳手卡住排水口十字筋，用平口扳手上根母紧至松紧适度。

2）然后安装脸盆水嘴：先将水嘴根母、锁母卸下，在水嘴根部垫好油灰，插入脸盆给水孔眼，下面再套入胶垫眼圈，带上根母后左手按住水嘴，右手用自制的八字死扳手将锁母紧至松紧适度。

3）接着进行脸盆安装：先进行支架安装，按照排水管口中心在墙上画出竖线，由地面向上量出规定的高度，画出水平线，根据盆宽在水平方向画出支架的位置，然后将脸盆支架栽牢在墙面上，再把脸盆置于支架上找平找正，将架钩钩在盆下固定孔内，拧紧盆架的固定螺栓，找平正。

4）然后安装洗脸盆的排水管：在脸盆排水丝口下端涂铅油，缠少许麻丝，将存水弯上接拧在排水口上（P型直接把存水弯立节拧在排水口上），松紧适度，再将存水弯下节的下端缠油。

## 4. 室内消防管道及设备安装工程施工工艺流程包括哪些内容？

答：（1）施工准备

1）材料要求

① 消火栓系统管材应根据设计要求选用，一般采用碳素钢管，管材不得有弯曲、锈蚀、重皮及凹凸不平等现象。

② 消防系统的水泵结合器等主要组件的规格型号应符合设计要求，配件齐全，铸造规矩，表面光洁，无裂纹，启闭灵活，有产品出厂合格证。

③ 消火栓箱体的规格类型应符合设计要求，箱体表面平整、光洁。金属箱体无锈蚀，划伤，箱门开启灵活。箱体方正，箱内配件齐全。栓阀外形规矩，无裂纹，启闭灵活，关闭严密，密封填料完好，有产品出厂合格证。

2）主要机具

① 套丝机，砂轮锯，台钻，电锤，手砂轮，电焊机，电动试压泵等机械。

② 套丝板，管钳，台钳，压力钳，链钳，手锤，钢锯，扳手，电气焊等工具。

3）作业条件

① 主体结构已验收，现场已清理干净。

② 管道安装所需要的基准线应测定并标明，如吊顶标高、地面标高、内隔墙位置线等。

③ 设备基础经检验符合设计要求，达到安装条件。

④ 安装管道所需要的操作架应由专业人员搭设完毕。

⑤ 检查管道支架、预留孔洞的位置、尺寸是否正确。

（2）操作工艺

1）工艺流程

安装准备→干管安装→立管安装→消火栓及支管安装→管道冲洗→系统综合试压→消火栓配件安装→系统通水试射。

2）安装准备

① 认真熟悉图纸，根据施工方案、技术、安全交底的具体措施选用材料，测量尺寸，绘制草图，预制加工。

② 核对有关专业图纸，查看各种管道的坐标、标高是否有交叉或排列位置不当，及时与设计人员研究解决，办理变更手续。

③ 检查预埋件和预留洞是否准确。

④ 检查管材、管件、阀门、设备及组件等是否符合设计要求和质量标准。

⑤ 要安排合理的施工顺序，避免工种交叉作业干扰，影响施工。

3）干管安装

消火栓系统干管安装应根据设计要求使用管材，按压力要求选用碳素钢管。

① 管道在焊接前应清除接口处的浮锈、污垢及油脂。

② 不同管径的管道焊接，连接时如两管径相差不超过小管径的15%，可将大管缩口与小管对焊。如果两管相差超过小管径15%，应用异径短管焊接。

③ 管道对口焊缝上不得开口焊接支管，焊口不得安装，在支吊架位置上。

④ 管道穿墙处不得有接口，管道穿过伸缩缝处应有防冻措施。

⑤ 碳素钢管开口焊接时要错开焊缝，并使焊缝朝向易观察和维修的方向上。

⑥ 管道焊接时先点焊三点以上，然后检查预留口位置、方向、变径等无误后，找直、找正，再焊接，紧固卡件、拆掉临时固定件。

4）消防立管安装

① 立管底部的支吊架要牢固，防止立管下坠。

② 立管明装时每层楼板要预留孔洞，立管可随结构穿入，以减少立管接口。

5）消火栓及支管安装

① 消火栓箱体要符合设计要求，产品均应有消防部门的制造许可证及合格证方可使用。

② 消火栓支管要以栓阀的坐标、标高定位甩口，核定后再稳固消火栓箱，箱体找正稳固后再把检阀安装好，栓阀侧装在箱内时应在箱门开启的一侧，箱门开启应灵活。

③ 消火栓箱体安装在轻质隔墙上时，应有加固措施。

6）水泵结合器安装

规格应根据设计选定，其安装位置应有明显标志，阀门位置应便于操作，结合器附近不得有障碍物。安全阀应按系统工作压力定压，防止消防车加压过高破坏室内管网及部件，结合器应装有泄水阀。

7）消防管道试压

上水时最高点要有排气装置，高低点各装一块压力表，上满水后检查管路有无渗漏，如有法兰、阀门等部位渗漏，应在加压前紧固，升压后再出现渗漏时做好标记，卸压后处理。必要时泄水处理。试压合格后及时办理验收手续。

8）管道冲洗

消防管道在试压完毕后可连续做冲洗工作。冲洗水质合格后重新装好，冲洗出的水要有排放去向，不得损坏其他成品。

9）消火栓配件安装

应在交工前进行。消防水龙带应折好放在挂架上或卷实、盘紧放在箱内，消防水枪要竖放在箱体内侧。

（3）质量标准

1）箱式消火栓的安装应栓口朝外，阀门距地面、箱壁的尺寸符合施工规范规定。水龙带与消火栓和快速接头的绑扎紧密，并卷折，挂在托盘或支架上。

2）检验方法：观察和尺量检查。

3）消火栓阀门中心距地面为 1.1m，允许偏差 20mm，阀门距箱侧面为 140mm，距箱后内表面为 100mm，允许偏差 5mm。

（4）成品保护

1）消防系统施工完毕后，各部位的设备组件要有保护措施，防止碰动跑水，损坏装修成品。

2）消火栓箱内附件，各部位的仪表等均应加强管理，防止丢失和损坏。

3）消防管道安装与土建及其他管道发生矛盾时，不得私自拆改，要经过设计，办理变更洽商妥善解决。

（5）应注意的质量问题

1）消火栓箱门关闭不严。由于安装未找正或箱门强度不够变形造成。

2）消火栓阀门关闭不严。由于管道未冲洗干净，阀内有杂物造成。

**5. 埋地敷设焊接钢管管道和设备的防腐施工的程序是什么？**

答：埋地敷设焊接钢管和设备防腐的目的是减少管道的腐蚀及杂散电流对管道的电化作用，以延长管道使用寿命。

防腐绝缘层的做法多采用传统的沥青玛瑞脂和玻璃布组成的绝缘层，它具有与钢管及设备粘结强度高、绝缘性能好、价格低廉等优点，但在熬制沥青玛瑞脂时，会对熬制人员身体和周边环境产生不良影响，现在大多是在专业工厂进行集中加工处理后，运至现场而直接使用。

沥青绝缘层主要由沥青玛瑞脂和玻璃布组成，根据设计要求的绝缘等级可分为普通级、加强级和特加强级。它们的施工程序分别如下：

（1）普通级

1）防腐层施工程序

沥青底漆→沥青玛琋脂→沥青玛琋脂→包牛皮纸保护层。

2）防腐绝缘层

总厚度为 3mm，允许偏差－0.3mm。

（2）普通级

1）防腐层施工程序

沥青底漆→沥青玛琋脂→粗纹玻璃布→沥青玛琋脂→沥青玛琋脂→包牛皮纸保护层。

2）防腐绝缘层

总厚度为 6mm，允许偏差－0.5mm。

（3）普通级

1）防腐层施工程序

沥青底漆→沥青玛琋脂→粗纹玻璃布→沥青玛琋脂→粗纹玻璃布→沥青玛琋脂→沥青玛琋脂→包牛皮纸保护层。

2）防腐绝缘层

总厚度为 9mm，允许偏差－0.5mm。

其中冷底子油（沥青底漆）的配比可按石油沥青：无铅汽油＝1：2.25（重量比）配制。

## 6. 供暖管道保温层在施工时应注意的事项有哪些？

答：供暖管道保温工程施工时应注意以下几个方面：

（1）管道的保温工程应以设计的种类和要求作为施工的依据。

（2）主要保温材料应有制造厂合格证明书或质量分析检验报告。

（3）保温工程的施工程序为：管道的防腐→敷设绝热层→敷设防潮层→敷设保护层。

各层均应按设计规定的形式、材质等要求分别选用适当的施工方法。

（4）当采用珍珠岩瓦块保温时，为保证瓦块干燥、不缺损，包瓦块前宜在管子上涂抹一薄层胶泥，两半圆瓦块宜错开约 1/2 瓦块长度，避免通缝。

（5）保温层紧密地贴在管道上，保温前应按管径规格分别码放，不允许露出管道或出现保温层松动等现象。

（6）采用铝箔岩棉管或采用铝箔超细玻璃棉管壳保温时，其接缝应采用铝箔胶纸粘贴，超细玻璃棉密度不低于 $38kg/m^3$。

（7）采用涂膜保温材料时，为了增强保温胶泥与管道的附着力，应分层涂抹；第一层涂层不宜过厚（5mm 以内），待干燥后在涂抹第二层（15mm 以内），依次直至要求的保温层厚度为止，用专用弧形抹子压光。

（8）玻璃布在缠绕时，压边不得小于 20mm，要求搭接整齐、紧密，不出破边，外观光滑美观，避免管粗细不均。包扎保温层时，镀锌铁丝接头应压平，不得扎破保温层。

（9）非水平管道保温层的施工应自下而上进行，并设支撑板以防保温层下滑。水平管道的硬质保温层，应每隔 20m 留一道伸缩缝，其宽度为 20～30mm。

## 7. 通风与空调工程风管系统施工工艺流程包括哪些内容？

答：风管系统的施工内容主要包括风管的制作、风管配件和风管部件的制作、风管系统的安装及风管系统的严密性试验等。

（1）风管系统制作的技术要点

1）风管系统的组成

风管系统主要由风管、风管配件（弯管、四通、三通和法兰等）、风管部件（风口、阀门、消声器、风帽和检查孔等）、支吊架及连接件等组成。

2）风管系统的压力等级

风管系统的工作压力是制作风管时首先要考虑的问题，风管的材料厚度、咬口形式、法兰孔距、制作方式等都会因系统压力的不同而改变。

3）制作风管的材料要求

风管由镀锌薄钢板制作，镀锌薄钢板和角钢等应具有出厂合格证明或质量鉴定文件，金属板材应符合下列规定：非金属风管材料的燃烧性应符合现行国家标准《建筑材料燃烧性能分级方法》GB 8624 规定的不燃 A 级或难燃 B1 的规定。

4）风管制作工艺的优先选用原则

风管制作应坚持优先选用节能、高效、机械化加工制作工艺的原则。

5）金属风管的拼接要求

不锈钢板厚度小于或等于 1mm 时，板材拼接可采用咬接；板厚大于 1mm 时宜采用氩弧焊或电弧焊，不得采用气焊。铝板风管板材厚度小于或等于 1.5mm 时，板材拼接可采用咬接，但不得采用按扣式咬口；板厚大于 1.5mm 时，宜采用氩弧焊或气焊。

6）风管法兰的加工要点

①矩形风管法兰由四根角钢组焊而成，角钢材料规格及连接应符合规范的要求。②画线下料时应注意使焊成后的法兰内径不小于风管外径，管法兰的焊缝应熔合良好、饱满，无假焊和孔洞；法兰平面度的允许偏差为 2mm。③矩形风管法兰的四角部位应设有螺孔。相同规格的法兰的螺孔排列应一致，具有互换性。

7）风管的加固

风管根据其断面尺寸、长度、板材厚度以及管内工作压力等级，应采取相应的加固措施。中压和高压系统风管，其管段长度大于 1250mm 时，应采用加固框补强。高压系统风管的单咬口缝还应有防止咬口缝胀裂的加固或补强措施。

（2）风管系统的安装技术要点

1）确定标高，按照实际图纸并参照土建准确定风管的标高位置并放线。

2）支、托、吊架制作与安装，标高确定以后，按照风管系统所在空间位置，确定风管支、托吊架形式。

（3）风管系统严密性试验要点

1）低压风管系统的严密性试验，在加工工艺得到保证的前提下，采用漏光法检测；

2）中压风管系统的严密性试验，应在漏光法检测合格后，做漏风量测试的抽检；

3）高压风管系统应全部进行漏风量测试。

（4）防排烟系统的施工技术要点

1）防火排烟系统是涉及人身和财产安全的重要系统，一旦发生火灾事故，防火排烟系统能够及时启动并保持规定的时间，对减轻事故的灾害能起到非常大的作用。

2）风管穿过需要封闭的防火墙体或楼板时，应设预埋管或防护套管，其钢板厚度不小于 1.6mm。风管与防护套管之间采用柔性不燃材料封堵。

## 8. 净化空调系统施工工艺流程包括哪些内容？

答：（1）净化通风管道制作与安装施工工序

1）制作：施工准备（包括机械、器具检查；班组施工技术、安全交底；熟悉施工图纸等）→板材检查、验收→材料清洗、清除油污→放样、下料→制作咬口（折方）清洗咬口油污→制作风管半成品→清除表面油污杂物→铆接成型再清洗风管内外表面→检查验收→封闭管口→入库存放待装。

2）安装：施工准备→吊装制作（包括下料、调直、成形、除锈刷油等）→现场吊点布置→半成品运至现场组装间→风管组装（包括清洗合格的阀部件）→封闭端口测量配管（再按制作工序制作配管）→运至现场组装成封闭系统。

（2）净化空调设备安装施工工序

施工准备（包括熟悉图纸、班组技术交底、机具材料准备等）→基础验收、复测、修正、处理→设备开箱、清点、检查、验收→清洗设备→设备吊装、就位、找平、找正→设备配管的制作、安装（按净化风管的制作、安装工序进行）→设备试运转→设备带负荷运行调试→竣工验收。

**9. 电气设备安装施工工艺流程包括哪些内容?**

答：电气设备安装工艺流程如下：

根据工艺开洞→设备线槽铺设→铺设线缆→接线联机→单机调试→调节行程限位→机械控制系统联机调试→机械联机调试→控制系统自检→整体运行→验收。

**10. 照明器具与控制装置安装施工工艺流程包括哪些内容?**

答：照明器具与控制装置安装施工工艺流程包括如下内容：

施工准备（材料准备、机械准备、人员组织分工）→预制加工（冷揻弯、切割、套丝）→固定箱盒（测定位置、固定箱盒、稳固灯箱盒）→管路连接（管箍丝扣连接、钢管套管焊接、加工喇叭口）→现场敷设（现浇混凝土墙套管、现浇混凝土楼板套管、加工喇叭口）→现场敷设（接地跨接线焊接连接、清渣堵管口）。

**11. 室内配电线路敷设施工工艺流程包括哪些内容?**

答：室内配电线路敷设施工工艺流程包括如下内容：

定位画线（根据施工图纸，确定电器安装位置、导线敷设途径及导线穿过墙壁和楼板的位置）→预留预埋（在土建抹灰前，将配线所有固定点打好洞，埋好支持构件）→装设绝缘支持物、线夹、支架或保护管→敷设导线→安装灯具和电器设备→测试导线绝缘，连接导线→校验、自检、试通电。

**12. 电缆敷设施工工艺流程、施工工艺各包括哪些内容?**

答：电缆敷设施工工艺流程包括如下内容：

（1）工艺流程

1）直埋电缆施工工艺流程

施工准备→电缆敷设→覆砂盖砖→回填土→埋标桩。

2）电缆沿支架、桥架敷设施工工艺流程

施工准备→电缆敷设设计→电缆敷设、电缆固定和就位→质量验收。

（2）施工工艺

1）准备工作

① 施工前应对电缆进行详细检查；规格、型号、截面电压等级均符合设计要求，外观无扭曲、坏损及漏油、渗油等现象。

② 电缆敷设前进行绝缘摇测或耐压试验。

a. 1kV 以下电缆，用 1kV 摇表摇测线间及对地的绝缘电阻应不低于 10MΩ。

b. 3～10kV 电缆应事先作耐压和泄漏试验，试验标准应符合国家和当地供电部门规定。必要时敷设前仍需用 2.5kV 摇表测量绝缘电阻是否合格。

c. 纸绝缘电缆，测试不合格者，应检查芯线是否受潮，如受潮，可锯掉一段再测试，直到合格为止。检查方法是：将芯线绝缘纸剥一块，用火点着，如发出叭叭声，即电缆已受潮。

d. 电缆测试完毕，油浸纸绝缘电缆应立即用焊料（铅锡合金）将电缆头封好。其他电缆应用聚氯乙烯带密封后再用黑胶布包好。

③ 放电缆机具的安装：采用机械放电缆时，应将机械选好适当位置安装，并将钢丝绳和滑轮安装好。人力放电缆时将滚轮提前安装好。

④ 临时联络指挥系统的设置：

a. 线路较短或室外的电缆敷设，可用无线电对讲机联络，手持扩音喇叭指挥。

b. 高层建筑内电缆敷设，可用无线电对讲机做为定向联系，简易电话作为全线联系，手持扩音喇叭指挥（或采用多功能扩大机，它是指挥放电缆的专用设备）。

⑤ 在桥架或支架上多根电缆敷设时，应根据现场实际情况，

事先将电缆的排列，用表或图的方式画出来，以防电缆的交叉和混乱。

⑥ 冬季电缆敷设，温度达不到规范要求时，应将电缆提前加温。

⑦ 电缆的搬运及支架架设：

a. 电缆短距离搬运，一般采用滚动电缆轴的方法，滚动时应按电缆轴上箭头指示方向滚动。如无箭头时，可按电缆缠绕方向滚动，切不可反缠绕方向滚动，以免电缆松弛。

b. 电缆支架的架设地点应选好，以敷设方便为准，一般应在电缆起止点附近为宜。架设时，应注意电缆轴的转动方向，电缆引出端应在电缆的上方。

2）直埋电缆敷设

① 清除沟内杂物，铺完底沙或细土。

② 电缆敷设。

a. 电缆敷设可用人力拉引或机械牵引。采用机械牵引可用电动绞磨或托撬（旱船法）。电缆敷设时，应注意电缆弯曲半径应符合规范要求。

b. 电缆在沟内敷设应有适量的蛇形弯，电缆的两端、中间接头、电缆井内、垂直位差处均应留有适当的余度。

③ 铺砂盖砖。

a. 电缆敷设完毕后应请建设单位、监理单位及施工单位的质量检查部门共同进行隐蔽工程验收。

b. 隐蔽工程验收合格，电缆上下分别铺盖 100mm 砂子或细土，然后用砖或电缆盖板将电缆盖好，覆盖宽度应超过电缆两侧 5cm。使用电缆盖板时，盖板应指向受电方向。

④ 回填土。回填土前，再做一次隐蔽工作检验，合格后，应及时回填土并进行夯实。

⑤ 埋标桩。电缆在拐弯、接头、交叉、进出建筑物等地段应设明显方位标桩。直线段应适当加设标桩。标桩露出地面以 15cm 为宜。

⑥ 电缆进入电缆沟、竖井、建筑物以及穿入管子时，出入口应封闭，管口应密封。

⑦ 有麻皮保护层的电缆，进入室内部分，应将麻皮剥掉，并涂防腐漆。

3) 电缆沿支架、桥架敷设

① 水平敷设

a. 敷设方法可用人力或机械牵引。

b. 电缆沿桥架或托盘敷设时，应单层敷设，排列整齐。不得有交叉，拐弯处应以最大截面电缆允许弯曲半径为准。

c. 不同等级电压的电缆应分层敷设，高压电缆应敷设在上层。

d. 同等级电压的电缆沿支架敷设时，水平净距不得小于35cm。

② 垂直敷设

a. 垂直敷设，有条件的最好自上而下敷设。土建未拆吊车前，将电缆吊至楼层顶部。敷设时，同截面电缆应先敷设低层，后敷设高层，要特别注意，在电缆轴附近和部分楼层应采取防滑措施。

b. 自下而上敷设时，低层小截面电缆可用滑轮大绳人力牵引敷设。高层、大截面电缆宜用机械牵引敷设。

c. 沿支架敷设时，支架距离不得大于1.5m，沿桥架或托盘敷设时，每层最少加装两道卡固支架。敷设时，应放一根立即卡固一根。

d. 电缆穿过楼板时，应装套管，敷设完后应将套管用防火材料封堵严密。

4) 挂标志牌

① 标志牌规格应一致，并有防腐性能，挂装应牢固。

② 标志牌上应注明电缆编号、规格、型号及电压等级。

③ 直埋电缆进出建筑物、电缆井及电缆终端头、电缆中间接头处应挂标志牌。

④ 沿支架桥架敷设电缆在其首端、末端、分支处应挂标志牌。

### 13. 火灾报警及联动控制系统施工工艺流程包括哪些内容?

答：火灾自动报警及联动控制系统施工工艺流程内容包括以下内容：

线管敷设→线路敷设→探测器底座的固定、接线、探测器安装→端子箱和报警控制设备的固定→安装接线、调试及联动功能试验→试运行→交工验收。

（1）管线的敷设

1）布管时应按照设计图和施工及验收规范的要求找准设备、设施的坐标和标高对管道的走向放线定位、调整与其他设备的距离并按规定对所有的预埋盒、箱及管口采取保护措施。

2）镀锌的钢导管，可挠性导管和金属线槽不得熔焊跨接接地线，以专用接地卡跨接的两卡间连线为铜芯软导线，截面积不小于 $4mm^2$。

3）当非镀锌钢导管采用螺纹连接时，连接处的两端焊跨接接地线；当镀锌钢导管采用螺纹连接时，连接处的两端用专用接地卡固定跨接接地线。

4）金属线槽不作设备的接地导体，当设计无要求时，金属线槽全长不少于 2 处与接地（PE）或接零（PEN）干线连接。

5）金属线管严禁对口熔焊连接，壁厚小于等于 2mm 的钢导管不得套管熔焊连接。

6）当线管在砌体上剔槽埋设时其保护厚度大于 15mm。

7）金属线管的内外壁均应防腐处理，埋设于混凝土的导管内壁应防腐处理，外壁可不防腐处理。

8）室内进入落地式柜、台、箱、盘内的管口应高出柜、台、箱盘的基础面 50～80mm。

9）管子入盒时，盒外侧应套锁母，内侧应装护口，盒的内外侧均应套锁母。在吊顶内敷设各类管路和线槽时，采用单独的卡具吊装或支撑固定。

10）吊装线槽的吊杆直径不应小于 6mm，线槽的直线段每隔 1～1.5m 设置吊点或支点，其接头处距接线盒 0.2m 处，走向改变或转角处均应设支吊点。

11）管线施工后，隐蔽前要组织对照图纸验收检查，确保配合无误。配管后，工长、班长、质监员应对照设计施工图作一次全部检查并填写隐蔽验收资料，交现场有关人员核对签字。

12）不同系统、不同电压等级、不同类别的线路禁止穿在同一管内，在报警系统中，探测器回路信号线，控制器间的控制线，电源线应分别穿管敷设，联动系统中的联动信号线，通信线及工作电源线也应分管敷设。

13）在穿线前应对导线的种类、电压等级和绝缘情况进行检查，并应将管内或线槽内的积水及杂物清除干净。

14）导线在管内或线槽内不能有接头或扭曲，接头应在接线盒内焊接或用端子连接。

15）火灾自动报警系统导线敷设后，在确保回路正常通路的情况下，又未装任何设备，应对每回路的导线用 500V 的兆欧表测量绝缘电阻，其对地绝缘电阻值不应小于 20MΩ。

16）在管线敷设过程中，如因现场实际情况需要对原设计走向或对连接方式进行改动，必须事先征得同意，改动后还应在管线平面图上详细记录和说明。

17）线槽内敷线应有一定的余量，不得有接头，电线按回路编号分段绑扎固定，垂直方向敷线固定点间距不应大于 2m。

18）从接线盒、线槽等处引到探测器底座盒，控制设备盒、扬声器箱、消火栓按钮等线路均应加金属软管保护。

19）火灾探测器的传输线路宜选择不同颜色的绝缘导线或电缆，正极线为红色，负极线为蓝色。同一工程中相同用途导线应一致，接线端子应有标号。

20）柜、箱的线端子宜选择压接或锡焊接点的端子板，其接线端子上应有相应的标号。

（2）设备安装

1）火灾探测器安装：

① 探测器安装一般取中至墙壁梁边的水平距离不应小于0.5m且不应有遮挡物，至送风口边的水平距离不应小于1.5m，至多孔送风顶棚孔的水平距离不应小于0.5m。探测器安装应牢固、端正，其确认灯应面向便于人员观察的主要入口方向。先安装探测器底座时其底座穿线孔宜封堵，安装完毕后为防止污染应采取保护措施。

② 在宽度小于3m的内走道棚顶上设置探测器时，宜居中布置，感温探测器的安装间距不应超过10m，感烟探测器的安装间距不应超过15m，探测器距离墙的距离不应大于探测器间距的一半。

③ 探测器的底座应固定牢靠，外露式底座必须固定在预埋好的接线盒上，嵌入式底座必须用安装条辅助固定，导线剥头长度应适当，导线剥头应焊接焊片，通过焊片接于探测器底座接线端子上，焊接时，不能使用带腐蚀性的助焊剂，如直接将导线头接于底座端子，导线剥头应拧紧且芯线不能散开。

④ 探测器底座的外接导线，应留有不小于15m的余量，以便维修。

⑤ 工程中如不吊顶时，应按梁对探测器保护面积的影响，且须符合下列条件：

a. 当梁突出顶棚的高度小于200mm时，可不计梁对探测器保护面积的影响；

b. 当梁突出顶棚的高度为200～600mm时，应按施工验收规范附录处理。

2）手动报警按钮安装：一般安装在墙上距地面高度1.5m处，应安装牢固，并不得倾斜，对接导线留有不小于10cm的余量，且端部应有明显标志。

3）应急广播音箱、声光报警器、消防专用电话的安装应依据图纸设计要求定其安装位置及距地高度，且安装端正、牢固、可靠。

4）楼层显示器、壁挂式报警控制器一般安装在实墙上，距地面高度1.5m处，牢固、端正。安装在轻质墙上应采取加固处理。

5）联动控制模块的安装：首先应确保便于检修，安全可靠，一般安装在设备旁或井道内，接线确保正确，控制灵敏，有防潮措施，在执行强电切换或控制模块安装时，要防止交流干扰及过热，要有防止火花破坏的保护措施。

6）系统接地装置的安装：工作接地线应采用铜芯绝缘导线或电缆，不得利用镀锌扁铁或金属软管。工作接地与保护接地必须分开，由消防值班室引至接地体的工作接地线应采用大于25mm$^2$绝缘导线并穿管保护，由报警设备主机引至工作接地支线，应采用大于44mm$^2$的绝缘导线。其接地电阻确保在选用共用接地装置时不大于1MΩ。当采用独立接地体时不大于4MΩ。

7）火灾报警控制器的安装：

① 引入控制器的导线配线应整齐，避免交叉并应用线扎或其他方式固定牢靠，缆芯线和所配导线的端部，均应标明编号，火灾报警控制器联动驱动器内应将电源线、探测回路线、通信线分开套管并编号，所有编号都必须与图纸上的编号一致，字迹要清晰，有改动处应在图纸上作明确标注；电缆芯线和导线应留有不小于20cm的余量，焊片压接在接线端子上，每个端子的压接线不得超过两根；导线引入线穿线后，在进线管处应封堵。

② 控制器的主电源引入线，应直接与消防电源连接，严禁使用电源插头。主电源应有明显标志。

③ 控制器的接地应牢靠并有明显标志。

8）消防联动控制设备的安装：

① 消防控制中心设备在安装前应对各附件及功能进行检查，合格后才能安装。

② 报警控制主机柜安装一般另加基础槽钢螺栓紧固。设备定位应便于监视，设备后面的维修距离不宜小于1m。

③ 联动设备的接线，必须在确认线路无故障，设备所提供的联动节点正确的前提下进行。

④ 消防控制中心内的不同电压等级，不同电源类别的端子，应分开并有明显标志。

⑤ 联动驱动器内应将电源线、通信线、联动信号线、回授线分别加套管并编号。所有编号必须与图纸上的编号一致，字迹要清晰，有改动处应在图纸上作明确标志。

⑥ 消防控制中心内外接导线的端部都应加套管并标明编号，此编号应和施工图的编号及联动设备导线的编号完全一致。

⑦ 消防控制中心接线端子上的接线必须用焊片压接，接线完毕后应用线扎将每组线捆扎成束，使得线路美观并便于开通及维修；设备接线应整齐，避免交叉，固定牢靠，每个接线端子接线不得超过 2 根，导线绑扎成束并留有不小于 20cm 的余量。

（3）系统的调试

1）调试前的准备：

① 调试前应按设计要求查验设备的规格、型号、数量、备品备件等，并且有完整的竣工草图及编码图，由施工人员核准无误。工程安装资料齐全，签字完整。开通设备调试前，再次检查系统线路，对错线、开路、虚焊和短路等不正常情况进行处理。

② 在技术负责人的统一指挥下，设备生产厂家，各工种负责人，施工负责人，施工班组人员均到位。

③ 调试必备工具：对讲机、各种检测仪表、各种检修工具齐全。

2）调试：火灾自动报警系统调试，应先分别对探测器、区域报警控制器、集中报警控制器、报警装置和消防控制设备等逐个进行单机通电检查，正常后方可进行系统调试。

① 火灾自动报警系统通电后首先应对主机全部功能进行检查，在功能完好的前提下对报警系统设备的逻辑关系按设计要求与规范要求进行编程设置。

② 检查报警系统的主电源和备用电源容量与互投分别符合国家标准要求，在备用电源连续充放电 3 次后，主、备电能自动转换。

③ 应采用专用的检查仪器对探测器、手报、消火栓按钮等进行试验，其动作应准确无误。

④ 应分别用主电源和备用电源供电检查火灾自动报警的各项控制功能和联动功能。

⑤ 火灾自动报警系统应在连续进行 120h 无故障后按要求填写调试报告，为专业检测和工程验收做好准备。

(4) 火灾自动报警及消防联动控制系统重点难点分析及应对措施

1) 施工中管线敷设有断头、少线、接地、短路时应采取以下措施防治：施工前认真进行图纸会审和技术交底。明确报警布点位置，设备接线需求、管线。

2) 敷设方向。

① 现场实地勘察。将现场实际性与施工图纸进行比较细化，拿出详细的可行性方案和施工方案，包括管线的型号、数量及预留等情况。

② 施工中严格按上述施工方案和国家电气布线施工标准规范进行施工。

③ 管线敷设完后，认真细心地检查导线的型号、数量是否与方案和图纸相符，导线的绝缘阻值是否达到要求。

④ 实施完上述工序并达到合格标准后，再进行其他工序的施工。

3) 前端设备的安装松动、无法联动、不正确时应采取以下预防措施：

① 安装前熟悉各个设备（探测器、模块、手报）的接线方式和安装方法。

② 针对施工图纸牢固正确的安装设备。

③ 与其他消防设备联接的联动模块或信号模块，在安装前

要特别注意该消防设备与消防联接的接线方式及控制原理。

④ 设备安装遵照《火灾自动报警设计及施工验收规范》执行。

4）报警控制器的安装和调试为避免出现调不通、联动失效、运行不正常应该按以下步骤进行：

① 认真阅读报警控制器的使用说明书，检查控制器的工作情况。

② 在控制器正确安装后正常工作的情况下，关闭控制器后，接入前端各报警回路，再开机运行并检查系统运行情况。

③ 进行系统编程，按逻辑程序对探测区域和报警区域进行编程，联动相应的模块，控制相应的消防设备。

④ 如果出现相应的联动设备不动作，此时应检查模块工作是否正常如果模块工作正常，此时应要求联动设备的施工方配合，共同协调解决。

⑤ 如果出现探头报警故障或总是报警，或试验不报警，应检查探头是否损坏。

⑥ 当检查调试完成上述合格后，方可进入试运行，最后进行验收。

## 14. 消火栓系统安装工程施工工艺流程包括哪些内容？

答：（1）消火栓系统安装工程施工工艺流程

安装准备→预留、预埋→主管安装→消火栓箱预安装→支管预制→安装消火栓箱壳→安装消火栓箱内配件→系统通水试验。

（2）工艺施工过程

1）主管安装：安装时一般从总进入口开始，总进水端做好临时丝堵，埋地部分做加强防腐（在预制后、安装前做好），把预制完的管道运到安装部位依次排开。

安装前清扫管腔，用管钳依次上紧，丝口外露2～3扣；安装完后找直、找正，复核甩口位置、方向无误。外露丝扣及镀锌层破坏处刷好防锈漆，甩口处均加好丝堵，阀门安装位置应便于操作。

2）支管安装：为保证支管甩口准确，安装前应进行箱体的预安。支管要以栓阀的坐标、标高定位甩口。支管暗敷在墙体内，并要垂直入墙，在水压试验合格后隐蔽。

3）箱体安装：检查甩口位置无误后，再进行安装、稳固箱体，并用水平尺找平、找正。安装好后须通知土建专业及时补烂。待土建湿作业完成后再安装箱体并继续系统水压试验。

4）消火栓配件安装：交工前进行配件的安装，消防水带应折好放到挂架上或双头外卷、卷实、盘紧放在箱内。消防水枪竖放在箱体内侧。

## ？15. 自动喷水灭火系统施工工艺流程包括哪些内容？

答：（1）管道安装。

1）自动喷水灭火系统管道 $DN \geqslant 100$ 的管道采用卡箍连接，$DN < 100$ 的管道采用丝扣连接。卡箍连接的质量控制要点主要是严格按管件的滚槽要求加工槽口深度，安装时支吊架应准确定位，管道的挠度不能超过管件的要求。螺纹连接的质量控制要点主要是严格按标准要求加工螺纹，安装时严格按施工工序进行，特别注意麻丝的质量和管钳收紧的力度。

2）自动喷水灭火管道穿过墙壁和楼板处，设置钢套管，钢套管内径应大于所穿管外径 20mm。安设在楼板上的套管，其顶部应高出地面 50mm，底部与楼板底面相平；安设在墙壁内的套管，其两端应与饰面相平。套管与穿管的空隙间填不燃柔性材料（玻纤皮）。

3）支、吊架与自动喷水灭火喷头之间的距离不小于 300mm；与末端喷头之间的距离不大于 750mm。自动喷头灭火系统配水支管上每一直管段、相邻两喷头之间的管段设置的支、吊架均不少于一个；当喷头之间的距离小于 1.8m 时，可隔段设置支、吊架，但支、吊架的间距不大于 3.6m。

4）自动喷水灭火系统管道除设置支、吊架外，还应在下列部位再设置防晃支架：

① 在自动喷洒配水管中点设一个（管径 $DN \leqslant 50$ 时可不设）。

② 自动喷洒配水干管及配水管、配水支管的长度超过 15m（包括管径 $DN=50$ 的配水管及配水支管），每 15m 长度内最少设一个（管径 $DN \leqslant 40$ 的管段可不算在内）。

③ 管径 $DN \geqslant 50$ 的管道拐弯处（包括三通及四通位置）设一个。

④ 竖直安装的配水干管在其始端和终端设防晃支架或采用管卡固定，其安装位置距地面或楼面的距离为 1.5～1.8m。

5）室内暗设自动喷水管在隐蔽前进行试压。试验压力为 1.40MPa，2h 内降压不低于 0.05MPa，且目测管网应无渗漏和无变形。然后将试验压力降至工作压力作外观检查，以不漏为合格。

6）自动喷水管道变径时，采用异径管件。不采用补芯喷头与管网连接时必须采用异径管件，不准使用补芯。

（2）喷头安装。

1）自动喷水喷头安装在系统管网经过试压、冲洗后和室内装修完毕后进行，接喷头配水管管径不小于 $DN25$。

2）自动喷水喷头应妥善保管，安装前严格检查是否完好，并核对其规格、型号是否与设计相符。

3）喷头安装使用专用扳手，严禁利用喷头的框架施拧；喷头的框架、溅水盘产生变形或释放原件损伤时，采用规格、型号相同的喷头更换。

4）自动喷水喷头安装后，逐个检查溅水盘有无歪斜，玻璃球有无裂纹和液体渗漏，如有则更换喷头。施工时严防喷头粘上水泥、砂浆等杂物，并严禁喷涂涂料油漆等污染物质，以免妨碍感温作用。

5）喷头安装的其他要求：

① 元件的中线处在顶板下 102～330mm，或喷头的溅水盘

处在顶板下 127～356mm 之间。

② 对于喷头下方障碍物宽度＞19mm 且＜51mm，溅水盘离障碍物最近边缘的水平距离至少为 305mm 或障碍物应处在低于溅水盘至少 610mm 的距离。

③ 宽度＞51mm 且＜305mm 的连续障碍物，则溅水盘离障碍物最近的边缘的水平距离至少为 305mm。

④ 宽度＞305mm，且小于 610mm 的连续障碍物，则溅水盘离障碍物最近的边缘的水平距离至少为 610mm。

⑤ 宽度 610mm 的喷头下面障碍物如是连续扁平，水平的实体应在障碍物下安装一排喷头，喷头的感温元件离障碍物最大距离为 330mm，喷头间距最大为 2.43m（指所补喷头与上方正常布置喷头之间水平距离）。当障碍物是连续的但不是扁平（如圆形风管）或不是实体（如一组电缆），应在障碍物下方安装一个挡板，挡板定不小于障碍物宽度，然后在挡板下增设喷头。

⑥ 当屋面板下结构实体部件高度小于 305mm 时，喷头可直接布置在这些实体底部。

（3）水流指示器的安装。

1）水流指示器的安装应在管道试压和冲洗合格后进行，水流指示器应与其所安设部位的管道相匹配。水流指示器的规格、型号应符合设计要求。

2）水流指示器的桨片、膜片一般垂直于管道，其动作方向应和水流方向一致；不得反向。安装后水流指示器桨片、膜片应动作灵活，不允许与管道有任何摩擦接触。

3）系统中的安全信号阀靠近水流指示器安装，且与水流指示器安装间距不小 300mm。

（4）末端试水装置安装在系统管网末端或分区管网末端。

（5）报警阀组附件的安装。

1）报警阀组的安装应先安装水源控制阀、报警阀，再进行报警阀辅助管道的连接，水源控制阀、报警阀与配水干管的连接，应保证水流方向一致，报警阀组安位置应符合设计要求。安装报警阀组的室内地面应有排水设施；

2）压力表应安装在报警阀便于观测的位置；排水管和试验阀应安装在便于操作的位置；水源控制阀安装应便于操作，且应有明显开闭标志和可靠的锁定设施。湿式报警阀的安装应确保报警阀前后的管道中能顺利充满水；压力波动时，水力警铃不发生误报警，报警水流通路上的过滤器应安装在延迟器前，且便于排渣操作的位置；水力警铃应安装在公共通道或值班室附近的外墙上，且应安装检修、测试用的阀门。水力警铃和报警器的连接应采用镀锌钢，当镀锌钢管的公称直径为15mm时；其长度不应大于6m；当镀锌钢管的公称直径为20mm；安装后的水力警铃启动压力不小于0.05MPa。

（6）自动喷水灭火系统重点难点分析及应对措施。

1）管网渗漏采取以下预防措施：

① 所有管网的管材和管网上的阀门零部件均应是合格产品。

② 管网的施工人员必须持证上岗，并且经验丰富。

③ 如发现渗漏，应及时查明所在位置，排水进行处理。

2）水流指示器（或信号蝶阀）不发出报警信号采取以下措施：

① 检查水流指示器（或信号蝶阀）的安装方向是否正确，型号是否与口径一致。

② 检查水流指示器（或信号蝶阀）上的电器元件工作是否正常。

3）湿式报警阀组不发出报警信号采取以下措施：

① 检查该阀组安装方式和管路连接方式是否正确。

② 如果该阀组压力开关不报警，应检查压力开关的电路是否正常。

③ 如果该阀组的警铃不发出报警，应检查警铃盘内的转轴旋转是否灵活，周围是否有遮挡物。

**16. 典型智能化子系统安装和调试的基本要求有哪些？**

答：典型智能化子系统安装和调试的基本要求如下：

建筑设备监控子系统（以下间称为 BA）通常要求监控建筑物内或建筑群的所有机电设备，例如空气处理系统、给水排水、冷热源、变配电、照明、电梯、停车库管理等设备。建筑设备监控子系统组成一般应包括三部分：一是中央计算机系统；二是智能分站（DDC），主要完成数据（包括开关量和模拟量）采集和传送及本地控制的功能；三是各类的传感器及执行器由于建筑设备监控子系统的安装与土建、暖通空调、给水排水、强电等专业关系密切，因此掌握建筑设备监控子系统的安装和调试的基本要求是十分重要的。

（1）BA 系统施工界面的确定

楼宇自控系统就是所谓的 BA 系统，楼宇自控系统范围内的各种主控设备和辅助设备及配件的施工范围构成 BA 系统施工界面。

（2）主要输入设备的安装要求

有输入设备安装之前应进行通电试验。

1）流量传感器的安装位置应是水平位置，应注意避免电磁干扰和接地，以保证测量的准确性。

2）电量变送器安装时要特别注意防止电压输出端短路及电流输出端开路，变送器的输入、输出范围应与设计和 DDC 所要求的信号相匹配。

（3）主要输出设备的安装

1）电磁阀安装；

2）电动调节阀安装；

3）电动风门驱动器安装；

4）风机盘管温控器安装。

（4）系统设备安装包括的内容

1）综合布线系统安装；

2）通信系统设备安装；

3）计算机网络系统安装；

4）建筑设备监控系统安装；

5）有线电视设备系统安装；

6）扩声、背景、音乐系统设备安装；

7）电源与电子设备防雷接地设备安装；

8）停车场管理系统的安装；

9）楼宇安全防范系统设备安装；

10）住宅小区智能化系统设备安装。

（5）机房、电源及接地

在建筑智能化工程的实施中要特别注意机房、电源及接地系统。根据智能化工程规模大小，设备分布及对电源的需求，可采取 UPS 分散供电和 UPS 集中供电相结合的方式。但要注意电力系统与弱电系统的线路应分开敷设。要注意电源的抗干扰的措施。

智能建筑的接地要求有防雷接地，工作接地，保护接地，屏蔽与防静电接地。强电与弱电的接地走向要分开。弱电竖井内设有单独接地干线，将每层弱电设备的保护接地和工作接地与接地干线相连。采用联合接地时，接地电阻应不大于 $1\Omega$，采用单独接地体时，接地电阻应不大于 $4\Omega$。

（6）环境保护要求

注意环境保护（防水、防腐等）及电磁干扰的保护及安装位置的选择；注意箱体进线的合理性及箱内不显合理。注意考虑箱内接线减少干扰，便于接线、调试、美观及日后维护工作，连接牢固标志清晰。

（7）系统调试的基本要求

1）系统调试的前提条件；

2）系统调试应在安装前单体调试合格的基础上进行；

3）系统调试的程序；

4）系统调试的内容；

5）系统联调。

（8）系统的接线检查

1）系统通信检查；

2）系统监控性能的测试；

3）系统联动功能的测试。

## 17. 智能化工程施工工艺顺序是什么？

答：智能化工程各施工段的施工顺序如下。

（1）搭建项目小区的网络架构，建立小区弱电井，确定路由位置的施工顺序

1）确定园区各楼宇间与控制中心的路由位置；

2）预埋弱电管道、建立弱电井；

3）选择弱电管道，安装线缆或光缆。

（2）楼宇内的施工顺序

1）一次预埋的施工顺序

① 先按照土建的施工进度按照施工图纸选择有预埋要求的主体墙面或地面；

② 根据设计要求选择各系统相应的弱电用管道，放入拉线绳，密封好管道口，防止堵塞，并用混凝土浇筑到相应的主体墙面或地面中；

③ 待混凝土凝固后检查弱电管道是否畅通，拉线绳是否可用；如出现被堵现象，需马上清除被堵物或重新铺设弱电管道，被堵管道不允许超过 $1\%\sim2\%$。

2）二次预埋的施工顺序

其工序与一次预埋基本相同。

3）铺设线缆的施工顺序

施工准备→路面破开，管沟的开挖，电缆的穿行→（←）质量检查→穿行好的线缆进行埋设→路面及管沟的回填和修复→外观检查及线路的接通→（←）质量检查→电缆验收。

4）设备调试的施工顺序

① 调试人员在系统调试前，应认真阅读系统原理图、平面图（施工布线图），透彻理解设计意图，了解各系统设备的性能及技术指标，对相关数据的整定值、调试技术标准做到心中有

数，对本工程采用的各系统模式所要达到的控制功能要求必须完全领会，方可进行调试工作。

② 调试开通的质量和速度在很大程度上取决于管线敷设及设备安装的质量。因此在调试开通前必须向各子系统施工单位或有关部门了解管线及设备安装的进度与质量状况。调试前还应按设计要求查验设备的规格与型号、数量等，如发现管线或设备安装有与设计不符的现象，应尽快调整。

③ 调试开通前，首先对各线路按各系统功能要求进行线路测试，还应对各线路的工作接地和保护接地以及不同性质的线缆是否存在共管现象进行认真查验。其次要查看导线上的标志是否与施工图上的标注吻合，检查接线端子的压线是否与接线端子表的规定一致。对各子系统工程设备的单机运行进行仔细的功能测试。

④ 在确定线路无故障和各子系统工程设备运行正常后，方能对整体系统进行现场模拟联动试验。在此项工作未结束之前，不能打开所有联动控制电源，以免因外设备故障损坏联动设备。所有联动设备现场模拟试验均无问题以后，再从控制中心对各设备进行手动或自动操作系统联调。

（3）各系统的施工顺序

1）电气装置施工顺序：埋管与埋件→设备安装→线路敷设→回路接通→检查试验→送电调试→试运行验收。

2）给水、排水、供热、供暖管道施工顺序：施工准备→配合土建预留预埋→管道支架制作→附件检验→管道安装→管道系统试验→防腐绝热→系统清洗→竣工验收。

3）变压器施工顺序：设备开箱检查→变压器二次搬运→变压器稳装→附件安装→变压器检查及交接试验→送电前检查→送电运行验收。

4）通风与空调工程施工顺序：施工准备→风管及部件加工→风管及部件中间验收→风管系统安装→风管系统严密性试验→空调设备及空调水系统安装→风管系统测试与调整→空调系

统调试→竣工验收→空调系统综合效能测定。

（4）整体工程施工顺序

1）施工初期阶段；

2）施工高峰阶段；

3）竣工验收阶段。

# 第五节　工程项目管理的基本知识

**1. 施工项目管理的内容有哪些？**

答：施工项目管理的内容包括如下几个方面。

（1）建立施工项目管理组织

①由企业采用适当的方式选聘称职的项目经理。②根据施工项目组织原则，采用适当的组织方式，组建施工项目管理机构，明确责任、权限和义务。③在遵守企业规章制度的前提下，根据施工管理的需要，制定施工项目管理制度。

（2）编制项目施工管理规划

施工项目管理规划包括如下内容：①进行工程项目分解，形成施工对象分解体系，以便确定阶段性控制目标，从局部到整体地进行施工活动和进行施工项目管理。②建立施工项目管理工作体系，绘制施工项目管理工作体系图和施工项目管理工作信息流程图。③编制施工管理规划，确定管理点，形成文件，以利执行。

（3）进行施工项目的目标控制

实现各项目标是施工管理的目的所在。施工项目的控制目标有进度控制目标、质量控制目标、成本控制目标、安全控制目标等。

（4）对施工项目施工现场的生产要素进行优化配置和动态管理

生产要素管理的内容包括：①分析各项生产要素的特点。②按照一定的原则、方法对施工项目生产要素进行优化配置，并对配置状况进行评价。③对施工项目的各项生产要素进行动态管理。

（5）施工项目的合同管理

在市场经济条件下，合同管理是施工项目管理的主要内容，是企业实现项目工程施工目标的主要途径。依法经营的重要组成部分就是按施工合同约定履行义务、承担责任、享有权利。

（6）施工项目的信息管理

施工项目信息管理是一项复杂的现代化管理活动，施工的目标控制、动态管理更要依靠大量的信息及大量的信息管理来实现。

（7）组织协调

组织协调是指以一定的组织形式、手段和方法，对项目管理中产生的不畅关系进行疏通，对产生的干扰和障碍予以排除的活动。协调与控制的最终目标是确保项目施工目标的实现。

## 2. 施工项目管理的组织任务有哪些？

答：（1）施工项目管理的组织任务

施工项目管理的组织任务主要是通过行之有效的合同管理来实现项目施工的目标。

（2）组织协调

组织协调是管理的技能和艺术，也是实现项目目标不可缺少的方法和手段。它包括与外部环境之间的协调，项目参与单位之间的协调和项目参与单位内部的协调三种类型。

（3）目标控制

施工项目目标控制是施工项目管理的重要职能，它是指项目管理人员在不断变化的动态环境中未确保既定规划目标的实现而进行的一系列检查和调整活动。其任务是在项目施工阶段采用计划、组织、协调手段，从组织、技术、经济、合同等方面采取措施，确保项目目标的实现。

（4）分险管理

风险管理是一个确定和度量项目风险及制定、选择和管理风险应对方案的过程。其目的是通过风险分析减少项目施工过程中的不确定因素，使决策更科学，保证项目的顺利实施，更好地实现项目的质量、进度和投资目标。

（5）信息管理

信息管理是施工项目管理中的基础性工作之一，是实现项目目标控制的保证。它是对施工项目的各类信息收集、储存、加工整理、传递及使用等一系列工作的总称。

（6）环境保护

环境保护是施工企业项目管理重要内容。是项目目标的重要组成部分。

**3. 施工项目目标控制的任务包括哪些内容？**

答：施工项目包括成本目标、进度目标、质量目标三大目标。目标控制的任务包括使工程项目不超过合同约定的成本额度；保证在没有特殊事件发生和不改变成本投入、不降低质量标准的情况下按期完成；在投资不增加，工期不变化的情况下按合同约定的质量目标完成工程项目施工任务。

**4. 施工项目目标控制的措施有哪些？**

答：施工项目目标控制的措施有组织措施、技术措施、经济措施等。

（1）组织措施是指施工任务承包企业通过建立施工项目管理组织，建立健全施工项目管理制度，健全施工项目管理机构，进行确切和有效的组织和人员分工，通过合理的资源配置作为施工项目目标实现的基础性措施。

（2）技术措施是指施工管理组织通过一定的技术手段对施工过程中的各项任务通过合理划分，通过施工组织设计和施工进度计划安排，通过技术交底、工序检查指导、验收评定等手段确保施工任务实现的措施。

（3）经济措施是指施工管理组织通过一定程序对施工项目的

各项经济投入的手段和措施。包括各种技术准备的投入、各种施工设施的投入、各种涉及管理人员及施工操作人员的工资、奖金和福利待遇的提高等各种与项目施工有关的经济投入措施。

### 5. 施工现场管理的任务和内容各有哪些？

答：施工现场管理分为施工准备阶段的工作和施工阶段的工作两个不同阶段的管理工作。

（1）施工准备阶段的管理工作

它主要包括拆迁安置、清理障碍、平整场地、修建临时设施、架设临时供电线路、接通临时用水管线、组织材料机具进场、施工队伍进场安排等工作，这些工作虽然比较零碎，但头绪很多，需要协调和管理的组织层次和范围比较广，是对项目管理组织的一个考验。

（2）施工阶段的现场管理工作

此阶段现场管理工作头绪更多，施工参与各方人员的管理和协调，设备和器具，材料和零配件，生产运输车辆，地面、空间等都是现场管理的对象。为了有效进行现场管理，根本的一条就是要根据施工组织设计确定的现场平面图进行布置，需要调整变动时需要首先申请、协商，得到批准后方可变动，不能擅自变动，以免引起各部分主体之间的矛盾，造成违反消防安全、环境保护等方面的问题，产生不必要的麻烦和损失。

对于节电、节水、用电安全、修建临时厕所及卫生设施等方面的管理工作，最好列入合同附则，有明确的约定，以便能有效进行管理，从而在安全文明卫生的条件下实现施工管理目标。

### 6. 施工资源管理的任务和内容各有哪些？

答：（1）人力资源管理的概念

1）人力资源管理的工作步骤如下：编制人力资源规划；招聘增补员工；通过解聘减少员工；进行人员甄选。经过以上四个步骤，可以确定和选聘到有能力的员工，通过员工的定向培训，形成能适应组织需要和不断更新技能与知识的能干的员工；通过员工的绩效考评，促进员工的业务提高和发展。

2）项目人力资源管理包括有效地使用涉及项目的人员所需要的过程。项目人力资源管理的目的是调动所有项目参与人的积极性，在项目承担组织的内部和外部建立有效的工作机制，以实现项目目标。广义的人力资源是指所有与项目有关的人具有的劳动能力。狭义的人力资源是指项目组织成员所具有的劳动能力。

（2）人力资源管理的任务

1）编制组织和人力资源规划。组织和人力资源规划是识别、确定和分派项目角色、职责和报告关系的过程。根据项目对人力资源的需求，建立项目组织结构，组建和优化项目管理班子，并将确定的项目角色、组织结构、职责和报告关系形成文档。在项目生命期内，制订的组织和人力资源计划既要有适当的稳定性和连续性，又要随项目的进展作必要的修改，以适应变化了的情况。

2）组织项目管理班子人员的获取。项目管理班子的人员可通过外部招聘方式获得，也可以对项目承担组织内的成员进行重新分配。选择合适的获取人员的政策、方法、技术和工具，以便于在适当的时候获得项目所需的高素质的并且能互相合作（有团队精神）的人员。有时可以通过招标、签订服务合同等方式，来获取特定的人员，承担项目的一部分或大部分工作。

3）管理项目管理班子的成员。严格管理项目管理班子的成员，以提高工作效率。明确每个项目管理班子的成员的职责、权限和个人业绩测量标准，以确保项目管理班子成员对工作的正确理解，并作为进行评估的基础。按照规定的标准测量个人业绩，提倡员工采取主动行动弥补业绩中的不足，鼓励员工在事业上取得更大成绩。

4）团队建设。形成合适的团队机制，以提高项目管理班子的成员和项目管理的工作效率。分析影响项目管理班子的成员和团队业绩与士气的因素，并采取措施调动积极因素，减少消极影响。

　　建立项目管理班子的成员之间进行沟通和解决冲突的渠道，创立良好的人际关系和工作氛围。在矩阵式组织结构中，项目管理班子的成员要接受项目经理和职能部门经理的双重领导。在这种情况下，应在组织层次，在职责、权限、利益等方面处理好项目经理和职能部门经理之间的关系，使项目团队能够有效地开展工作。

　　人力资源管理同项目范围、资金、时间、质量、采购、沟通等管理一样，也有规划、实施、检查、纠偏的过程，也是项目经理的重要职责之一，及时识别和分析人力资源偏离计划的情况，并采取相应措施充实和健全项目团队。

　　人是生产力中最活跃的因素，项目经理的重要任务就是把人的主观能动性发挥出来，当人的主观能动性发挥出来的时候，就会取得良好的效果。

# 第二章 基础知识

## 第一节 设备安装相关的力学知识

**1. 力、力矩、力偶的基本性质有哪些？**

答：（1）力

1）力的概念。力是物体之间相互的机械作用，这种作用的效果是使物体的运动状态发生改变，或者使物体发生变形。

2）力的三要素。力的大小、力的方向和力的作用点。

3）静力学公理。①作用力与反作用力公理：两个物体之间的作用力和反作用力，总是大小相等，方向相反，沿同一直线，并分别作用在这两个物体上。②二力平衡公理：作用在同一物体上的两个力，使物体平衡的必要和充分条件是，这两个力大小相等，方向相反，且作用在同一直线上。③加减平衡力系公理：作用于刚体上的力可以沿其作用线移到刚体内的任意点，而不改变原力对刚体的作用效应。根据力的可传性原理，力对刚体的作用效应与力的作用点在作用线的位置无关。加减平衡力系公理和力的可传性原理都只适用于刚体。

（2）力偶

1）力偶的概念。把作用在同一物体上大小相等、方向相反但不共线的一对平行力组成的力系称为力偶，记为 $(F, F')$。力偶中两个力的作用线间的距离 $d$ 称为力偶臂。两个力所在的平面称为力偶的作用面。

2）力偶矩。用力和力偶臂的乘积再加上适当的正负号所得的物理量称之为力偶矩，记作 $M(F, F')$ 或 $M$，即

$$M(F, F') = \pm Fd$$

力偶正负号的规定：力偶正负号表示力偶的转向，其规定与

力矩相同。即力偶使物体逆时针转动则为正，反之，为负。力偶矩的单位与力矩的单位相同。力偶矩的三要素：力偶矩的大小、转向和力偶的作用面的方位。

3）力偶的性质。力偶的性质包括：①力偶无合力，不能与一个力平衡或等效，力偶只能用力偶来平衡。力偶在任意轴上的投影等于零。②力偶对于其平面内任意点之矩，恒等于其力偶矩，而与矩心的位置无关。凡是三要素相同的力偶，彼此相同，可以互相代替。力偶对物体的作用效应是转动。

（3）力偶系

1）力偶系的概念。作用在同一物体上的力偶组成一个力偶系，若力偶系的各力偶均作用在同一平面，则称为平面力偶系。

2）力偶系的合成。平面力偶系合成的结果为一合力偶，其合力偶矩等于各分力偶矩的代数和。即：

$$M = M_1 + M_2 + \cdots + M_n = \Sigma M_i$$

（4）力矩

1）力矩的概念。将力 $F$ 与转动中心点到力 $F$ 作用线的垂直距离的乘积 $Fd$ 并加上表示转动方向的正负号称为力 $F$ 对力偶中心点 $O$ 的力矩，用 $M_o(F)$ 表示，即

$$M_o(F) = \pm Fd$$

正负号的规定与力偶的规定相同。

2）合力矩定理

合力对平面内任意一点之矩，等于所有分力对同一点之矩的代数和。即

$$F = F_1 + F_2 + \cdots + F_n$$

则

$$M_o(F) = M_o(F_1) + M_o(F_2) + \cdots + M_o(F_n)$$

## 2. 平面力系的平衡方程有哪几个？

答：（1）力系的概念

凡各力的作用线都在同一平面内的力系称为平面力系。在

平面力系中各力的作用线均汇交于一点的力系，称为平面汇交力系；各力作用线互相平行的力系，称为平面平行力系；各力的作用线既不完全平行，也不完全汇交的力系称为平面一般力系。

（2）力在坐标轴上的投影

力在两个坐标轴上的投影、力的值、力与 $x$ 轴的夹角分别如下各式所示。

$$F_x = F\cos\alpha$$
$$F_y = F\sin\alpha$$
$$F = \sqrt{F_x^2 + F_y^2}$$
$$\alpha = \arctan\left|\frac{F_y}{F_x}\right|$$

（3）平面一般力系的平衡方程

平面一般力系的平衡条件：平面一般力系中各力在两个任选的直角坐标系上的投影代数和分别等于零，各力对任一点之矩的代数和也等于零。用数学公式表达为：

$$\Sigma F_x = 0$$
$$\Sigma F_y = 0$$
$$\Sigma m_o(F) = 0$$

此外，平面一般力系平衡方程还可以表示为二矩式和三力矩式。它们各自平衡的方程组分别如下：

二矩式：

$$\Sigma F_x = 0$$
$$\Sigma m_A(F) = 0$$
$$\Sigma m_B(F) = 0$$

三力矩式：

$$\Sigma m_A(F) = 0$$
$$\Sigma m_B(F) = 0$$
$$\Sigma m_C(F) = 0$$

（4）平面力偶系

在物体的某一平面内同时作用有两个或两个以上的力偶时，这群力偶就称为平面力偶系。由于力偶在坐标轴上的投影恒等于零，因此，平面力偶系的平衡条件为：平面力偶系中各力偶的代数和等于零。即

$$\Sigma M = 0$$

**3. 单跨静定梁的内力计算方法和步骤各有哪些?**

答：静定结构在几何特性上是无多余联系的几何不变体系，在静力特征上仅由静力平衡条件可求全部反力内力。

（1）单跨静定梁的受力

静定结构只在荷载作用下才产生反力、内力；反力和内力只与结构的尺寸、几何形状等有关，而与构件截面尺寸、形状、材料无关，且支座沉陷、温度变化、制造误差等均不会产生内力，只产生位移。

1）单跨静定梁的形式

以轴线变弯为主要特征的变形形式称为弯曲变形或简称弯曲。以弯曲为主要变形的杆件称为梁。单跨静定梁包括单跨简支、伸臂梁（一端伸臂或两端伸臂）和悬臂梁。

2）静定梁的受力

静定梁在上部荷载作用下通常受到弯矩、剪力和支座反力的作用，对于悬臂梁支座根部为了平衡固端弯矩就需要竖直方向的支反力。一般梁纵向轴力对梁受力的影响不大，讨论时不予考虑。

① 弯矩。截面上应力对截面形心的力矩之和，不规定正负号，弯矩图画在杆件受拉一侧，不注符号。

② 剪力。剪力截面上应力沿杆轴法线方向的合力，使杆微端有顺时针方向转动趋势的为正，画剪力图要注明正负号；由力的性质可知：在刚体内，力沿其作用线滑移，其作用效应不改变。如果将力的作用线平行移动到另一位置，其作用效应

将发生变化，其原因是力的转动效应与力的位置有直接的关系。

（2）用截面法计算单跨静定梁

计算单跨静定梁常用截面法，其具体步骤如下：

1）根据力和力矩平衡关系求出梁端支座反力；

2）截取隔离体。从梁的左端支座开始取距支座为 $x$ 长度的任意截面，假想将梁切开，并取左端为分离体。

3）根据分离体截面的竖向力平衡的思路求出截面剪力表达式（也称为剪力方程），将任一点的水平坐标代入剪力平衡方程就可得到该截面的剪力。

4）根据分离体截面的弯矩平衡的思路求出截面弯矩表达式（也称为弯矩方程），将任一点的水平坐标代入弯矩平衡方程就可得到该截面的弯矩。

5）根据剪力方程和弯矩方程可以任意地绘制出梁剪力图和梁的弯矩图，以直观观察梁截面的内力分配。

**4. 多跨静定梁的内力分析方法和步骤各有哪些？**

答：多跨静定梁是指由若干根梁用铰相连，并用若干支座与基础相连而组成的静定结构。多跨静定梁的受力分析应按先附属部分，后基本部分的分析顺序。分析时先计算全部反力（包括基本部分反力及连接基本部分与附属部分的铰处的约束反力），做出层叠图；然后将多跨静定梁拆成几个单跨梁，按先附属部分后基本部分的顺序绘内力图。

**5. 静定平面桁架的内力分析方法和步骤各有哪些？**

答：静定平面桁架的功能和横跨的大梁相似，只是为了提供房屋建筑更大的跨度。其构成上与梁不同，内力计算也就不同。它的内力分析步骤如下。

（1）根据静力平衡条件求出支座反力。

（2）从左向右、从上而下对桁架各节点编号。

（3）从左端支座右侧的第一节间开始，用截面法将上下弦第一节间截开，按该截面各杆件到支座中心弯矩平衡求出各杆件的轴向内力。

（4）依次类推，将第二节间和第三节间截开，根据被截截面各杆件弯矩和剪力平衡的思路，求出相应节间内各杆件的轴力。

### 6. 杆件变形的基本形式有哪些？

答：杆件变形的基本形式有拉伸和压缩、弯曲和剪切、扭曲等。

拉伸或压缩是杆件在沿纵向轴线方向受到轴向拉力或压力后长度方向的伸长或缩短。在弹性限度内产生的伸长或缩短是与外力的大小成正比例的。

弯曲变形是杆件截面受到集中力偶或沿梁横截面方向外力作用后引起的弯曲变形。杆件的变形是曲线形式。

剪切变形是指杆件在沿横向一对力相向作用下截面受剪后产生的截面错位的变形。

扭转是指杆件受到扭矩作用后截面绕纵向形心轴产生扭转变形。

### 7. 什么是应力？什么是应变？在工程中怎样控制应力和应变不超过相关结构规范的规定？

答：应力是指构件在外荷载作用下，截面上单位面积内所产生的力。应变是指构件在外力作用下单位长度内的变形值。

在工程设计中应根据相应的结构进行准确的荷载计算、内力分析，根据相关设计规范的规定进行必要的强度验算、变形验算，使杆件的内力值和变形值不超过实际规范的规定，以满足设计要求。

## 8. 什么是杆件的强度？在工程中怎样应用？

答：强度是指杆件在特定受力状态下到达破坏状态时截面能够承受的最大应力。也可以简单理解为，强度就是杆件在外力作用下抵抗破坏的能力。对杆件来说，就是结构构件在规定的荷载作用下，保证不因材料强度发生破坏的要求，称为强度要求。

在进行工程设计时，针对每个不同构件，应在明确受力性质和准确内力计算基础上，根据工程设计规范的规定，通过相应的强度计算，使杆件所受到的内力不超过其强度值来保证。

## 9. 什么是杆件刚度和压杆稳定性？在工程中怎样应用？

答：杆件的刚度是指杆件在弹性限度范围内抵抗变形的能力。在同样荷载或内力作用下，变形小的杆件其刚度就大。为了保证杆件变形不超过规范规定的最大变形值，就需要通过改变和控制杆件的刚度来满足。换句话说，刚度概念的工程应用就是用来控制杆件的变形值。

对于梁和板其截面刚度越大，它在上部荷载作用下产生的弯曲变形就越小，反映在变形上就是挠度小。对于一个受压构件，它的截面刚度大，它在竖向力作用下的侧移的发生和增长速度就慢，到达承载力极限时的临界荷载就大，稳定性就高。

稳定性是指构件保持原有平衡状态的能力。压杆通常是长细比比较大，承受轴向的轴心力或偏心力作用，由于杆件细长，在竖向力作用下，它自身保持原有平衡状态的能力就比较低，并且越是细长其稳定性越差。

细长压杆的稳定承载力和临界应力可以根据欧拉临界承载力公式和临界应力公式计算确定。

工程设计中要保证受压构件不发生失稳破坏，就必须按照力学原理分析杆件受力，严格按照设计规范的规定，进行验算和设计。

## 🤔 10. 什么是流体？它有哪些物理性质？

答：（1）流体的概念

流体，是与固体相对应的一种物体形态，是液体和气体的总称。由大量的、不断地作热运动而且无固定平衡位置的分子构成的，它的基本特征是没有一定的形状并且具有流动性。

（2）流体的特性

流体都有一定的可压缩性，液体可压缩性很小，而气体的可压缩性较大，在流体的形状改变时，流体各层之间也存在一定的运动阻力（即黏滞性）。当流体的黏滞性和可压缩性很小时，可近似看作是理想流体，它是人们为研究流体的运动和状态而引入的一个理想模型。

## 🤔 11. 流体静压强的特性和分布规律各是什么？

答：（1）流通静压强分布特性

在容器中，取一圆柱体，它的水平截面积为 $dA$，在重力作用下，水平方向因表面力大小相等，方向相反。在竖直方向，作用在底面的压力等于 $p$，方向向上；顶面的压力等于 $p+dp$，方向向下；质量力是重力 $\rho g dz dA$ 方向向下，各力处于平衡状态，有 $p dA-(p+dp)dA-\rho g dA dz=0$，用 $dA$ 两边除各项可得

$$dp = -\rho g dz$$

对于不可压缩流体 $\rho$ 为常数，积分上式得

$$p = \rho g z + c$$

将自由液面 $z=z_0$，$p=p_0$ 代入，求得积分常数 $c=p_0+\rho g z_0$ 代入上式，并用液面下的深度 $z_0-z=h$ 代入可得

$$p = p_0 + \rho g(z_0 - z) = p_0 + \rho g h$$

也有教材中用符号 $\gamma = \rho g$，表示单位体积流体的重量，则上式成 $p = p_0 + \gamma h$，它说明在静止流体中，任一点的压强等于表面压强加上单位面积（$A = 1$）的液体柱重量（$\rho g h A$）。利用它可求出静止流体中任一点压强值。

（2）流体静压强的分布规律

1）根据公式可知，自由表面压强变化，液体内所有各点压强都随着变化，这个表面不一定是自由表面。例如，在密闭容器中的表面加一活塞，当活塞对容器加压所产生的压强将等值地传递到液体中的各点，这就是帕斯卡定理。

2）在重力作用下的静止均质流体中，自由表面深度 $h$ 相等各点，压强相等。压强相等各点组成的面称为等压面。一般地说，重力作用下的静止流体自由表面是等压面且和重力相互垂直。同样，在连通器中两种不相混杂液体的分界面是水平面也是等压面。

3）流体密度不同，产生的压强就不同，一个容器装满清水或海水或水银，其容器底的压强不相同。基本方程在一定范围内也适用于气体，如在空气中由于它的密度只有水的八百分之一，当 $h$ 不大时，$p$ 和 $p_0$ 可看作相等。

**12. 流体流动分为几类？它有什么特性？**

答：流体的运动分为层流和湍流两种。

层流是流体的一种流动状态。当流速很小时，流体分层流动，互不混合，称为层流，或称为片流；逐渐增加流速，流体的流线开始出现波浪状的摆动，摆动的频率及振幅随流速的增加而增加，此种流况称为过渡流；当流速增加到很大时，流线不再清楚可辨，流场中有许多小漩涡，称为湍流，又称为乱流、扰流或紊流。

这种变化可以用雷诺数来量化。雷诺数较小时，黏滞力对流场的影响大于惯性力，流场中流速的扰动会因黏滞力而衰减，流体流动稳定，为层流；反之，若雷诺数较大时，惯性力对流场的影响大于黏滞力，流体流动较不稳定，流速的微小变化容易发展、增强，形成紊乱、不规则的湍流流场。

### 13. 孔板流量计、减压阀的基本工作原理各是什么？

答：（1）孔板流量计

孔板流量计是将标准孔板与多参数差压变送器（或差压变送器、温度变送器及压力变送器）配套组成的高量程比差压流量装置，可测量气体、蒸汽、液体等的流量，广泛应用于石油、化工、冶金、电力、供热、供水等领域的过程控制和测量。节流装置又称为差压式流量计，是由一次检测件（节流件）和二次装置（差压变送器和流量显示仪）组成广泛应用于气体，蒸汽和液体的流量测量。具有结构简单，维修方便，性能稳定的特点。

（2）减压阀

减压阀是通过调节，将进口压力减至某一需要的出口压力，并依靠介质本身的能量，使出口压力自动保持稳定的阀门。从流体力学的观点看，减压阀是一个局部阻力可以变化的节流元件，即通过改变节流面积，使流速及流体的动能改变，造成不同的压力损失，从而达到减压的目的。然后依靠控制与调节系统的调节，使阀后压力的波动与弹簧力相平衡，使阀后压力在一定的误差范围内保持恒定。

## 第二节　建筑设备的基本知识

### 1. 欧姆定律和基尔霍夫定律的含义各是什么？

答：（1）欧姆定律

在同一电路中，导体中的电流跟导体两端的电压成正比，跟导体的电阻成反比，用公式表示为：

$$I = \frac{U}{R} \qquad\qquad (2\text{-}1)$$

式中　$I$——导体中通过的电流值（A）；

　　　$U$——导体两端的电压值（V）；

　　　$R$——导体的电阻（Ω）。

（2）基尔霍夫定律

基尔霍夫定律是德国物理学家基尔霍夫提出的，电路理论中最基本也是最重要的定律之一，它概括了电路中电流和电压分别遵循的基本规律。它包括基尔霍夫电流定律（KCL）和基尔霍夫电压定律（KVL）。

1）第一定律称为结点方程：在任一瞬时，流向某一结点的电流之和恒等于由该结点流出的电流之和（结点是由至少两条线相交的点）。

2）第二定律称为回路方程：在任一瞬间，沿电路中的任一回路绕行一周，在该回路上电动势之和恒等于各电阻上的电压降之和。比如在整个电路中，电源有电动势，在内电阻和外电路上有电压降，则电压降之和等于电源电动势，对于电路中含有多个电源的情况也成立。如果电源有反向的，就规定一个正向，把电源正向的电动势相加，减去负向的电源的电动势，等于回路中的电压降，如果某处电流方向与规定的正向相反，则该处的电阻的电压将为负。

## 2. 正弦交流电的三要素及有效值各是什么？

答：（1）正弦交流电的三要素

1）交流电的最大值；

2）交流电的角频率；

3）交流电的初相角。

（2）正弦交流电的有效值

交流电的有效值是用它的热效应规定的，因此我们要设法求出正弦交流电的热效应和正弦交流电电压的瞬时值。对正弦交流电，可以简单地把峰值除以 1.414 或者乘以 0.707，就得到有效值。

### 3. 电流、电压、电功率的含义各是什么？

答：（1）电流

电工学上把单位时间里通过导体任一横截面的电量叫做电流强度，简称电流。通常用字母 $I$ 表示。

（2）电压

电压也称作电势差或电位差，是衡量单位电荷在静电场中由于电势不同所产生的能量差的物理量。其大小等于单位正电荷因受电场力作用从 A 点移动到 B 点所作的功，电压的方向规定为从高电位指向低电位的方向。

（3）电功率

电流在单位时间内做的功叫做电功率。是用来表示消耗电能快慢的物理量，用 $P$ 表示，它的单位是瓦特（Watt），简称瓦，符号是 W。

### 4. RLC 电路及其谐振功率因数的概念各是什么？

答：电工学中把视在功率用 $S$ 表示，包括有用功率 $P$ 和无用功率 $Q$。电阻做功是把电能转化为其他能量而实实在在地做了功，所以称为有用功 $P$；电感和电容之间是一个能量交换的过程，能量转换来转换去，并没有转换为其他形式的能量，这部分能量始终存在在电网中，并未消失，所以称为无功 $Q$，这个无功 $Q$ 的能量转换过程也有电流存在，所以又引入的视在功率 $S$ 的概念，$S$ 就是 $P$ 和 $Q$ 的向量和，举个例子，比如变压器的最大负荷电流为 2000A，那这 2000A 中既包括了有功电流同时也包括了无功电流，所以我们希望尽量减小无功电流来释放变压器的能量，也就有了功率因数的概念即有功 $P$ 和视在功率 $S$ 的比值。

RCL 电路发生谐振，功率因数等于 1。

**5. 变压器和三相交流异步电动机的基本结构组成有哪几部分？其工作原理是什么？**

答：（1）变压器

变压器是由套在一个闭合铁芯上的两个绕组组成。铁芯和绕组是变压器最基本的组成部分。另外还有油箱、油枕、呼吸器、散热器、防爆器、绝缘套管等。

变压器各部件的作用如下：

铁芯：是变压器电磁感应的磁通路，它是用导磁性能很好的硅钢片叠装组成的闭合磁路。

绕组：是变压器的电路部分，它是由绝缘铜线或铝线绕成的多层线圈套装在铁芯上。

油箱：是变压器的外壳。内装铁芯、线圈和变压器油，同时起散热作用。

油枕：当变压器油的体积随油温变化而膨胀或缩小时，油枕起着储油及补油的作用，以保证油箱内充满油，油枕还能减少油与空气的接触面，防止油被过速氧化和受潮。

呼吸器：油枕内的油是通过呼吸器与空气相同的，呼吸器内装干燥剂，可以吸收空气中的水分和杂质，使油保持良好的电气性能。

散热器：当变压器上层油温与下层油温产生温差时，通过散热器形成油的循环，使油经散热器冷却后流回油箱，起到降低变压器油温的作用。

防爆管：当变压器内部有故障，油温升高，油剧烈分解产生大量的气体，使油箱内部压力剧增，这时防爆管玻璃破碎，油及气体从管口喷出，以防止变压器油箱爆炸或变形。

高、低压绝缘套管：是变压器高、低压绕组的引线引到油箱外部的绝缘装置。它起着固定引线和对地绝缘的作用。

分接开关：是调整变压器电压比的装置。

瓦斯继电器：是变压器的主要保护装置，当变压器内部发生故障时，瓦斯继电器上接点接信号回路，下接点接断路器跳闸回路，能发出信号并使断路器跳闸。

（2）三相异步电动机

三相异步电动机主要由定子和转子构成。使电机固定不动的部分叫做定子，定子由电机外壳、3个绕组线圈和硅钢条构成。转子就是使电机转动的部分，转子硅钢铁心内部镶有转子线圈。此外还包括轴承、风叶等，主轴两端的轴承，轴承内侧是轴承油膛的内轴承盖，外侧是防止轴承移动的轴承卡环和轴承油膛的外轴承盖，外轴承盖边缘是防止油渗出的油封，电机尾部的电机风叶用卡环固定。

## 6. 建筑给水和排水系统怎样分类？常用器材如何选用？

答：（1）建筑给水系统

1）生活给水系统：供给人们生活用水的系统，水量、水压应满足要求，水质必须符合国家有关生活饮用水卫生标准。

2）生产给水系统：供给各类产品制造过程中所需用水及冷却、产品和原料洗涤等用水，其水质、水压、水量因产品种类、生产工艺不同而不同。

3）消防给水系统：一般是专用的给水系统，其对水质要求不高，但必须满足《建筑设计防火规范》GB 50016对水量和水压的要求。

（2）建筑给水方式

1）直接给水

室外管网的水直接进入室内管网。当室外给水管网的压力和水量能满足室内用水要求时，应采用这种简单，经济的给水方式，这种给水方式有时需设置水箱来调节。采用水箱时应注意水箱中水的污染防治问题。

2）间接给水

室外管网的水通过水箱或者升压设备后进入室内管网，用水的压力和流量基本不受给水管网的影响。

间接给水又分为以下几种方式：

① 设水箱的给水方式。

② 设水泵的给水方式。

③ 设水泵-水箱的给水方式。

④ 设气压给水设备的给水方式。

3）分区给水

高层建筑层数多，高度大，在竖向上必须分为几个区，否则会因低层管道中静水压力过大，造成管道及附件漏水、低层出水流量大、产生噪声等不利影响，严重时会损坏阀门、管道爆裂。需要说明的是分区给水属于间接给水。

（3）排水系统的分类

建筑排水系统按其排放的性质可分为生活污水、生产废水、雨水三类排水系统，也可以根据污水的性质和城市排水制度的状况，将性质相近的生活与生产废水合流。当性质相差较大时，不能采用合流制。

（4）建筑排水系统的组成

排水系统力求简短，安装正确牢固，不渗不漏，使管道运行正常，排水系统通常由卫生器具、排水管道、清通设备、抽升设备、通气管道系统以及局部污水处理系统组成。

1）卫生器具：卫生器具是建筑内部排水系统的起点，用来满足日常生活和生产过程中各种卫生要求，主要用于收集和排除污废水。包括洗脸盆、洗手盆、洗衣盆、洗菜盆、浴盆、地漏等。

2）排水管道：由连接卫生器具的排水管、横支管、立管、排水管以及总干管组成。

3）清通设备：排水管道上的清通设备有检查井、清扫口和地面扫除口。室外管的清通设备是检查井。清通设备主要作为疏通排水管道之用。

4）抽升设备：当排水不能以重力流排至室外排水管时，必须设置局部污水抽升设备来排除内部污水。常用的抽升设备有污水泵、潜水泵、喷射泵、手摇泵及气压输水器等。

5）通气管道系统：通气管道是与排水管系相连通的一个系统，只是该管系内不通水，有补给空气加强排水管系内气流循环流动从而控制压力变化的功能，防止卫生器具水封破坏，使管道系统中散发的臭气和有害气体排到大气中去。

6）局部污水处理系统：当建筑内部污水未经处理不允许直接排入市政排水管网或水体时，须设污水局部处理系统。

## 7. 建筑电气工程怎样分类？

答：按供电特性，一般的建筑电气工程分强电和弱电。

强电包括高低压系统图、配电平面图、照明平面图、防雷接地平面图，电缆配置等；弱电包括监控、自控以及设备等的详细控制线路。

按电气工程在空间的位置关系可分为室外工程、室内工程。

室外工程一般高低压配电、电缆、电缆沟等；室内工程一般分为配电箱、电线或电缆、电气设备等。

## 8. 家庭供暖系统怎样分类？

答：目前主流家庭供暖系统主要有水地暖、电地暖和暖气片，这三种家庭供暖系统都有各自的优势，根据自身的习惯用户可以选择适合自己的供暖系统。

（1）水地暖系统

水地暖又称为低温地面辐射供暖系统，水地暖的供暖方式被公认是目前舒适度最高的供暖方式。水地暖施工地面需要抬高5～7cm（不包括地面装修材料）；供暖水温不超过60℃（欧洲标准为45℃），升温时间长需要连续开启；不能使用需要架设龙骨的地板或实木地板；地面覆盖物尽量少，特别适合挑高空间或者大开阔区域；一定注意需要连续开启使用，即开即用的使用方式不适合采用地暖系统。

（2）暖气片供暖系统

暖气片供暖系统：这是目前使用得最多的供暖系统。暖气片供暖系统主要特点与注意事项：地面不占用层高但是需要占用墙面空间；供暖水温75℃；各个区域能非常灵活地独立控制开关；升温迅速适合间歇式使用方式；对地面装修材料无要求。严格意义上来说，暖气片供暖系统更加适合长江流域的冬季气候特点，间歇式的使用方式更加节能。

（3）电地暖

电地暖是将发热电缆埋设在地板中，以发热电缆为热源加热地板，供室内温度。发热电缆地面供暖的特点与注意事项：非常适合小面积的地面供暖需求；大面积使用投入成本与运行费用都要高于燃气系统（供暖面积 $50m^2$ 一般可以视作临界点：低于 $50m^2$ 建议选择发热电缆，超过则建议使用燃气水系统）；家庭只能使用双导线；地面需要抬高；电能是二次能源，在使用成本上来说高于一次能源类系统。

这三种家庭供暖系统使用率都很广，没有谁好谁坏之分，而且这三种供暖方式彼此并不冲突，可以采用混装模式，同时安装这三种家庭供暖。在很多舒适家居系统工程中都采用了混装的供暖方式，这样可以根据自身的需要开启合适的供暖系统，更加节能方便。

暖气散热器选择：面积小的空间，例如卫生间，可以选择柱式散热器，可节省室内空间，且横柱上还可挂毛巾或烘烤小件衣物；对于面积较大的居室，则建议购买板式散热器。供暖分类：若是集中供暖，选择就比较多，钢制和铜铝的散热器都可以；独立供暖的家最好选择铜铝复合散热器。钢制散热器：外形美观，但怕氧化，停水时一定要充水密封。并且其对小区的供暖系统有一定要求，需专业人员上门查看。铝制散热器：不受小区供暖系统的限制，散热性较好，节能；若发现室内温度不够，还可以在供暖季之后加装暖气片。但铝材料怕碱水腐蚀，进行内防腐处理可提高使用寿命。铜铝复合散热器：承压能力高，散热效果好，防腐效果好，供暖季过后无需满水保养，没有碱化和氧化之虞，比较适合北方的水质及复杂的供暖系统，但造型较单一。暖气大致有以上几种分类，可以根据家中的需要及相关因素选择集中供暖还是独立供暖。

### 9. 通风工程系统怎样分类？

答：（1）按通风系统的作用范围不同可分为全面通风系统和局部通风系统。

1）全面通风系统。全面通风是对整个车间或房间进行通风换气，以改变温、湿度和稀释有害物质的浓度，使作业地带的空气环境符合卫生标准的要求。

2）局部通风系统。局部通风只使室内局部工作地点保持良好的空气环境，或在有害物产生的局部地点设排放装置，不让有害物在室内扩散而直接排出的一种通风方法，局部通风系统又分局部排风和局部送风两类。

（2）按通风系统的工作动力不同，建筑通风可分为自然通风和机械通风。

1）自然通风。自然通风指依靠自然作用压力（风压或热压）使空气流动。

2）机械通风。机械通风依靠风机产生的压力强制空气流动，通过管道把空气送到室内指定地点，也可以从任意地点要求的吸气速度排除被污染的空气，并根据需要可以对进风或排风进行各种处理。机械通风根据覆盖面积和需要可分为局部通风和全面通风两种。

### 10. 空调系统如何分类？

答：（1）按照使用目的分

1）舒适空调。要求温度适宜，环境舒适，对温度和湿度的调节无一定的要求，用于住房、办公室、影剧院、商场、体育馆、汽车、船舶、飞机等。

2）工艺空调。对温度调节有一定的要求，另外对空气的洁净度也有较高的要求。用于电子器件生产车间、精密仪器生产车间、计算机房、生物实验室等。

（2）按照空气处理方式分

1）集中式（中央）空调。空气处理设备集中在中央空调室里，处理后的空气通过风管送至各房间的空调系统。适用于面积大、房间集中、各房间热湿负荷接近的场所选用。如宾馆、办公室、船舶、工厂等。系统维修管理方便，设备消声隔振比较容易解决。

2）半集中式空调。既有中央空调也有处理空调末端装置的空调系统。这种系统比较复杂，可以达到较高的调节精度。适用于对空气精度要求较高的车间和实验室等。局部式空调器可以直接装在房间里或装在邻近房间里，就地处理空气。适用于面积小、房间分散、热湿负荷相差较大的场合，如办公室、机房、家庭等。其他设备可以是单台独立式空调，如窗式、分体式空调器等。也可以是由管道集中给冷热水的风机盘管式空调器组成的系统，各房间按本室的需要调节本室的温度。

（3）按照制冷量分

1）大型空调机组。如卧式组装淋水式和表冷式空调机组，应用于大车间、电影院等。

2）中型空调机组。如冷水机组和柜式空调机等，应用于小车间、机房、会场、餐厅等。

3）小型空调机组。如窗式、分体式空调器，用于办公室、家庭、招待所等。

（4）按照新风量分

1）直流式系统。空调器处理的空气为全新风，送到各房间进行热湿交换后全部排放到室外，没有回风管。这种系统的特点为使用条件好、能耗大、经济性差，用于有害气体产生的车间、实验室等。

2）闭式系统。空调系统处理的空气全部再循环，不补充新风的系统。这种系统能耗小、卫生条件差、需要对空气中氧气再生备有二氧化碳吸收装置。如地下建筑、游艇的空调等。

3）混合式系统。空调处理的空气由回风和新风混合而成。它兼有直流式和闭式二者的共同优点，应用比较普遍，如宾馆、剧场等空调系统。

4）按送风速度分。①高速系统主风道风速 $20\sim30m/s$；②低速系统主风道风速 $12m/s$ 以下。

## 11. 自动喷水灭火系统怎样分类？

答：由洒水喷头、报警阀组、水流报警装置（水流指示器或压力开关）等组件，以及管道、供水设施组成，并能在发生火灾时喷水的自动灭火系统。

（1）采用闭式洒水喷头的自动喷水灭火系统。

1）湿式系统

准工作状态时管道内充满用于启动系统的有压水的闭式系统。

2）干式系统

准工作状态时配水管道内充满用于启动系统的有压气体的闭式系统。

3）预作用系统

准工作状态时配水管道内不充水，由火灾自动报警系统自动开启雨淋报警阀后，转换为湿式系统的闭式系统。

4）重复启闭预作用系统

能在扑灭火灾后自动关阀、复燃时再次开阀喷水的预作用系统。

（2）雨淋系统

由火灾自动报警系统或传动管控制，自动开启雨淋报警阀和启动供水泵后，向开式洒水喷头供水的自动喷水灭火系统，亦称开式系统。

（3）水幕系统

由开式洒水喷头或水幕喷头、雨淋报警阀组或感温雨淋阀，以及水流报警装置（水流指示器或压力开关）等组成，用于挡烟阻火和冷却分隔物的喷水系统。

（4）防火分隔水幕

密集喷洒形成水墙或水帘的水幕。

（5）防护冷却水幕

冷却防火卷帘等分隔物的水幕。

（6）自动喷水—泡沫联用系统

配置供给泡沫混合液的设备后，组成既可喷水又可喷泡沫的自动喷水灭火系统。

## 12. 智能化工程系统怎样分类？

答：智能化工程常见子系统包括：

（1）消防报警系统；

（2）闭路监控系统；

（3）停车场管理系统；

（4）楼宇自控系统；

（5）背景音乐及紧急广播系统；

（6）综合布线系统；

（7）有线电视及卫星接收系统；

（8）计算机网络、宽带接入及增值服务；

（9）无线转发系统及无线对讲系统；

（10）音视频系统；

（11）水电气三表抄送系统；

（12）物业管理系统；

（13）大屏幕显示系统；

（14）机房装修工程。

## 第三节　工程预算的基本知识

**？ 1. 什么是建筑面积？计算建筑面积的规定包括哪些内容？**

答：（1）建筑面积

建筑面积也称为建筑展开面积，它是指建筑物外墙勒脚以上外围水平测定的各层面积之和，它是表示一个建筑物规模大小的经济指标。建筑面积应该根据《建筑工程建筑面积计算规范》GB/T 50353—2013 的规定确定，具体如下。

（2）计算建筑面积的规定

1）建筑物的建筑面积应按自然层外墙结构外围水平面积之和计算。结构层高在 2.20m 及以上的，应计算全面积；结构层高在 2.20m 以下的，应计算 1/2 面积。

2）建筑物内设有局部楼层时，对于局部楼层的二层及以上楼层，有围护结构的应按其围护结构外围水平面积计算，无围护结构的应按其结构底板水平面积计算，且结构层高在 2.20m 及以上的，应计算全面积，结构层高在 2.20m 以下的，应计算 1/2 面积。

3）对于形成建筑空间的坡屋顶，结构净高在 2.10m 及以上的部位应计算全面积；结构净高在 1.20m 及以上至 2.10m 以下的部位应计算 1/2 面积；结构净高在 1.20m 以下的部位不应计算建筑面积。

4）对于场馆看台下的建筑空间，结构净高在 2.10m 及以上的部位应计算全面积；结构净高在 1.20m 及以上至 2.10m 以下的部位应计算 1/2 面积；结构净高在 1.20m 以下的部位不应计算建筑面积。室内单独设置的有围护设施的悬挑看台，应按看台结构底板水平投影面积计算建筑面积。有顶盖无围护结构的场馆看台应按其顶盖水平投影面积的 1/2 计算面积。

5）地下室、半地下室应按其结构外围水平面积计算。结构层高在 2.20m 及以上的，应计算全面积；结构层高在 2.20m 以下的，应计算1/2面积。

6）出入口外墙外侧坡道有顶盖的部位，应按其外墙结构外围水平面积的1/2计算面积。

7）建筑物架空层及坡地建筑物吊脚架空层，应按其顶板水平投影计算建筑面积。结构层高在2.20m及以上的，应计算全面积；结构层高在2.20m以下的，应计算1/2面积。

8）建筑物的门厅、大厅应按一层计算建筑面积，门厅、大厅内设置的走廊应按走廊结构底板水平投影面积计算建筑面积。结构层高在2.20m及以上的，应计算全面积；结构层高在2.20m以下的，应计算1/2面积。

9）对于建筑物间的架空走廊，有顶盖和围护设施的，应按其围护结构外围水平面积计算全面积；无围护结构、有围护设施的，应按其结构底板水平投影面积计算1/2面积。

10）对于立体书库、立体仓库、立体车库，有围护结构的，应按其围护结构外围水平面积计算建筑面积；无围护设施的，应按其结构底板水平投影面积计算建筑面积。无结构层的应按一层计算，有结构层的应按其结构层面积分别计算。结构层高在2.20m及以上的，应计算全面积；结构层高在2.20m以下的，应计算1/2面积。

11）有围护结构的舞台灯光控制室，应按其围护结构外围水平面积计算。结构层高在2.20m及以上的，应计算全面积；结构层高在2.20m以下的，应计算1/2面积。

12）附属在建筑物外墙的落地橱窗，应按其围护结构外围水平面积计算。结构层高在2.20m及以上的，应计算全面积；结构层高在2.20m以下的，应计算1/2面积。

13）窗台与室内楼地面高差在0.45m以下且结构净高在2.10m及以上的凸（飘）窗，应按其围护结构外围水平面积计算1/2面积。

14）有围护设施的室外走廊（挑廊），应按其结构底板水平投影面积计算1/2面积；有围护设施（或柱）的檐廊，应按其围护设施（或柱）外围水平面积计算 1/2 面积。

15）门斗应按其围护结构外围水平面积计算建筑面积，且结构层高在 2.20m 及以上的，应计算全面积；结构层高在 2.20m 以下的，应计算 1/2 面积。

16）门廊应按其顶板的水平投影面积的 1/2 计算建筑面积；有柱雨篷应按其结构板水平投影面积的 1/2 计算建筑面积；无柱雨篷的结构外边线至外墙结构外边线的宽度在 2.10m 及以上的，应按雨篷结构板的水平投影面积的 1/2 计算建筑面积。

17）设在建筑物顶部的、有围护结构的楼梯间、水箱间、电梯机房等，结构层高在 2.20m 及以上的应计算全面积；结构层高在 2.20m 以下的，应计算 1/2 面积。

18）围护结构不垂直于水平面的楼层，应按其底板面的外墙外围水平面积计算。结构净高在 2.10m 及以上的部位，应计算全面积；结构净高在 1.20m 及以上至 2.10m 以下的部位，应计算 1/2 面积；结构净高在 1.20m 以下的部位，不应计算建筑面积。

19）建筑物的室内楼梯、电梯井、提物井、管道井、通风排气竖井、烟道，应并入建筑物的自然层计算建筑面积。有顶盖的采光井应按一层计算面积，且结构净高在 2.10m 及以上的，应计算全面积；结构净高在 2.10m 以下的，应计算 1/2 面积。

20）室外楼梯应并入所依附建筑物自然层，并应按其水平投影面积的 1/2 计算建筑面积。

21）在主体结构内的阳台，应按其结构外围水平面积计算全面积；在主体结构外的阳台，应按其结构底板水平投影面积计算 1/2 面积。

22）有顶盖无围护结构的车棚、货棚、站台、加油站、收费站等，应按其顶盖水平投影面积的 1/2 计算建筑面积。

23）以幕墙作为围护结构的建筑物，应按幕墙外边线计算建筑面积。

24）建筑物的外墙外保温层，应按其保温材料的水平截面积计算，并计入自然层建筑面积。

25）与室内相通的变形缝，应按其自然层合并在建筑物建筑面积内计算。对于高低联跨的建筑物，当高低跨内部连通时，其变形缝应计算在低跨面积内。

26）对于建筑物内的设备层、管道层、避难层等有结构层的楼层，结构层高在 2.20m 及以上的，应计算全面积；结构层高在 2.20m 以下的，应计算 1/2 面积。

27）下列项目不应计算建筑面积：

① 与建筑物内不相连通的建筑部件；

② 骑楼、过街楼底层的开放公共空间和建筑物通道；

③ 舞台及后台悬挂幕布和布景的天桥、挑台等；

④ 露台、露天游泳池、花架、屋顶的水箱及装饰性结构构件；

⑤ 建筑物内的操作平台、上料平台、安装箱和罐体的平台；

⑥ 勒脚、附墙柱、垛、台阶、墙面抹灰、装饰面、镶贴块料面层、装饰性幕墙，主体结构外的空调室外机搁板（箱）、构件、配件，挑出宽度在 2.10m 以下的无柱雨篷和顶盖高度达到或超过两个楼层的无柱雨篷；

⑦ 窗台与室内地面高差在 0.45m 以下且结构净高在 2.10m 以下的凸（飘）窗台，窗与室内地面高差在 0.45m 及以上的凸（飘）窗；

⑧ 室外爬梯、室外专用消防钢楼梯；

⑨ 无围护结构的观光电梯；

⑩ 建筑物以外的地下人防通道，独立的烟囱、烟道、地沟、油（水）罐、气柜、水塔、贮油（水）池、贮仓、栈桥等构筑物。

## 2. 建筑水电安装工程的工程量计算原则和方法各有哪些？

答：（1）工程量计算原则

安装工程量计算不仅数值要准确，而且还应使每一分项工程的工程量都能够套得上定额单价，为此工程量计算时必须遵循以下几项原则。

1）分项工程名称必须与定额项目口径一致

在计算工程量时，根据设计图纸列出的分项工程的计量口径（指工程子目所包括工作内容和范围），必须与预算定额中相应分项工程的计量口径相一致，才能准确地套用预算定额中的预算单价（基价）。例如，预算定额第八册中的管道安装分项工程中已包括了管道及接头零件安装、水压试验或灌水试验；直径 32mm 以下钢管还包括了管卡及托钩的制作安装等，在列项计算工程量时，也应包括这些内容，不应另列项目单独计算。反之，如果预算定额中另外一些工程项目，没有包括在定额中，则应另列项目单独计算，否则就会遗漏项目。

2）分项工程计量单位必须与定额一致

计算工程量时，根据设计图纸列出的分项工程的计量单位，必须与预算定额中相应分项工程的计量单位相一致，这样才能准确地套用定额中的预算单价（基价）。例如，给排水预算定额中有些项目用"10m"，而另一些项目又用"100m"；有些项目用"个"、"10 个"等等，所有这些，都应该注意分清，以免由于搞错计量单位而影响工程量计算的准确性。

3）计算方法与工程量计算规则必须一致

计算工程量时，其计算方法必须与《全国统一安装工程预算工程量计算规则》GYDGZ—201—2000 的规定相一致，才能符合水电工程预算编制的要求。

（2）工程量计算的方法

为了便于计算和校审分项工程数量，防止漏算或重复计算，水电安装工程量计算，应按照下述方法进行计算。

1）系统法。是指从系统管道"入口处"或"出口处"开始，沿水流、电流方向逐步按先主管、后立管柱根进行计算。

2）层次法。层次法是指构造复杂、庞大的多层或高层建筑物室内给水排水和电气工程，在不便于采用系统法计算管道和线路的工程量时，可按建筑物的层次进行计算，即先底层后上层或先上层后底层的逐层向各分支计算。

3）统计法。又称"数数法"或"点数法"。在水电工程平面图及系统图上，从系统的起点开始，沿水电的走向，对管道及线路上的设备、器具、部件、配件等，逐项逐个地统计。

### 3. 安装工程造价由哪些部分构成？

答：建筑安装工程费由直接费、间接费、利润和税金组成。

（1）直接费

直接费由直接工程费和措施费组成。直接工程费：是指施工过程中耗费的构成工程实体的各项费用，包括人工费、材料费、施工机械使用费。材料费是指施工过程中耗费的构成工程实体的原材料、辅助材料、构配件、零件、半成品的费用。施工机械使用费是指施工机械作业所发生的机械使用费以及机械安拆费和场外运费。

措施费是指为完成工程项目施工，发生于该工程施工前和施工过程中非工程实体项目的费用。包括内环境保护费、文明施工费、安全施工费、临时设施费、夜间施工费、二次搬运费、大型机械设备进出场及安拆费、混凝土、钢筋混凝土模板及支架费、脚手架费、已完工程及设备保护费、施工排水、降水费。

（2）间接费

间接费由规费、企业管理费组成。规费是指政府和有关权力部门规定必须缴纳的费用（简称规费）。包括工程排污费、工程定额测定费，社会保障费，养老保险费，失业保险费，医疗保险费，住房公积金，危险作业意外伤害保险。

企业管理费是指建筑安装企业组织施工生产和经营管理所需费用。包括管理人员工资：是指管理人员的基本工资、工资性补贴、职工福利费、劳动保护费等，办公费，差旅交通费，固定资产使用费，工具用具使用费，劳动保险费，工会经费，职工教育经费，财产保险费，财务费，税金及技术转让费、技术开发费、业务招待费、绿化费、广告费、公证费、法律顾问费、审计费、咨询费等。

（3）利润

利润是指施工企业完成所承包工程获得的盈利。

（4）税金

按国家或省市税法和行政法规规定，应缴纳的税费。

**4. 安装工程造价的定额计价法的含义是什么？**

答：（1）定额计价法概念

定额计价法是我们使用了几十年的一种计价模式，其基本特征就是价格＝定额＋费用＋文件规定，并作为法定性的依据强制执行，不论是工程招标编制标底还是投标报价均以此为唯一的依据，承发包双方共用一本定额和费用标准确定标底价和投标报价，一旦定额价与市场价脱节就影响计价的准确性。

（2）定额计价法的含义

定额计价是指根据招标文件，按照各国家建设行政主管部门发布的建设工程预算定额的"工程量计算规则"，同时参照省级建设行政主管部门发布的人工工日单价、机械台班单价、材料以及设备价格信息及同期市场价格，直接计算出直接工程费，再按规定的计算方法计算间接费、利润、税金，汇总确定建筑安装工程造价。

**5. 工程造价的工程量清单的计价方式和意义各是什么？**

答：（1）工程量清单计价方式

工程量清单计价方式，是在建设工程招投标中，招标人自行或委托具有资质的中介机构编制反映工程实体消耗和措施性消耗的工程量清单，并作为招标文件的一部分提供给投标人，由投标人依据工程量清单自主报价的计价方式。在工程招标中采用工程量清单计价是国际上较为通行的做法。

（2）意义

工程造价管理改革的取向是通过市场机制进行资源配置和生

产力布局，而价格机制是市场机制的核心，价格形成机制的改革又是价格改革的中心，因此在造价管理改革中计价模式的改革首当其冲。

我国加入 WTO 后，将会有国外大的投资商进入中国来争占我国巨大的投资市场，我们也同时利用入世的机遇到国外去投资和经营项目，入世意味着必须按照国际公认的游戏规则动作，我们过去习惯的、与国际不通用的方法必须做出重大调整。FIDIC 条款已为各国投资商及世界银行、亚洲银行等金融机构普遍认可，成为国际性的工程承包合同文本，入世后必将成为我国工程招标文件的主要支撑内容。纵观世界各国的招标计价办法，绝大多数国家均采用最具竞争性的工程量清单计价方法。国内利用国际货款项目的招标投标也都实行工程量清单计价。因此，为了与国际接轨就必须推广采用工程量清单即实物工程量计价模式。

为此，《建设事业"十五"计划纲要》提出，"在工程建设领域推行工程量清单招标报价方式，建立工程造价市场形成和有效监督管理机制。"这是建设工程承发包市场行为规范化、法制化的一项改革性措施，也是我国工程计价模式与国际接轨的一项具体举措，我国建设项目全面推行工程量清单招标报价也是大势所趋，如果我们不学习和研究工程量清单计价，总包单位无法参与投标，业主无法招标，咨询单位无法编标计价，也无法介入项目和市场。可见学习和研究工程量清单计价的必要性、迫切性和意义所在。

### 6. 安装工程造价由哪几部分构成？

答：安装工程造价的含意就是安装工程的建造价格。安装工程造价是指进行某项安装工程建设所花费的全部费用，其核心内容是投资估算、设计概算、修正概算、施工图预算、工程结算、竣工决算等。安装工程造价的任务：根据图纸、定额以及清单规范，计算出安装工程中所包含的直接费、间接费、规费及税金等。

**7. 进行定额计价的依据和方法是什么？**

答：（1）进行工程造价的定额计价的依据

计价所需的有关工程建设定额，当地工程建设基价表，工程设计文件、图纸，以及当地工程造价部门发布的月度或季度主要材料指导价格表等。

（2）进行工程造价的定额计价的方法

①计算工程量；②套用相应工程计价定额；③套用基价表；④计算工程造价基础价；⑤根据相关规定计算各种规费、税费；⑥根据主材指导价和有关规定调整工程造价基础价得到确定的工程造价。

**8. 工程量清单包括哪些内容？工程量清单计价方法的特点有哪些？**

答：（1）工程量清单的组成

1）工程量清单说明

工程量清单说明主要是招标人解释拟招标工程量清单的编制依据以及重要作用，明确清单制定工程量是招标人估算得出的，仅仅作为投标报价的基础，结算时的工程量以招标人或其他委托授权的监理工程师核准的实际完成量为依据，提示投标申请人认知清单，以及如何使用清单。

2）工程量清单表

工程量清单表作为清单项目和工程数量的载体，是工程量清单的重要组成部分。

（2）工程量清单计价方法的特点

概括起来说，工程量计价清单的特点包括如下几点：

1）满足竞争的需要；

2）提供了一个平等的竞争机会；

3）有利于工程款的拨付和工程造价的最终确定；

4）有利于实现风险的合理分担；

5）有利于业主对投资的控制。

## 第四节　计算机和相关资料信息管理软件

**1. 办公自动化（office）应用程序在项目管理工作中的应用包括哪些方面？**

答：办公自动化应用程序在项目管理工作中的应用包括：

（1）文字处理及文档编辑、储存；

（2）编制工程施工管理资料，绘制所需的工程技术图纸；

（3）提高办公自动化和管理现代化水平；

（4）局域网络和互联网资源共享；

（5）获取工程管理的各类可能获得的信息；

（6）与项目管理外部组织和内部管理系统各单位可进行工程项目资源共享。

**2. 怎样应用 AutoCAD 知识进行工程项目管理？**

答：AutoCAD工具软件在项目工程施工管理中通常用来绘制建筑平面图、立面图、剖面图、节点图。绘图基本步骤包括：图形界限、图层、文字样式、标注式样等基本设置；联机操作；图形绘制；图形修改；图形文字、尺寸标注；保存打印出图。可以随时调整各项设置及修改图形，以满足施工的实际需要。

**3. 常见管理软件在工程中怎样应用？**

答：管理软件与一般应用软件相比具有功能强大、专业性强的特点。针对施工企业不同的管理需求，可以将集团公司、施工企业、分公司或子公司、项目部等多个层次的主体集中于一个协同的管理平台上，也可以用于单项、多项目组织管理，达到两级管理、三级管理、多级管理等多种模式。

## 4. 常用的工程档案管理软件有哪些?

答:(1)基本概念

常用的工程档案管理系统既可以自成体系,提供用户完整的电子档案管理和网络查询利用,也可以与本单位的 OA 办公自动化或 MIS 信息管理系统相结合,形成更加完善和高效的现代化信息管理网络,从而高效、完整地实现人们对各种类型的档案资料进行电子化、网络化集中管理,并对其流转过程进行实时的监控。

(2)主要功能

1)功能简介。主要包括收文管理、行文管理、合同管理、档案管理、查询管理、用户管理、系统维护等七大模块。可以存储并读取各种格式的电子文档。内置完备的打印格式,并可自定义打印格式,各类登记簿实现了流水、满页打印。可设置为网络版,实现局域网或广域网上多台计算机数据库的共享。支持打印、读取条形码,支持读取员工卡,为档案文件的借阅登记提供了更多方便。

2)主要功能描述。档案管理系统应具备档案的综合管理功能。系统涉及的范围应涵盖档案管理活动中需要用计算机进行管理或处理的所有环节,包括对档案数字化工作中的扫描、数据转换、修版、文字识别(OCR)、正文录入、校对、著录、审核等处理环节的管理功能;文件或材料收集;档案整编(数据采集、类目设置、分类排序、数据校检、目录生成、数据统计、打印输出等基本功能,并能实现根据主题词(或关键词)及分类号自动标引的功能);检索查询;借阅管理;档案利用;档案编研;辅助实体管理(包括对档案征集、接收、移交以及档案鉴定、密级变更等进行相应的管理或处理)。

主要功能一是通过与公文管理子系统的连接实现综合办公系统的收、发文在流转结束后进行预归档,通过系统提供的数据接口,将需要归档的信息传输至档案管理系统。二是通过对已有馆藏文书档案、科技档案、财务档案、声像档案、照片档案、人事档案和实物档案等的数字化，实现档案的全面自动化管理和提供不受用户站点限制的网络查询利用服务。

# 第五节　施工测量

## 1. 怎样使用水准仪进行工程测量？

答：使用水准仪进行工程测量的步骤包括安置仪器、粗略整平、瞄准目标、精平、读数等几个步骤。

（1）安置仪器

把三脚架应安置在距离两个测站点大致等距离的位置，保证架头大致平行。打开三脚架调整至高度适中，将架脚伸缩螺栓拧紧，并保证脚架与地面稳固连接。从仪器箱中取出水准仪置于架头，用架头上的连接螺栓将仪器三脚架连接牢固。

（2）粗略整平

首先使物镜平行任意两个螺栓的连线；然后，两手同时向内和向外旋转调平螺栓，使气泡作用方向移至两个最先操作的调平螺栓连线中间；再用左手旋转顶部另外一只调平螺栓，使气泡居中。

（3）瞄准

首先将物镜对着明亮的背景，转动目镜调焦螺旋，调节十字丝清楚。然后松开制动螺旋，利用粗瞄准器瞄准水准尺，拧紧水平制动螺旋。再调节物镜调焦螺旋，使水准尺分划清楚，调节水平微动螺旋，使十字丝的竖丝照准水准尺边缘或中央。

（4）精平

目视水准管气泡观察窗，同时调整微倾螺旋，使水准管气泡两端的影像重合，此时水准仪达到精平（自动安平水准仪不需要此步操作）。

（5）读数

眼睛通过目镜读取十字丝中丝水准尺上的读数，直接读米、分米、厘米，估读毫米共四位。

## 2. 怎样使用经纬仪进行工程测量？

答：经纬仪使用的步骤包括安置仪器、照准目标、读数等工作。

（1）经纬仪的安置

经纬仪的安置包括对中和整平等两项工作。打开三脚架，调整好长度使高度适中，将其安置在测站上，使架头大致水平，架顶中心大致对准站点中心标记。取出经纬仪放置在经纬仪三脚架头上，旋紧连接螺旋。然后开始对中和调平工作。

1）对中

分为垂球对中和光学对中，光学对中的精度高，目前主要采用光学对中。分为粗对中和精对中两个步骤。

① 粗对中。目视光学对准器，调节光学对准器目镜使照准圈和测站点目标清晰。双手紧握并移动三脚架使照准圈对准站点中心并保持三脚架稳定、架头基本水平。

② 精对准。旋转脚架螺旋使照准圈对准测站点的中心，光学对中的误差应小于 1mm。

2）整平

分为粗平和精平两个步骤。

① 粗平。伸长或缩短三脚架腿，使圆水准气泡居中。

② 精平。旋转照准部使照准部管水准器的位置与操作的两只螺旋平行，并旋转两只螺旋使水准管气泡居中；然后旋转照准部 90°使水准管与开始操作的两只螺旋呈垂直关系，旋转另外一只螺旋使气泡居中。如此反复，直至照准部旋转到任何位置，气泡均居中为止。

在完成上述工作后，在此进行精对中、精平。目视光学对准器，如照准圈偏离测站点的中心侧移量较小，则旋松连接螺旋，在架顶上平移仪器，使照准圈对准测站点中心，旋紧连接螺旋。精平仪器，直至照准部旋转至任何位置，气泡居中为止；如偏移量过大则应重新对中、整平仪器。

（2）照准

首先调节目镜，使十字丝清晰，通过瞄准器瞄准目标，然后拧紧制动螺旋，调节物镜调节螺旋使模板清楚并消除视差，利用微动螺旋精确照准目标的底部。

（3）读数

先打开度盘照明反光镜，调整反光镜，使读数窗亮度适中，旋转读数显微镜的目镜使度盘影像清楚，然后读数。DJ2级光学经纬仪读数方式为首先转动测微轮，使读数窗中的主、副像划线重合，然后在读数窗中读出数值。

## 3. 怎样使用全站仪进行工程测量？

答：用全站仪进行建筑工程测量的操作步骤包括测前的准备工作、安置仪器、开机、角度测量、距离测量和放样。

（1）测前的准备工作

安装电池，检查电池的容量，确定电池电量充足。

（2）安置仪器

全站仪安置步骤如下：

1）安放三脚架，调整长度至高度适中，固定全站仪到三脚架上，架设仪器使测点在视场内，完成仪器安置。

2）移动三脚架，使光学对点器中心与测点重合，完成粗对中工作。

3）调节三脚架，使圆水准气泡居中，完成粗平工作。

4）调节脚螺旋，使长水准气泡居中，完成精平工作。

5）移动基座，精确对中，完成精对中工作；重复以上步骤直至完全对中、整平。

（3）开机

按开机键开机。按提示转动仪器望远镜一周显示基本测量屏幕。确认棱镜常数值和大气改正值。

（4）角度测量

仪器瞄准角度起始方向的目标，按键选择显示角度菜单屏幕

（按置零键可以将水平角读数设置为 $0°00'00''$）；精确照准目标方向，仪器即显示两个方向间水平夹角和垂直角。

（5）距离测量

按键选择进入斜距测量模式界面；照准棱镜中心，按测距键两次即可得到测量结果。按 ESC 键，清空测距值。按切换键，可将结果切换为平距、高差显示模式。

（6）放样

选择坐标数据文件。可进行测站坐标数据及后视坐标数据的调用；置测站点；置后视点，确定方位角；输入或调用待放样点坐标，开始放样。

## 4. 怎样使用测距仪进行工程测量？

答：用测距仪可以完成距离、面积体积等测量工作。

（1）距离测量

1）单一距离测量。按测量键，启动激光光束，再次按测量键，在一秒钟内显示测量结果。

2）连续距离测量。按住测量键两秒，可以启动连续距离测量模式。在连续测量期间，每 8～15 秒次的测量结果更新显示在结果行中，再次按测量键终止。

（2）面积测量

按面积功能键，激光光束切换为开。将测距仪瞄准目标，按测量键，将测得并显示所量物体的宽度，再按测量键，将测得物体的长度，且立即计算出面积，并将结果显示在结果行中。计算面积按所需的两端距离，显示在中间的结构行中。

## 5. 高程测设要点各有哪些？

答：已知高程的测设，就是根据一个已知高程的水准点，将另一点的设计高程测设到实地上。高程测设要点如下。

（1）假设 A 点为已知高程水准点，B 点的设计高程为 $H_B$。

（2）将水准仪安置在 A、B 两点之间，先在 A 点立水准尺，

读得读数为 $a$，由此可以测得仪器视线高程为 $H_i＝H_A＋a$。

（3）B 点在水准尺的读数确定。要使 B 点的设计高程为 $H_B$，则在 B 点的水准尺上的读数为 $b＝H_i－H_B$。

（4）确定 B 点设计高程的位置。将水准尺紧靠 B 桩，在其上、下移动水准尺子，当中丝读数正好为 $b$ 时，则 B 尺底部高程即为要测设的高程 $H_B$。然后在 B 桩时沿 B 尺底部做记号，即得设计高程的位置。

（5）确定 B 点的设计高程。将水准尺立于 B 桩顶上，若水准仪读数小于 $b$ 时，逐渐将桩打入土中，使尺上读数逐渐增加到 $b$，这样 B 点桩顶的高程就是 $H_B$。

**6. 已知水平距离的测设要点有哪些？**

答：已知水平距离的测设，就是由地面已知点起，沿给定方向，测设出直线上另一点，使得两点的水平距离为设计的水平距离。

（1）钢尺测设法

以 A 点为地面上的已知点，$d$ 为设计的水平距离，要在地面给定的方向测设出 B 点，使得 AB 两点的水平距离等于 $d$。

1）将钢尺的零点对准地面上的已知的 A 点，沿给定方向拉平钢尺，在尺上读数为 $d$ 处插测钎或吊垂球，以定出一点。

2）校核。将钢尺的零端移动 10～20cm，同法再测定一点。当两点相对误差在允许范围（1/3000～1/5000）内时，取其中点作为 B 点的位置。

（2）全站仪（测距仪）测设水平距离

将全站仪（测距仪）安置于 A 点，瞄准已知方向，观测人员指挥施棱镜人员沿仪器所指方向移动棱镜位置，当显示的水平距离等于待测设的水平距离时，在地面上标定出过渡点 B′，然后实测 AB′的水平距离，如果测得的水平距离与已知距离之差符合精度要求，应进行改正，直到测设的距离符合限差要求为止。

**7. 已知水平角测设的一般方法的要点有哪些？**

答：设 AB 为地面上的已知方向，顺时针方向测设一个已知

的水平角 β，定出 AB 的方向。具体做法是：

（1）将经纬仪和全站仪安置在 A 点，用盘左瞄准 B 点，将水平盘设置为 0°，顺时针旋转照准部使读数为 β 值，在此视线上定出 C′点。

（2）然后用盘右位置按照上述步骤再测一次，定出 C″点。

（3）取 C′到 C″中点 C，则∠BAC 即为所需测设的水平角 β。

### 8. 怎样进行建筑的定位和放线？

答：（1）建筑物的定位

建筑物的定位是根据设计图纸的规定，将建筑物的外轮廓墙的各轴线交点即角点测设到地面上，作为基础放线和细部放线的依据。常用的建筑物定位方法有以下几种：

1）根据控制点定位。如果建筑物附近有控制点可供利用，可根据控制点和建筑物定位点设计坐标，采取极坐标法、角度交会法或距离交会法将建筑物测设到地面上。其中极坐标法用得较多。

2）根据建筑基线和建筑方格网定位。建筑场地已有建筑基线或建筑方格网时，可根据建筑基线或建筑方格网和建筑物定位点设计坐标，用直角坐标等方法将建筑物测设到地面上。

3）根据与原有建（构）物或道路的关系定位。当新建建筑物与原有建筑物或道路的相互位置关系为已知时，则可以根据已知条件的不同采用不同的方法将新建的建筑物测设到地面上。

（2）建筑物的放线

建筑物放线是根据已定位的外墙轴线交点桩，详细测设各轴线交点的位置，并引测至适宜位置做好标记。然后据此用白灰撒出基坑（槽）开挖边界线。

1）测设细部轴线交点。根据建筑物定位所确定的纵向两个边缘的定位轴线，以及横向两个边缘定位轴线确定四个角点就是建筑物的定位点，这四个角点已在地面上测设完毕。现欲测设次要轴线与主轴线的交点。可利用经纬仪加钢尺或全站仪定位等方法依次定出各次要轴线与主轴线的角点位置，并打入木桩钉好小钉。

2）引测轴线。基坑（槽）开挖时，所有定位点桩都会被挖掉，为了使开挖后各阶段施工能恢复各轴线位置，需要把建筑物各轴线延长到开挖范围以外的安全地点，并做好标志，成引测轴线。

① 龙门板法。在一般民用建筑中常用此法。

a. 在建筑物四角和之间隔墙的两侧开挖边线约 2m 处，钉设木桩及龙门桩。龙门桩要铅直、牢固，桩的侧面应平行于基槽。

b. 根据水准控制点，用水准仪将±0.000（或某一固定标高值）标高测设在每个龙门桩外侧，并做好标志。

c. 沿龙门桩上±0.000（或某一固定标高值）标高线钉设水平的木板，即龙门板，应保证龙门板标高误差在规定范围内。

d. 用经纬仪或拉线方法将各轴线引测到龙门板顶面，并钉好小钉，即轴线钉。

e. 用钢厂沿龙门板顶面检查轴线钉的间距，误差应符合有关规范的要求。

② 轴线控制桩法。龙门板法占地大，使用材料较多，施工时易被破坏。目前工程中多采用轴线控制桩法。轴线控制桩一般设在轴线延长线上距开挖边线 4m 以外的地方，牢固地埋设在地下，也可把轴线投测到附近的建筑物上，做好标志，代替轴线控制桩。

# 第三章 岗位知识

## 第一节 安全管理相关的管理规定和标准

### 1. 施工单位安全生产责任制有哪些规定？

答：（1）施工单位主要负责人对安全生产工作全面负责。建筑安装工程企业的法定代表人对本企业的安全生产负责。施工单位主要负责人依法对本单位的安全生产工作全面负责。

（2）要保证本单位安全生产条件所需的资金投入。施工单位对列入建设工程概算的安全作业环境及安全施工措施所需费用，应当用于施工安全防护用具及设施的采购和更新、安全施工措施的落实、安全生产条件的改善，不得挪作他用。

（3）施工单位安全生产管理机构和专职安全生产管理人员负专责。专职安全管理人员负责对安全生产进行现场监督检查。安全事故隐患，应及时向项目负责人和安全生产管理机构报告，对违章指挥、违章操作的，应当立即制止。

### 2. 项目经理部安全生产责任制有哪些规定？

答：（1）项目负责人对建设工程项目的安全施工负责。施工单位的项目负责人应当由取得相应专业资格的人员担任。

（2）项目负责人对建设工程项目的安全施工负责，落实安全生产责任制度、安全生产规章制度和操作规程，确保安全生产费用的有效合理使用，并根据工程的特点组织制定安全施工措施，消除安全事故隐患，及时、如实地报告安全生产事故。

（3）建设安装工程施工前，施工单位负责项目管理的技术人员应及时将有关安全施工的技术要求向施工作业班组、作业人员作出详细说明，并由双方签字确认。

### 3. 总分包单位安全生产责任制有哪些规定？

答：（1）施工现场安全应由建筑施工企业负责，实行总承包的由总承包单位负责，分包单位向总包单位负责，服从总包单位对施工现场的安全生产管理。

（2）总承包单位依法将建设工程分包给其他单位的，分包合同应当明确各自在安全生产方面的权利、义务。实行施工总承包的，由总承包单位统一组织编制建设工程生产安全事故应急救援预案，工程总承包单位和分包单位按照紧急救援预案，各自建立紧急援救组织或者配备紧急救援人员，配备援救器材、设备，并定期组织演练。实行施工总承包的建设工程，由总承包单位负责上报事故。总承包单位和分包单位对分包工程的安全生产承担连带责任。分包单位应当服从总包单位的安全生产管理，分包单位不服从管理导致生产安全事故的，由分包单位负责。

### 4. 施工现场领导带班制度是怎样规定的？

答：建筑施工企业负责人是指企业的法定代表人、总经理、主管质量安全和生产工作的副总经理、总工程师和副总工程师。项目负责人是指工程项目的项目经理。施工现场是指进行房屋建筑或市政工程施工作业活动的场所。

《国务院关于进一步加强企业安全生产工作的通知》（国发〔2010〕23号）中规定，强化生产过程管理的领导责任，企业主要负责人和领导班子成员要轮流现场带班。发生事故而没有现场带班的，对企业给予规定上限的经济处罚，并依法从重追究企业主要负责人的责任。《国务院关于坚持科学发展安全发展促进安全生产形势持续稳定好转的意见》中规定，企业主要负责人、实际控制人要切实承担安全生产第一责任人的责任，带头执行现场带班制度，加强现场安全管理。

住房城乡建设部《建筑施工企业负责人及项目负责人施工现

场带班暂行办法》（建质〔2011〕111号）进一步规定，建筑施工企业应当建立企业负责人及项目负责人施工现场带班制度，应严格考核。施工现场带班包括企业负责人带班检查和项目负责人带班生产，企业负责人带班检查是指建筑企业负责人带队对工程项目实施质量安全生产状况及项目负责人带班生产情况的检查。项目负责人带班生产是指项目负责人在施工现场组织协调工程项目的质量安全生产活动。

建筑安装工程施工企业负责人要定期带班检查，每月检查时间不少于其工作日的25％。建筑企业负责人检查时应做好记录，并分别在企业和工程项目存档备查。工程项目进行超过一定规模的危险性较大的分部分项工程施工时，建筑施工企业负责人应到施工现场带班检查。对于有分公司（非独立法人）的企业集团，集团负责人因故不能到现场的，可书面委托工程所在地的分公司负责人对施工现场进行带班检查。工程项目出现险情和发生重大隐患时，建筑施工企业负责人应到施工现场带班检查，督促工程项目进行整改，及时消除隐情和隐患。

项目负责人在同一时期内只能承担一个项目的管理工作。项目负责人带班生产是要全面掌握工程项目质量安全生产状况，加强对重点部位、关键环节的控制，及时消除隐患。要认真做好带班生产记录并签字存档备查。项目负责人每月带班生产时间不得少于本月施工时间的80％。因其他事务需要离开施工现场时应向工程项目的建设单位请假，经批准后方可离开，离开期间应委托项目相关负责人负责其外出时的日常工作。

**5. 建筑安装施工企业安全生产管理机构的职责有哪些？对企业专职安全生产管理人员的配备有什么规定？**

答：（1）施工企业安全生产管理机构的职责

建筑安装施工企业安全生产管理机构是指建筑施工企业设置的负责安全生产管理工作的独立职能部门。

1）宣传和贯彻国家有关安全生产法律法规和标准；

2) 编制并适时更新安全生产管理制度并监督实施;

3) 组织或参与企业生产安全事故应急救援预案的编制及演练;

4) 组织开展安全教育培训与交流;

5) 协调配备项目专职安全生产管理人员;

6) 预定企业安全生产检查计划并组织实施;

7) 监督在建项目安全生产费用的使用情况;

8) 参与危险性较大工程安全专项施工方案专家论证会;

9) 通报在建项目违规违章查处情况;

10) 组织开展安全生产评优评先表彰工作;

11) 监理企业在建项目安全生产管理档案;

12) 考核评价分包企业安全生产业绩及项目安全生产管理情况;

13) 参加生产期事故的调查和处理工作;

14) 企业明确的其他安全生产管理职责。

（2）施工企业安全生产管理机构专职安全生产管理人员的配备

1) 建筑施工总承包资质序列企业:特级资质不少于 6 人;一级资质不少于 4 人;二级和二级以下资质企业不少于 3 人;

2) 建筑工程专业承包资质序列企业:一级资质不少于 3 人;二级和二级以下企业不少于 2 人;

3) 建筑劳务分包资质序列企业:不少于 2 人;

4) 建筑施工企业的分公司、区域公司等较大的分支机构应根据实际生产情况配备不少于 2 人的专职安全生产管理人员。

**6. 建设工程项目安全生产领导小组和专职安全生产管理人员的职责有哪些?**

答:（1）安全生产领导小组的主要职责

1) 贯彻落实有关安全生产法律法规和标准;

2) 组织制定项目安全生产管理制度并监督实施;

3）编制项目安全生产事故应急预案并组织演练；

4）保证项目安全生产费用的有效使用；

5）组织编制危险性较大的工程安全专项施工方案；

6）开展项目安全教育培训；

7）组织实施项目安全检查和隐患排查；

8）建立项目安全生产管理档案；

9）及时、如实报告安全生产事故。

（2）企业专职安全生产管理人员在现场检查过程中的职责

1）查阅在建项目有关安全生产有关资料；

2）查阅危险性较大工程安全专项施工方案落实情况；

3）监督项目专职安全生产管理人员履职尽责情况；

4）阶段作业人员安全防护用品的配备及使用情况；

5）对发现的安全生产违章行为或隐患，有权当场予以纠正或作出处理决定；

6）对不符合安全生产条件的设施、设备、器材，有权当场作出查封的处理决定；

7）对施工现场存在的重大安全隐患有权越级报告或直接向建设行政主管部门报告；

8）企业明确的其他安全管理职责。

## 7. 专职安全生产管理人员的职责有哪些？

答：专职安全生产管理人员是指经建设主管部门或者其他有关部门安全生产考核合格取得安全生产许可证书，并在建筑安装工程施工企业及其项目从事安全生产管理工作的专职人员。

专职安全生产管理人员的职责：

（1）负责施工现场安全生产日常检查并做好检查记录；

（2）现场监督危险性较大工程安全专项施工方案实施情况；

（3）对作业人员违规违章行为有权予以纠正或查处；

（4）对施工现场存在的安全隐患有权责令立即整改；

（5）对于发现的重大安全隐患，有权向企业安全生产管理机构报告；

（6）依法报告安全事故情况。

## 8. 施工安全生产许可证的管理有哪些方面的规定？

答：国家《安全生产许可证条例》规定，国家对矿山企业、建筑施工企业和危险化学品、烟花爆竹、民用爆破器材生产企业实行安全生产许可制度。

施工安全生产许可证的管理方面的规定包括：

（1）建筑安装工程施工企业申办安全生产许可证应具备的条件。

1）建立、健全安全生产责任制，制定完备的安全生产规章制度和操作规程；

2）保证本单位安全生产条件所需的资金的投入；

3）设置安全生产管理机构，按照国家有关规定配备专职安全生产管理人员；

4）主要负责人、项目负责人、专职安全生产管理人员经建设主管部门或其他部门考核合格；

5）特种作业人员经有关业务主管部门考核合格，取得特种作业操作资格证书；

6）管理人员和作业人员每年至少进行一次安全生产教育培训并考核合格；

7）依法参加工伤保险，依法为施工现场从事危险作业的人员办理意外伤害保险，为从业人员缴纳保险费；

8）施工现场的办公、生活区及作业场所和安全防护用具、机械设备、施工机具及配件符合有关安全生产法律、法规、标准和规程的要求；

9）有职业危害防治措施，并为作业人员配备符合国家标准或行业标准的安全防护用具和安全防护服装；

10）有对危险性较大的分部分项工程及施工现场易发生重大事故的部位、环节的预防、监控措施和应急预案；

11) 有生产事故应急救援预案、应急救援组织或者应急救援人员，配备必要的应急救援器材、设备；

12) 法律、法规规定的其他条件。

(2) 安全生产许可证的领取。

1) 中央管理的建筑安装工程施工企业（集团公司、总公司）向国务院建设行政主管部门申请领取安全生产许可证；其他建筑安装工程施工企业，包括中央管理的施工企业下属的建筑施工企业，向企业注册地所在的省、自治区、直辖市人民政府建设主管部门申请领取安全生产许可证。

2) 建筑安装施工企业申请安全生产许可证时，应当向建设主管部门提供下列材料：

①建筑安装施工企业安全生产许可证申请表；②企业法人营业执照；③与申请安全生产许可证应当具备的安全生产条件相关的文件、材料。

(3) 安全生产许可证的有效期和暂扣安全生产许可证的规定。

安全生产许可证的有效期为 3 年，安全生产许可证有效期满需要延期的，企业应当于期满前 3 个月向原安全生产许可证颁发管理机关办理延期手续。企业在安全生产许可证有有效期内，严格遵守有关安全生产的法律、法规，未发生死亡事故的，安全生产许可证有效期届满时，经原安全生产许可证颁发管理机构同意，不再审核，安全生产许可证有效期延期 3 年。

## 9. 建筑安装工程施工企业主要负责人安全生产考核的规定有哪些内容？

答：(1) 安全生产知识考核的内容

1) 国家有关安全生产的方针、政策、法律法规、部门规章、标准及有关规范性文件，本地区有关安全生产的法规、规章、标准及规范性文件；

2) 建筑设备安装施工企业安全生产管理的基本知识和相关

专业知识；

3）重特大事故防范、应急救援措施，报告制度及调查处理方法；

4）企业安全生产责任制和安全生产规章制度的内容、制定方法；

5）国内外安全生产管理经验；

6）典型事故案例分析。

（2）安全生产管理能力考核要点

1）能认真贯彻国家有关安全生产的方针、政策、法律法规、部门规章、标准；

2）能有效组织本单位安全生产工作、建立健全本单位安全生产责任制；

3）能组织制定本单位安全生产管理规章制度和操作规程；

4）能采取有效的措施保证本单位安全生产所需的资金投入；

5）能有效地开展安全生产检查、及时清除安全生产事故隐患；

6）能组织制定本单位的安全生产事故应急救援预案，正确组织指挥本单位事故应急救援工作；

7）能及时、如实地报告生产安全事故；

8）安全生产业绩：自考核之日起，所在企业一年内未发生由其承担主要责任的死亡 10 人以上（含 10 人）的重大事故。

## 10. 建筑设备安装施工企业项目负责人安全生产考核的规定有哪些内容？

答：（1）安全生产知识考核的内容

1）国家有关安全生产的方针、政策、法律法规、部门规章、标准及有关规范性文件，本地区有关安全生产的法规、规章、标准及规范性文件；

2）工程项目安全生产管理的基本知识和相关专业知识；

3）重大事故防范、应急救援措施，报告制度及调查处理方法；

4）企业和项目安全生产责任制和安全生产规章制度内容、制定方法；

5）施工现场安全生产监督检查的内容和方法；

6）国内外安全生产管理经验；

7）典型事故案例分析。

（2）安全生产管理能力考核要点

1）能认真贯彻执行国家安全生产方针、政策、法规和标准；

2）能有效地组织监督本工程安全生产工作，落实安全生产责任制；

3）能保证安全生产费用的有效使用；

4）能根据工程的特点组织制定安全施工措施；

5）能有效地开展安全生产检查，及时消除生产安全事故隐患；

6）能及时、如实地报告安全生产事故；

7）安全生产业绩：自考核之日起，所管理的项目一年内未发生由其承担主要责任的死亡事故。

## 11. 专职安全生产管理人员安全生产考核的规定有哪些内容？

答：（1）安全生产知识考核的内容

1）国家有关安全生产的方针、政策、法律法规、部门规章、标准及有关规范性文件，本地区有关安全生产的法规、规章、标准及规范性文件；

2）重大事故防范、应急救援措施、报告制度、调查处理方法以及防护救护方法；

3）企业和项目安全生产责任制和安全生产规章制度；

4）建筑设备安装施工现场安全监督检查的内容和方法；

5）典型事故案例分析。

（2）安全生产管理能力考核要点

1）能认真贯彻执行国家安全生产方针、政策、法规和标准；

2）能有效地对安全生产进行现场监督检查；

3）发现审查权事故隐患，能及时向项目负责和安全生产管理机构报告，及时消除生产安全事故隐患；

4）能及时制止现场违章指挥、违章操作行为；

5）能及时如实报告生产安全事故；

6）安全生产业绩：自考核之日起，所在企业或项目一年内未发生由其承担主要责任的死亡事故。

## 12. 建筑安装施工企业电工管理的规定有哪些？

答：建筑安装施工电工作业属于特种作业；建筑电工必须经建设行政主管部门考核合格，取得建筑施工特种作业人员操作资格证书，方可上岗从事相应作业。

（1）建筑电工的考核发证

建筑电工上岗操作证发证工作，由省、自治区、直辖市人民政府建设主管部门或其委托的考核发证机构负责组织实施。

申请从事建筑安装施工工程电工作业人员应当具备下列条件：

1）年满18岁且符合相关工种规定的年龄要求；

2）经医院体检合格且无妨碍从事相应特种作业疾病和生理缺陷；

3）初中及以上学历；

4）符合相应特种作业需要的其他条件。

（2）建筑安装施工特种作业操作范围

建筑电工作业操作范围：在建筑施工现场从事临时用电作业。

（3）建筑电工的从业要求

有资格证书的人员，应当受聘于建筑安装工程施工企业方可从事相应的电工作业。

用人单位对首次取得资格证书的人员，应当在其正式上岗前安排不少于3个月的实习操作。建筑电工应当严格按照安全技术标准、规范和规程进行作业，正确佩戴和使用安全防护用品，并按规定对作业工具进行维护保养。建筑电工应当参加年度安全继续培训或继续教育，每年不得少于 24 学时。

### 13. 怎样制定建筑安装工程施工的安全技术措施？

答：《建筑法》规定，建筑安装施工工程施工企业编制施工组织设计时，应当根据建筑安装工程的特点制定相应的安全技术措施；对于专业性较强的工程项目，应当编制专项安全施工组织设计，并采取安全技术措施。施工单位应当按照《建设工程安全生产管理条例》的规定，在施工组织设计中编制安全技术措施和施工现场临时用电方案。

安全技术措施可分为防止安全事故发生的安全技术措施和减少事故损失的安全技术措施。它通常包括外用电梯、井架以及塔吊等垂直运输机具的拉结要求及防倒塌措施；安全用电和机电防短路、防触电的措施；有毒有害、易燃易爆作业的技术措施；施工现场周围通行道路及居民防护隔离等措施。

### 14. 怎样制定施工安全技术专项施工方案？

答：《建设工程安全生产管理条例》规定，对下列达到一定规模的危险性较大的分部分项工程编制专项施工方案，并附具安全验算结果，经施工单位负责人、总监理工程师签字后实施，由专职安全生产管理人员进行现场监督。

建筑安装工程施工企业专业工程技术人员编制的安全专项施工方案，由施工企业负责人及监理单位专业监理工程师进行审核，审核合格，由施工企业技术负责人、监理单位总监理工程师签字。

### 15. 危险性较大的分部分项工程安全专项施工方案的作用、编制及包含的内容各有哪些？

答：建设单位在申请领取施工许可证或办理安全监督手续

时，应当提供危险性较大的分部分项工程清单和安全管理措施。建筑安装施工单位、监理单位应当建立危险性较大的分部分项工程安全管理制度。

建筑安装施工单位应当在危险性较大的分部分项工程施工前编制专项方案；对于超过一定规模的危险性较大的分部分项工程，建筑安装施工单位应当组织专家对专项方案进行论证。专项方案编制应当包括以下内容：

（1）工程概况：危险性较大的分部分项工程概况、施工平面布置、施工要求和施工技术保证条件。

（2）编制依据：相关法律、法规、规范性文件、标准、规范及图纸（国标图集）、施工组织设计等。

（3）施工计划：包括施工进度计划、材料与设备计划。

（4）施工工艺技术：技术参数、工艺流程、施工方法、检查验收等。

（5）施工安全保证措施：组织保障、技术措施、应急预案、监测监控等。

（6）劳动力计划：专职安全生产管理人员、特种作业人员等。

（7）计算书及相关图纸。

## 16. 法定的施工安全技术标准是怎样分类的？

答：按照《中华人民共和国标准化法》的规定，我国的标准分为国家标准、行业标准、地方标准。国家标准、行业标准又可分为强制性标准和推荐性标准。保障人体健康，人身、财产安全的标准和法律、行政法规规定强制执行的标准是强制性标准，其他标准是推荐性标准。强制性标准一经公布，必须贯彻执行，否则造成恶劣后果和重大损失的单位和个人，要受到经济制裁或承担法律责任。

（1）对需要在全国范围内统一的下列技术要求，应当制定国家标准：

1）工程建设勘察、规划、设计、施工（包括安装）及验收等通用的质量要求；

2）工程建设通用的有关安全、卫生和环境保护的技术要求；

3）工程建设通用的术语、符号、代号、量与单位、建筑模数和制图方法；

4）工程建设通用的试验、检验和评定等方法；

5）工程建设通用的技术要求；

6）国家需要控制的其他建设工程通用的技术要求。

（2）对于没有国家标准而需要在全国某个行业范围内统一的下列技术要求，可以制定行业标准：

1）工程建设勘察、规划、设计、施工（包括安装）及验收等行业专用的质量要求；

2）工程建设行业通用的有关安全、卫生和环境保护的技术要求；

3）工程建设行业专用的术语、符号、代号、量与单位和制图方法；

4）工程建设行业专用的试验、检验和评定的方法；

5）工程建设行业专用的信息技术要求；

6）其他工程建设行业专用的技术要求。

行业标准不得与国家标准相抵触。行业标准的某些规定与国家标准不一致时，必须有充分的科学依据和理由，并经国家标准的审批部门审批。

（3）对于没有国家标准、行业标准或国家标准、行业标准规定不具体，且需要在本行政区域内作出统一规定的工程建设技术要求，可制定相应的工程建设地方标准。工程建设地方标准在省、自治区、直辖市范围内由省、自治区、直辖市建设行政主管部门统一计划、统一审批、统一发布、统一管理。工程建设地方标准不得与国家标准、行业标准相抵触。反之，应当自行废止。工程建设地方标准应报国务院建设行政主管部门备案，未经备案的工程建设地方标准，不得在建设活动中使用。

（4）工程建设企业标准一般包括企业的技术标准、管理标准和工作标准。企业技术标准是指对本企业范围内需要协调和统一的技术要求所制定的标准。对已有国家标准、行业标准或地方标准的，企业可以按照上述标准执行，也可以根据本企业的技术特点和实际需要制定优于国家标准、行业标准和地方标准的企业标准。国家鼓励企业采用国际先进标准、国外先进标准。

### 17. 高处作业安全技术规范的一般要求有哪些主要内容？

答：高处作业是指在一般工业与民用建筑及构筑物高处的临边、洞口、攀登、悬空、操作平台及交叉等作业。高处作业安全技术规范的一般要求包括：

（1）高处作业安全技术措施及所需料具，必须列入工程的施工组织设计。

（2）单位工程的施工负责人应对工程的高处作业安全技术负责并建立相应的责任制。施工前，应逐级进行安全技术教育及交底，落实所有的安全技术措施和防护用品，未落实时不得施工。

（3）高处作业的安全标志、工具、仪表、电气设施和各种设备、必须在施工前加以检查，确认其完好，方能投入使用。

（4）攀登和悬空高处作业人员及搭设高处作业安全设施的人员，必须经过专业技术培训及专业考试合格，持证上岗，并必须定期进行体格检查。

（5）施工中对高处作业的安全技术设施，发现有缺陷和隐患时，必须及时解决，危及人身安全时，必须停止作业。施工场所所坠落的物件，应一律先撤除或加以固定。高处作业所用的物料，均应堆放平稳，不妨碍通行和装卸。工具应随手放入工具袋，作业中的通道、走道和登高用具，应随时清扫干净；拆卸下的物件及余料和废料均应及时清运，不得任意乱置和向下丢弃，传递物件禁止抛掷。

（6）雨天和雪天进行高处作业时，必须采取可靠的防滑、防寒和防冻措施。凡水、冰、霜、雪均应清除。对于高处作业的高耸建筑物，应事先设置避雷设施。遇六级（含六级）以上强风、浓雾等恶劣天气，不得进行露天攀登与悬空高处作业。暴风雪及台风暴雨后，应对高处作业安全设施逐一加以检查，发现有松动、变形、损坏或脱落等现象，应立即修理完善。因作业需要，临时拆除或变动安全设施时，必须经施工负责人同意，并采取相应的可靠措施，作业后应立即恢复。防护棚搭设与拆除时，应设警戒区，并应派专人监护。严禁上下同时拆除。

（7）建筑安装工程施工进行高处作业之前，应进行安全防护设施的逐项检查验收。验收合格后方可进行高处作业。验收可以采取分层验收、分段验收。安全防护设施应由施工单位负责人验收，并组织有关人员参加。安全防护设施应按类别逐项查验，并作出验收记录。凡不符合规定者，必须修正合格后再行查验。施工工期内还应定期进行抽查。

（8）安装管道时必须有已完结构或操作平台为立足点，严禁在安装中的管道上站立和行走。

## 18. 施工用电安全技术规范的一般要求有哪些主要内容？

答：（1）建设施工现场临时用电工程专用的电源中性点直接接地的 220/380V 三相四线制低压电力系统，必须符合下列规定。

1）采用三级配电系统；

2）采用 TN-S 接零保护系统；

3）采用二级漏电保护系统。

（2）施工临时用电设备在 5 台以上或设备总容量在 50kW 以上者，应编制用电组织设计。临时用电工程图纸应单独绘制，临时用电工程应按图施工。临时用电组织设计及变更时，必须履行"编制、审核、批准"程序，由电气工程技术人员组织编制，经相关部门审核及具有法人资格企业的技术负责人批准后实施。

138

（3）电工必须经国家现行标准考核合格后，持证上岗工作；其他用电人员也必须通过相关安全教育培训和技术交底，考核合格后方可上岗。安装、巡检、维修或拆除临时用电设备或线路，必须由电工完成，并应有人监护。

（4）在建工程的安装工程施工不得在外电架空线路正下方施工、搭设作业棚、建造生活设施或堆放构件、架具、材料及其他杂物等。施工现场开挖沟槽边缘与外电埋地电缆之间的距离不得小于0.5m。电气设备现场周围不得堆放易燃易爆物，污染源和腐蚀介质，否则应予清除或做防护处置，其防护等级必须与环境条件相适应。电气设备设置场所应能避免物体打击和机械损伤，否则应予清除或做防护处置。

（5）当施工现场与外电线路公用一个系统时，电气设备的接地、接零保护应与原系统保持一致，不得一部分设备做保护接零，另一部分设备做保护接地。施工现场的临时用电电力系统严禁利用大地做相线或零线。保护零线必须采用绝缘导线。

（6）施工场地内的起重机、井架、龙门架等机械设备，以及钢脚手架和正在施工的金属结构，当在相邻建筑物、构筑物等设施的防雷装置接闪器的保护范围以外时，应按规定安装防雷装置。当最高机械设备上避雷针（接闪器）的保护范围能覆盖其他设备，且又最后退出现场，则其他设备可不设避雷装置。机械设备或设施的防雷引下线可利用该设备或设施的金属结构体，但应保证电气连接。

（7）配电室应靠近电源，并应设在灰尘少、潮气少、振动小、无腐蚀介质、无易燃易爆物及道路通畅的地方。配电室和控制室应能自然通风。并采取防止雨雪侵入和动物进入的措施。停电和送电必须由专人负责。

（8）发电机组及其控制、配电及其修理室等可分开设置；在保证电气安全距离和满足防火要求的情况下合并设置。发电机组及控制、配电室内必须设置可用于扑灭电气火灾的灭火器，严禁存放储油罐。

（9）架空线必须用绝缘导线。架空线必须架设在专用电杆上，严禁架设在树木、脚手架及其他设施上。电缆中必须包含全部工作芯和用作保护零线或保护线的芯线。在建设工程内的电缆线路必须采用电缆埋地引入，严禁穿越脚手架引入。室内配线必须采用绝缘导线或电缆。

（10）配电系统设置配电柜或总配电箱、分配电箱、开关箱、实行三级配电。每台用电设备必须有各自专业的开关箱，严禁用一个开关箱直接控制2台或多台用电设备。动力配电箱与照明配电箱应分别设置。

（11）对夜间影响飞机或车辆通行的在建工程及机械设备，必须设置醒目的红色信号灯，其电源应设置在施工现场总电源开关的前侧，并应设置外线线路停止供电时的应急自备电源。

## 19. 建筑安装工程施工作业劳动防护用品配备及使用标准有哪些要求？

答：《建筑施工作业劳动防护用品配备及使用标准》JGJ 184—2009规定，从事建筑安装工程的作业人员必须配备符合国家现行有关标准要求的劳动防护用品，并应按规定正确使用。劳动防护用品的配备，应按照"谁用工，谁负责"的原则，由用人单位为作业人员按作业工种配备。具体应做到：

（1）进入施工现场的人员必须佩戴安全帽。作业人员必须佩戴安全帽、穿工作鞋和工作服；应按作业要求正确使用劳动防护用品。在2m以上的高处、悬挂和陡坡作业时，必须系安全带。

（2）从事机械作业的女工和长发者应配备工作帽等个人防护用品。从事登高架设作业、起重吊装作业的施工人员应配备防止滑落的劳动保护用品。应为从事自然强光下作业的施工人员配备防止强光伤害的劳动防护用品。从事现场临时用电作业的施工人员应配备防止触电的劳动防护用品。从事焊接作业的施工人员应配备防止触电、灼伤、强光伤害的劳动防护用品。从事锅炉、压力容器、管道安装作业的施工人员应配备防止触电、强光伤害的劳动防护用品。从事防水、防腐和油漆作业的施工人员应配备防止触电、中毒、灼伤的劳动防护用品。从事基础工程、主体结构、屋面工程、装饰装修作业人员应配备防止身体、手足、眼部等受到伤害的劳动防护用品。

（3）冬期施工期或环境温度较低的，应为作业人员配备防寒类防护用品。雨期施工期间应为室外作业人员配备雨衣、雨鞋等个人防护用品。对环境潮湿及水中作业人员应配备相应的劳动防护用品。

（4）建筑安装工程企业不得采购和使用无厂家名称、无产品合格证、无安全标志的劳动防护用品。劳动防护用品的使用年限应按国家现行相关标准执行。劳动防护用品达到使用年限或报废标准的应由建筑施工企业统一收回报废，并应为作业人员配备新的劳动防护用品。劳动防护用品有定期检测要求的应按照其产品的检测周期进行检测。

（5）建筑安装工程施工企业应建立健全劳动防护用品购买、验收、保管、发放、使用、更换、报废管理制度。在劳动保护用品使用前，应对其防护功能进行必要的检查。建筑安装工程施工企业应教育从业人员遵照劳动防护用品使用规定和防护要求，正确使用劳动防护用品。建筑安装工程施工企业对危险性较大的施工作业场所及具有尘毒危害的作业环境设置安全警示标识及应使用的安全防护用品标识牌。

## 第二节　施工组织设计及专项施工方案

### 1. 安装工程施工组织设计的概念、内容和任务各有哪些?

答：（1）施工组织设计的内容

安装工程施工组织设计是用来指导安装工程施工项目全过程各项活动的技术、经济和组织的综合性文件，是施工技术与施工项目管理有机结合的产物，它是工程开工后施工活动能有序、高效、科学合理进行的保证。安装工程施工组织设计包括的内容：工程概况，施工方案选择，施工进度计划，施工平面图，主要技术经济指标。

1）施工方法与相应的技术组织措施，即施工方案。

2）施工进度计划。

3）施工现场平面布置。

4）有关劳力，施工机具，建筑安装材料，施工用水、电、动力及运输、仓储设施等暂设工程的需要量及其供应与解决办法。

前两项指导施工，后两项则是施工准备的依据。根据上面施组的概念和内容，完全可以判断出他是由施工单位进行编制的，业主、监理等在对项目进行检查时，施工单位的施工组织设计是必须要检查的。

（2）施工组织设计的任务

主要任务是把工程项目在整个施工过程中所需用的人力、材料、机械、资金和时间等因素，按照客观的经济技术规律，科学地做出合理安排。使之达到耗工少、速度快、质量高、成本低、安全好、利润大的要求。施工组织设计一般依其对象分为以下三类：

1）施工组织总设计（也称为施工组织大纲），对于一个工厂（主要是大中型的）、若干个相互联系的建筑群或者其他生产企业等为施工对象的，要编制施工组织总设计。由总承办单位为主、邀请建设、设计和分包单位参加，共同编制。

2）单位工程施工组织设计，对以一幢工业厂房建筑，或独立公共建筑，或其他民用建筑为施工对象的，应编制单位工程施工组织设计。它由直接参加施工的单位编制。

3）分部（分项）工程作业计划（或设计）也称为分部工程施工方案。对于工程规模较大的、某些结构重要和技术复杂的分部分项工程，如规模较大建筑工程的水、电安装工程。供热通风工程，楼宇智能化工程等，常需在单位工程施工组织设计之后，编制分部（分项）工程作业计划。

**2. 安装工程施工组织设计的编制、审查、批准等流程和要求各是什么？**

答：（1）编制的步骤

1）熟悉施工图纸，到施工现场实地勘察，了解施工现场周围环境，搜集施工有关资料，对工程施工内容做到心中有数。

2）根据设计图纸计算工程量，分段并且分层进行计算，对流水施工的主要工程项目计算到分项工程或工序。

3）拟定工程项目的施工方案。确定所采取的技术措施，并进行技术经济比较，从而选择出最优的施工方案。

4）分析并确定施工方案中拟采用的新技术、新材料和新工艺的措施及方法。

5）编制施工进度计划，进行多方案比较，选择最优的进度计划。

6）根据施工进度计划和实际施工条件编制以下三个计划。

①劳动力需要量计划。②施工机械、机具及设备需求量计划。③主要材料、构件、成品、半成品的需要量计划和采购计划。

7）计算管理办公、生活和生产等临时设施的面积。如材料仓库、堆场、现场办公室、各种加工场等面积。

8）对施工临时用水、电分别进行规划，以便满足施工现场用水及用电的需要。

9）绘制施工现场平面图，进行多方案比较，选择最优的施工现场平面设计方案。根据工程的具体特点分别绘制出基础工程、主体工程和装饰工程的施工现场平面图。

10）制定工程施工应采取的技术组织措施，包括保证工期、工程质量、降低工程成本、施工安全和防火、文明施工、环境保护、多季节性施工等技术组织措施。

（2）安装工程施工组织设计编制技巧

1）熟悉施工图纸，对施工现场实地考察，做到心中有数、有的放矢，为确定施工方案确定依据。

2）确定流水施工的主要施工过程，把握工程施工的关键工序，根据设计图纸分段分层计算工程量，为施工进度计划的编制打下基础。

3）根据工程量确定主要施工过程的劳动力、机械台班计划，从而确定各施工过程的持续时间、编制施工进度计划，并调整优化。

4）根据施工定额编制资源配置计划。

5）根据资源配置计划和施工现场情况，设计并绘制施工现场平面图。

6）制定相应的技术组织措施。

7）施工组织设计和专项施工方案的编制均应做到技术先进、经济合理、留有余地。

（3）安装工程施工组织设计的审查和批准

1）项目经理部技术负责人牵头、技术组负责根据所承担的安装工程任务，依据上述编写技巧和步骤，完成安装工程的施工组织设计。

2）项目经理和项目技术负责人组织项目经理部技术、生产、安全、造价、材料等部门工程技术人员和负责人，对项目部编写的施工组织设计进行预审，并在充分讨论和协商的基础上提出修改意见，由技术组负责充实、修改、完善。

3）技术组负责人将修改完善后的施工组织设计提交项目技术负责人，项目技术负责人审查批准后，提交项目承包企业技术科或主管技术的副经理审批。

4）经主管副经理审核批准后，作为施工企业的技术成果，由项目部提交建设方或其委托的建设监理单位的项目经理工程师和项目总监审批。建设方或项目总监审批通过的施工组织设计是指导项目施工的纲领性文件，也是项目建设各方都必须执行和贯彻的纲领。

**3. 安装工程专项施工方案的内容有哪些？**

答：专项施工方案编制应包括以下内容：

（1）工程概况。

包括安装工程概况、施工平面图、施工要求和技术标准条件。

（2）编制依据。

包括相关法律、法规、规范性文件、标准、规范及图纸（国标图集）、施工组织设计等。

（3）施工计划。

包括施工进度计划、材料与设备计划。

（4）施工工艺技术。

包括技术参数、工艺流程、施工方法、检查验收等。

（5）施工安全保证措施。

包括组织保障、技术保障、应急预案、监测监控等。

（6）劳动力计划。

包括专职安全生产管理人员、特种作业人员的使用计划。

（7）计算书及相关图纸。

**4. 管道安装工程专项施工方案的编制方法有哪几种？**

答：（1）管道安装

工程内容：管道放线、支吊架安装、干管、立管安装、支管安装、阀件安装、附件安装、防腐保温。

管道避让：给水、供暖管让排水管道，给水管让供暖管道，管径小的让管径大的管道，压力管道让非压力管道，各工序之间必须合理配置，确定和调整本工程管道走向及支架位置。

（2）管道丝接

1）丝接用于给水管。

2）根据现场测绘草图，在管材上画线，按线断管。

3）采用电动套丝机，DN25mm 以上要分两次进行，长管套丝时，管后端要垫平。

4）管道螺纹连接应在内外螺纹间加适当填料，一般采用白厚漆加油麻丝，也可使用生胶带。

5）安装螺纹零件时，应按旋紧方向一次装好，不得倒回。安装后，露出 2～3 牙螺纹，并清除剩余填料。

（3）管道焊接

1）焊接管道时，管子接口要清除浮锈、污垢及油脂。

2）钢管切割时，其割断面应与管子中心线垂直，以保证管子焊接完毕的同心度。

3）管材壁厚在 5mm 以上时，应切割坡口，保证充分焊透。坡口成形可采用气焊切割或坡口机加工，但应清除渣屑和氧化铁，并用锉刀打磨，直至露出金属光。

4）管道焊接时，将两管轴线对中，先将两管端部点焊固定。

5）管材与法兰盘焊接，应先将管材插入法兰盘内，点焊后用角尺找正，找平后再焊接。法兰盘应两面焊接，其内侧焊接不得突出法兰盘封闭面。

6）法兰要垂直于管子中心线，表面要互相平行，法兰衬垫不得凸入管内，连接法兰的螺栓规格应与法兰配套，螺杆凸出螺母长度不得大于螺杆直径的 1/2。

7）法兰衬垫要按照图纸和规范要求选用，冷水系统采用橡胶垫，热水系统采用石棉橡胶垫。

（4）排水 PVC 管

1）按实测样图选定合格的管材和管件，预制管段。预制的管段配制完成后，按样图核对节点间尺寸。

2）PVC 管与铸铁管连接时，应将 PVC 管打磨，磨毛后再与铸铁管粘接。

3）将材料和预制管段运至安装地点，按预留管口位置及管道中心线，依次安装管道、管件和伸缩节，并连接各管口。

4）横干管上伸缩节的设置，根据计算伸缩量确定，横支管上合流配件至立管超过 2m 应设伸缩节，且伸缩节之间的最大距离不得超过 4m，管端伸入伸缩节处预留的间隙为夏季：5～10mm，冬季：15～20mm。

5）承插口粘接完毕后，加工挤出的胶粘剂，用棉纱或布蘸清洁剂擦拭干净。

（5）PPR 管

1）确认图纸：为进行准确施工，先要通过图纸掌握管道，附件等的品名、规格长度、数量、位置等。

2）使用截断机，按使用长度截断，断面同管轴成直角。如用锯或其他方法截断后熔接，会因截断面不平使熔接部位出现空隙。

3）用熔接机加热管和附件，先清除管及附件上的灰尘及异物，当熔接机升温至 260℃后，把管段及附件放入加热 5s。

4）熔接管和附件。

加热 5s 后取出，将管和接管附件竖直对准持续按压 10s 以上，再进行 2min 以上的冷却。

5）安装前水压测试

在安装前要先在施工现场进行一次水压测试，以确认其熔接状态是否良好（最低水压：10kg/m²）通过水压测试要清除熔接不良部分。

搬运时不要碰到尖锐部分，以防管破损。

与其他配管材料的连接，用胶布包卷 PP—C 管的附带管件或钢管、铜管的丝头一至二圈后，再用密封胶带十至十五圈连接。

6）管道搬运及连接。

7）管道固定。

用 U 形管卡把管道固定在支架上，管卡与管道间加橡胶垫。

8）安装后水压试验

在管道及附件全部安装完毕后，进行系统水压试验，确认全部管道是否漏水。

（6）水压试验

1）管道隐蔽前，相应管段要进行隐蔽前水压试验。

2）系统安装完毕后，要进行系统水压试验，整个系统试压前可进行分段试验。

3）试压压力要符合设计规定，试压地点应在系统低点，如放在高处，则试验压力减掉相应的静水压力。

4）隐蔽试压、设备试压使用手动试压泵，系统试压使用电动试压泵。

5）试验时，将压力缓慢升至试验压力观察有无渗漏、变形，然后将压力降至工作压力，保持 10min，压力降符合规定为合格。

6）若气温低于 5℃，应把门窗封闭，必要时采取保温等措施。试压合格，把系统内的水排除干净。

（7）系统冲洗

1）管道系统的冲洗应在管道试压合格后，调试前进行。

2）管道冲洗进水口及排水口应选择适当位置，并能保证将管道系统内的杂物冲洗干净为宜。排水管截面积不小于被冲洗管道截面的 60%，排水管应接至排水井或排水沟内。

3）以系统最大的设计流量进行管路冲洗，直至出口处的水色和透明度与入口处目测一致为合格。

4）系统冲洗前应将管路上的过滤装置、有关阀门泄掉，至冲洗合格后再装上。

（8）系统调试

系统调试是在系统全部安装完毕且试压、冲洗合格后进行的综合试验。系统调试前，必须编制详细调试方案，分部分段分项的进行。关键部位设专人看护。

## 5. 电气安装工程专项施工方案的编制方法有哪几种？

答：（1）施工准备

1）熟悉施工图纸及相关土建、水暖图纸，核对预埋洞孔，做出配合的施工计划。

2）编制施工技术方案以及设备、材料加工计划，准备施工工具、施工设备。

3）向施工人员做好安全、技术交底。

（2）电气配管

1）配管：电线管必须是质量合格并且符合国家规定的产品，镀锌管应无扁压，劈裂现象，管内无毛刺，管路敷设时如有下列情况应加接线盒。

① 直线超过 30m 时；

② 有一个弯，长度超过 20m 时；

③ 有两个弯，长度超过 15m 时；

④ 有三个弯，长度超过 8m 时。

2）铁管接头使用管箍时跨焊接地线，管与盒的连接也必须焊接地线。

3）钢管进入开关盒、接线盒、配电箱时应采用螺母连接固定。

4）必须严格按图纸和规范施工，管路配完后应对照图纸检查，无误后，请监理或业主验收并做好记录。当土建打混凝土时必须有人看护。

（3）管内穿线

管内穿线应流畅，管内不得有接头、扭结现象，导线绝缘必须良好，不受损坏，接头应在接线盒内，并且焊锡饱满，包好绝缘电布，其绝缘程度不得低于原有强度。导线穿完后进行绝缘测试，其阻值不得小于 0.5MΩ，并做好记录。

（4）器具安装

1）器具安装及其支架要牢固、端正，位置正确。

2）插座、开关盖板紧贴墙面，开关必须切断相线，单相插座的接线，面对插座右极接相线，左极接零线。

3）安装器具时必须将盒内杂物清理干净，并注意成品保护。

（5）设备、器具调试

送电前全面检查线路及设备，首先进行单体设备调试，再进行整个系统调试，试验调试应请监理和业主参加，并做好检测记录。

（6）施工质量

工程施工中，严格按照国家各项规范执行，并保证业主满意，保证做到将优质的工程献给用户。

**6. 安装工程专项施工方案的论证、审查和批准程序各有哪些内容？**

答：安装工程施工方案的审查和批准。

（1）项目经理部技术负责人牵头、技术组负责根据所承担的安装工程任务，依据上述编写技巧和步骤，完成安装工程的施工方案编制工作。

（2）项目经理和项目技术负责人组织项目经理部技术、生产、安全、造价、材料等部门工程技术人员和负责人，对项目部编写的专项施工方案进行预审，并在充分讨论和协商的基础上提出修改意见，由技术组负责充实、修改、完善。

（3）技术组负责人将修改完善后的施工方案提交项目技术负责人，项目技术负责人审查批准后，提交项目承包企业技术科或主管技术的副经理审批。

（4）经主管副经理审核批准后，作为施工企业的技术成果，由项目部提交建设方或其委托的建设监理单位的项目经理工程师和项目总监审批。建设方或项目总监审批通过的施工方案是指导项目施工和施工组织设计的重要组成部分，也是安装工程施工中各方都必须执行和贯彻的指导性文件。

**7. 建筑给水、排水工程的技术要求有哪些？**

答：给水排水管道工程施工方法和技术要求。

（1）施工方法

1）首先配合土建预留、预埋，凡安装图上有而土建图没有设计的，应及时和土建联系预留、预埋工作，协商各自的范围及责任，以免发生错误和遗漏。

2）预埋套管及管道属于特殊工序，施工项目部应首先写出《特殊工序施工措施》。经审批后方可施工。在预埋时，要进一步核实预埋位置和尺寸，要有专人监护，以防预埋件移位或损坏。

3）建筑给水排水安装基本要求按《建筑给水排水及采暖工程施工质量验收规范》GB 50242 执行，由于新材料发展很快，在新的规范没有出版的情况下，可参照生产厂家编制的技术要求进行。

4）地漏安装应结合土建完成面，施工时与土建配合。

5）立管加套管穿楼板时，按相关质量通病防治方法处理。

6）管道安装应结合具体条件，合理安排施工顺序，一般先地下后地上，先大管后小管再支管，当管道交叉中发生矛盾时，应该按以下原则避让：

小直径管道让大直径管道；可弯的管道让不可弯的管道；新设的管道让已建的管道；临时性的管道让永久性管道；有压力的管道让自流的管道。

7）给水引入管与排出管的水平净距不小于 1m。室内给水管与排水管平行敷设时，管间最小水平净距为 500mm，交叉时垂直净距 150mm。给水立管敷设在排水管下方时应加套管，套管长度不应小于排水管径的 3 倍。

8）室内给水系统试验压力为 0.6～1.0MPa，然后按规定冲洗，室内排水按检验评定标准分别进行灌水和通水试漏，埋地部分做好隐蔽工程记录，请甲方监理签证为准。

9）塑料管道配管与粘接管道系统的配管与管道粘接应按下列步骤进行：

① 按设计图纸的坐标和标高放线，并绘制实测施工图；

② 按实测施工图进行配管，并进行预装配；

③ 管道粘接；

④ 接头养护。

（2）技术要求

1）镀锌钢管

① 材料和设备在使用和安装前，应按设计要求核验规格、型号和质量，必须清除内部污垢和杂物，安装中断或完毕的敞口处，应临时封闭。

② 镀锌管全部用套丝连接时，管子螺纹应规范，如有断丝或缺丝，不得大于螺纹全扣数的 10%，安装螺纹零件时，应按旋紧方向一次装好，不得倒回；安装后露出 2～3 牙螺纹，并清除剩余填料；螺纹管件，在管子的螺纹与管件或阀门之间用油麻丝、白厚漆或生胶带作填料，安装时，先将麻丝拉成薄而均匀的纤维（或用生胶带），然后从螺纹第二扣开始沿螺纹方向进行缠绕，缠好后表面涂上厚漆（生胶带可不涂）然后拧上管件，再用管子钳收紧，填料要适当，套丝不应过硬或过软，以免引起连接不严密。

③ 镀锌管采用电焊法兰盘连接时，管子焊接前应清除接口处的浮锈、污垢及油脂，管子的刮口断面应与管中心线垂直，以保证管子焊接完毕的同心度。为保证施焊过程中管壁能充分焊透，管接头处应成 V 形坡口，直径相同两钢管对焊时，两管厚度差不应大于 3mm。

④ 支、吊、托架安装选用优质膨胀螺栓固定。

⑤ 给水立管调整后，管道上的零件如有松动，必须重新上紧。主管上的阀门要考虑便于开启和检修，立管的管卡安装当层高小于 5m 时，每层须安装一个；当层高大于 5m 时，每层不小于 2 个；管卡的安装高度，应距地面 1.5～1.8m，2 个以上的管卡应均匀安装。

⑥ 给水支管安装支架位置应正确，特别是在装有瓷器的墙上打洞应小心轻敲，以免破坏饰面。支管口在同一方向开出的配水点和头应在同一轴线上，保证配水管件的安装美观整齐统一。支管安装以后，应该检查所有支架和管头，清除残丝和污物，墙内暗配给水支管安装完毕之后即注水试压，合格以后才交土建进

行装饰，以免返工。

⑦ 明装管道要求横平竖直，固定点牢固均匀，清洁美观不留毛刺，垂直度允许偏差 2%，水平度允许偏差 0.5%～1.0% 以内。

⑧ 埋地镀锌钢管被破坏的镀锌表层或管螺纹露出部分应防腐，可采用涂铅油防锈漆的方法处理。

⑨ 焊接法兰时，必须使管子与法兰端面垂直，可用角尺从相隔 90°两个方向检查。点焊后，并用靠尺再次检查法兰盘的垂直度。另外插入法兰盘的管子的端部，距法兰盘内端面的高应为管壁厚度的 1.3～1.5 倍，以便焊接；DN150 给水钢管采用焊接。

2）铝塑复合管

① 除满足《建筑给水排水及采暖工程施工质量验收规范》GB 50242 基本要求外，还要按产品说明的技术要求施工。

② 管道布置和敷设。

a. 管道布置应根据建筑物结构特点、使用要求和建筑平面布置确定。

b. 铝塑复合管一般不宜在室外明设，如需要在室外明设时，管道应布置在不受阳光直射处，且必须使用 JZLSG 系列的铝塑管。

c. 明敷的给水立管宜布置在给水量大的卫生器具或设备附近的墙边、墙角或立柱处。与给水栓连接处应采取加固措施，在用水器具较集中的房间内布置管道时，宜采用分水器配水，分水器一般设在墙角处，配水支管沿楼（地）面暗敷至各用水器具。

d. 给水管道不得穿过卧室、储藏室、变配电间，不得穿越烟道、风道，不得穿过大便槽和小便槽，不得敷设在烟道、风道内，且不宜穿过橱窗、壁柜、木装修层。

e. 给水管道敷设于室外明露和寒冷地区室内不供暖的房间内时，如外表面可能结露时，应根据建筑物的使用要求，采取防结露措施，并应考虑管内的流体会否凝固而损坏管道，必要时应采取防冻措施。

f. 室内管道可采用明设或暗设。暗设时，立管宜敷设在管井或管窟内，亦可敷设在楼板结构层内，横支管沿墙面敷设时，应敷设在沟槽内，且横支管的标高不宜高出楼（地）面400mm。

g. 给水管道与其他管道间同沟或同架平行铺设时，宜沿沟、架边布置；上下平行敷设时不得敷设在热水或蒸汽管的上面，且平行位置应错开，与其他管道交叉铺设时，应采取保护措施或用金属套管保护。

h. 给水管道应远离热源，立管距炉灶边净距不得小于400mm，与供暖管道的净距不得小于200mm，且不得受热源辐射使管外壁温度高于65℃。

i. 规格≥$\phi$32的管道，不宜穿过沉降缝、伸缩缝，如必须穿过时，应采取相应的技术措施。规格<$\phi$32的管道穿过沉降缝、伸缩缝时，应将管道安装成微波浪形。

j. 建筑物内立管穿越楼板和屋面处应有固定支承点，并应采取严格的防水措施。

k. 管道穿过承重墙或基础处，应预留洞口，管顶上预留的净空应不小于建筑物的沉降量，一般不宜小于100mm。

3) 铝塑复合管用于热水管道时，其导热系数按0.45（W/m·K）计，暗敷在墙和楼面的支管，一般不需要再做保温层，明设管道可根据热损失量的大小来确定是否应做保温层。铝塑复合管敷设时的弯曲应符合规范的要求。

（3）一般规定

1) 管道安装前，应了解建筑物的结构，熟悉设计图纸、施工方案及其他工种的配合措施。安装人员必须熟悉铝塑复合管的一般性能，掌握基本的操作要点，严禁盲目施工。对于规模较大，管道系统较复杂的工程施工前，应组织施工人员进行安装技术培训。

2) 施工现场与材料堆放处温差较大时，应于安装前将管材和管件在现场放置一段时间，使其温度接近现场的环境温度。

## 8. 机房电气照明工程的技术要求有哪些？

答：（1）机房工程电源应符合下列要求：

1）应按机房设备用电负荷的要求配电，并应留有余量。

2）电源质量应符合有关规范或所配置设备的技术要求。

3）电源输入端应设电源保护装置。

4）机房内设备应设不间断或应急电源装置。

（2）机房照明应符合下列要求：

1）消防控制室的照明灯具宜采用无眩光荧光灯具或节能灯具，应由应急电源供电。

2）机房照明应符合现行国家标准《建筑照明设计标准》GB 50034 有关的规定。

## 9. 通风与空调工程及消防排烟工程的技术要求有哪些？

答：（1）通风与空调工程的一般施工程序

施工前的准备→风管、部件、法兰的预制和组装→风管、部件、法兰的预制和组装的中间质量验收→支吊架制作安装→风管系统安装→通风空调设备安装→空调水系统管道安装→通风空调设备试运转、单机调试→风管、部件及空调设备绝热施工→通风与空调工程系统调试及竣工验收→通风与空调工程综合效能测定与调整。

（2）施工前的准备工作

1）制定工程施工的工艺文件和技术措施，按规范要求规定所需验证的工序交接点和相应的质量记录，以保证施工过程质量的可追溯性。

2）根据施工现场的实际条件，综合考虑土建、装饰，其他各机电专业等对公用空间的要求．核对相关施工图，从满足使用功能和感观要求出发．进行管线空间管理、支架综合设置和系统优化路径的深化设计，以免施工中造成不必要的材料浪费和返工损失。深化设计如有重大设计变更，应征得原设计人员的确认。

3）与设备和阀部件的供应商及时沟通，确定接口形式、尺寸、风管与设备连接端部的做法。进口设备及连接件采购周期较长，必须提前了解其接口方式，以免影响工程进度。

4）对进入施工现场的主要原材料、成品、半成品和设备进行验收，一般应由供货商监理、施工单位的代表共同参加，验收必须得到监理工程师的认可，并形成文件。

5）认真复核预留孔、洞的形状尺寸及位置，预埋支、吊件的位置和尺寸，以及梁柱的结构形式等，确定风管支，吊架的固定形式，配合土建工程进行留槽留洞，避免施工中过多的剔凿。

（3）通风与空调工程施工技术要求

1）风管系统的制作和安装要求风管系统的施工包括风管、风管配件、风管部件、风管法兰的制作与组装；风管系统加工的中间质量检验、运输、进场验收；风管支吊架制作安装；风管主干管安装、支管安装，针对日益增多的风管材料品种和技术素质不一的劳务队伍，施工中必须按《通风与空调工程施工质量验收规范》GB 50243、《通风管道技术规程》JGJ 141 及国家现行的有关强制性标准的规定，严格加以控制。

2）空调水系统管道的安装要求空调水系统包括冷（热）水、冷却水、凝结水系统的管道及附件。镀锌钢管一般采用螺纹连接，当管径大于 DN100 时，可采用卡箍、法兰或焊接连接。空调用蒸汽管道的安装，应按《建筑给水排水及采暖工程施工质量验收规范》GB 50242 的规定执行，与制冷机组配套的蒸汽、燃油、燃气供应系统和蓄冷系统的安装，还应符合设计文件、有关消防规范以及产品技术文件的规定。

3）通风与空调工程设备安装的要求通风与空调工程设备安装包括通风机，空调机组，除尘器，整体式、组装式及单元式制冷设备（包括热泵），制冷附属设备以及冷（热）水、冷却水、凝结水系统的设备等，这些设备均属通用设备，施工中应按现行国家标准《机械设备安装工程施工及验收通用规范》GB 50231

的规定执行。设备就位前应对其基础进行验收，合格后方能安装。设备的搬运和吊装必须符合产品说明书的有关规定，做好设备的保护工作，防止因搬运或吊装而造成设备损伤。

4）风管、部件及空调设备防腐绝热施工要求普通薄钢板在制作风管前，宜预涂防锈漆一遍，支、吊架的防腐处理应与风管或管道一致，明装部分最后一遍色漆，宜在安装完毕后进行。风管、部件及空调设备绝热工程施工应在风管系统严密性试验合格后进行。空调水系统和制冷系统管道的绝热施工，应在管路系统强度与严密性检验合格和防腐处理结束后进行。

**10. 消火栓和自动喷水灭火消防工程的基本技术要求有哪些？**

答：消防工程，它是一项系统工程，同时也是内容比较多的一项工程。以下介绍自动喷水灭火系统与消火栓系统这两个方面，具体内容如下。

（1）自动喷水灭火系统

1）自动喷水灭火系统，它主要包括了喷头、报警阀组、压力开关、水流指示器、消防水泵以及稳压装置等。

2）安装供水设施时，环境温度不能低于5℃。如果低于这个范围，那么要采取必要的防冻措施，以免水被冻住。

3）消防水泵的出水管上，应安装上止回阀、控制阀以及压力表等，缺一不可。

4）消防水池或者是消防水箱的进出水管上，应加上防水套管。

5）消防水泵接合器与室外消火栓或者是消防水池之间的距离，应为15～40m。

6）如果管道需要穿过建筑物，那么应采取一定的抗变形措施。

（2）消火栓系统

1）消火栓系统安装好以后，应进行试验，是否达到了设计要求。

2）消火栓箱体进行安装时，其垂直度偏差为 3mm。

3）系统要经过水压试验，试验压力一般为工作压力的 1.5 倍，但最小不能小于 0.6MPa。

## 11. 电气工程商业建筑智能化系统工程的基本配置设计要求？

答：（1）信息网络系统应满足商业建筑内前台和后台管理和顾客消费的需求。系统应采用基于以太网的商业信息网络，并应根据实际需要宜采用网络硬件设备备份、冗余等配置方式。

（2）多功能厅、娱乐等场所应配置独立的音响扩声系统，当该场合无专用应急广播系统时，音响扩声系统应与火灾自动报警系统联动作为应急广播使用。

（3）在建筑物室外和室内的公共场所宜配置信息引导发布系统电子显示屏。

（4）信息导引多媒体查询系统应满足人们对商业建筑电子地图、消费导航等不同公共信息的查询需求，系统设备应考虑无障碍专用多媒体导引触摸屏的配置。

（5）应根据商业业务信息管理的需求，配置应用服务器设备和前、后台应用设备及前、后台相应的系统管理功能的软件。应建立商业数字化、标准化、规范化的运营保障体系。

（6）安全技术防范系统应符合现行国家标准《安全防范工程技术规范》GB 50348 的有关规定。

## 第三节　施工进度计划的编制

## 1. 施工进度计划有几种类型？

答：施工进度计划包括项目工程的施工进度计划、单位工程的施工进度计划等内容。

施工进度总计划是根据施工部署和施工方案，以拟建项目交付使用的时间为目标，对全工地的所有工程项目做出时间上的安排。其作用在于确定、控制施工项目的总工期和各单位工程的设计工期与搭接关系。准确地编制施工总进度计划是保证各项目以及整个建设工程按期交付使用、充分发挥投资效益、降低建筑工程成本的重要条件。

单位工程的施工进度计划的作用是控制单位工程的施工进度，保证在规定工期内完成符合质量要求的工程任务；确保单位工程各个施工过程的施工顺序、施工程序时间及相互衔接和合理配合关系；为编制季度、月度生产作业计划提供依据；是制定各项资源需求量计划的依据。

**2. 项目进度计划实施的工作内容包括哪些方面？**

答：在工程项目进度计划的实施过程中，由于资源供应和自然条件等因素的影响而打破原有进度计划的情况经常发生，这就说明计划的破坏是相对的，不平衡是绝对的。因此，在计划的实施过程中采取相应的措施进行管理，是十分必要的。进度计划实施的工作内容包括以下几个方面：

（1）组织落实工作。为了保证进度计划得以实施，必须有组织保证，建立相应的组织机构。其主要作用包括编制实施计划、落实保证措施、监测执行情况、分析与控制计划执行情况。要将工期总目标层层分解，落实到各部门或个人，形成进度计划控制目标体系，作为实施进度计划控制的依据。

（2）编制进度实施计划。进度实施计划的主要内容包括：

1）进度控制目标分解图；

2）进度控制的主要工作内容；

3）进度控制人员的具体分工；

4）与进度控制相关工作的时间安排；

5）进度控制的具体方法；

6）进度控制的组织措施、技术措施、经济措施；

7）影响进度目标实现的风险识别与分析。

（3）抓重点关键。在计划进度实施中，要分清主次轻重，抓住重点和关键工作，着力解决好对总进度目标有举足轻重的问题，可以起到事半功倍的作用。

（4）重视调度工作。

调度工作是组织进度计划实施的重要环节，它要为进度计划的顺利执行创造各种必要条件。它的主要任务包括：

1）落实材料加工进货，组织资源进场；

2）落实人力资源，组织人力资源平衡工作；

3）检查计划执行情况，掌握项目进展动态；

4）预测进度计划执行中可能出现的问题；

5）及时采取措施，保证进度目标的实现；

6）召开调度会议，作出调度决议。

## 3. 怎样编制横道图进度计划？

答：施工总进度横道图网络图的编制。根据施工进度计划编制的原则和依据，针对编制的内容，在保证拟建工程在规定的期限内连续、均衡、保质、保量地完成施工任务的前提下，按下述步骤编制总进度计划。

（1）划分工程项目并确定其施工顺序。

（2）估算各项目的工程量并确定其施工工期。

（3）搭接各施工项目并编制初步施工进度计划。

（4）调整初步进度计划并最终确定进度计划。

（5）依据横道图进度计划的绘制方法，绘制完整清晰合理的施工总进度横道图网络图。

单位工程施工进度横道图的编制。单位工程施工进度计划编制的理论依据是流水作业原理，首先根据流水作业原理，编制各分部工程进度计划；然后依据流水作业原理搭接各分部工程流水计划，并合理安排其他不便组织流水施工的某些工序，形成单位工程进度计划。

根据单位工程施工进度计划编制的依据，按照以下顺序开展工作：收集编制依据、划分项目、计算工程量、套用工程量、套用施工定额、计算劳动量和机械台班需用量、确定持续时间、确定各项目之间的关系、绘制进度计划网络图、判别网络进度计划并作必要的调整、绘制正式单位工程横道图、检查并调整。

**4. 怎样识读网络计划图？**

答：网络计划技术是一种科学的计划管理技术，也是系统工程学的一种重要方法。识读网络计划图的思路和方法如下。

（1）熟悉项目工程的基本情况；

（2）熟悉网络计划编制的基本方法和类型；

（3）熟悉网络图反映的工程各施工工序之间的关系；

（4）熟悉网络计划中各种参数（各项工作的最早开始时间、最早完成时间、最迟开始时间、最迟完成时间、自由时差、总时差、总工期）的概念和计算；

（5）找出关键线路关键工作。

**5. 流水施工进度计划的编制方法是什么？**

答：流水施工是在施工中组织连续作业、组织均衡生产的一种科学的施工方法。对于符合流水施工条件，经过流水施工效果分析，相对于依次作业可节省时间的工程，可以编制流水作业施工进度计划来组织施工。流水施工进度计划的编制方法概括为如下几个方面：

（1）组织流水施工的条件和效果分析

1）组织流水施工的条件。①把工程项目整个施工过程分解为若干个施工过程，每个施工过程分别由固定的专业工作队实施完成。②把工程项目尽可能地划分为劳动量大致相等的施工段（区）。③确定各施工专业队在各工段内工作持续时间。这个工作持续时间又叫"流水节拍"，代表施工的节奏性。④各个工作队按照一定的施工工艺，配备必要的机具，依次、连续地由一个工段转移到另一个工段，反复完成同类工作。⑤不同工作队完成施工过程的时间适当地连接起来。

2）组织流水施工的效果。①可以节省工作时间。②可以实现均衡、有节奏的施工。③可以提高劳动生产率。

（2）流水参数确定

主要是工艺参数确定。工艺参数是指一组流水施工中施工过程的个数。

1）空间参数。空间参数是指单体工程划分的施工段或群体工程划分的施工区个数。

2）时间参数确定：①流水节拍。它是指某个专业队在一个施工段上的施工作业时间。②流水步距。它是指两个相邻的施工队进入流水作业的时间间隔，以符号"K"表示。③工期。它是指从第一个专业队开始，到最后一个专业队完成最后一个施工过程的最后一段工作退出施工流水作业为止的整个延续时间。

（3）流水作业的组织方法

1）等节拍流水的组织方法。组织等节拍流水，一是使各施工段的工程量基本相等；二要确定主导施工过程的流水节拍；三是使其他施工过程的流水节拍与主导施工过程的流水节拍相等，做到这一点的办法主要是协调各专业队的人数。如果是线性工程，也可以组织等节拍流水，具体要求如下：①将线性工程对象划分为若干个施工过程；②通过分析，找出对工期起主导作用的施工过程；③根据完成主导施工过程工作的队或机械的每班生产率确定专业队的移动速度；④再根据这一速度计算其他施工过程的流水作业，使之与主导施工过程相配合。即工艺上密切联系的专业队，按一定工艺顺序相继投入，各专业队以一定的、不变的速度沿着线性工程的长度方向不断向前移动，每天完成同样长度的工作内容。

2）异节拍流水施工。在实际工作中，当各工作队的流水节拍都是某一个常数的倍数，就可以按等节拍流水的方式组织施工，产生与等节拍流水施工同样的效果。这种组织方式可称为成倍节拍流水。异节拍流水施工的组织方法如下：

① 以最大公约数去除各流水节拍，其商数就是个施工过程所需要组建的工作队数。

② 分配每个工作队负责的施工段，以便按时到位作业。

③ 以常数为流水步距，绘制作业图表。

④ 检查图表的正确性，防止发生错误。既不能有"超作业"，又不能有中间停歇。

⑤ 计算工期。

3）无节拍流水。无节拍流水可用分别流水法施工。分别流水法的实质是，各工程队连续作业（流水），流水步距经计算确定。使工作队之间在一个施工段内不相互干扰（不超前，但可能滞后），或做到前后工作队之间工作紧紧衔接。因此，组织无节拍流水的关键在于正确计算流水步距。计算流水步距可取最大差法，其步骤如下：

① 累加各施工过程的流水节拍，形成累加数列。

② 相邻两施工过程的累加数错位相减。

③ 取差数之大者作为该两个施工过程的流水步距。

**6. 施工进度计划横道图比较法是什么？**

答：项目进度计划的检查比较是调整的基础，常用的比较方法有如下几种：

横道图检查比较法，是把在项目实施中检查实际进度收集的信息，经整理后直接用横道线并列标于原计划的横道线上，一起进行直观比较的方法。通过上述记录与比较，发现了实际施工进度与计划进度之间的偏差，为采取调整措施提供了明确的任务。这是人们施工中进行施工项目进度控制经常采用的一种最简便、熟悉的方法。但是，它仅适用于施工中各项工作都是按均匀速度进行的情况，即每项工作在单位时间内的任务都是相等的。

完成任务量可以用实物工程量、劳动消耗量和工作量三种物理量表示。为了比较方便起见，一般用它们实际完成量的累计百分比与计划的应完成量的累计百分比进行比较。

（1）匀速施工横道图比较法。匀速施工是指工程项目施工中，每项工作的施工进展速度都是均匀的，即在单位时间内完成任务的量都是相等的，累计完成的任务量与时间呈直线变化。作图比较法的步骤如下：①编制横道图进度计划。②在进度计划中标出检查日期。③将检查收集的实际进度数据，按比例用虚粗线标于计划进度线的下方。④比较分析实际进度与计划进度。

（2）双比例单侧横道图比较法。匀速施工图的比较法，只适用施工速度不变的情况下进行实际进度与计划进度之间的比较。当工作在不同的单位时间里进展速度不同时，累计完成的任务量与时间不呈现正比例关系的变化。

双比例单侧横道图比较法，是适用于工作的进度按变速进展的情况下对工作匀速进展工作时间与完成任务量进行比较的方法。其比较方法的步骤如下：①编制横道图进度计划。②在横道图上方标出各种工作主要时间计划完成任务的百分比。③在计划横道线的下方标出工作的相应日期实际完成的任务累计百分比。④用粗虚线标出实际进度线，并从开工日标起，同时反映施工过程中工作连续与间断情况。⑤对照横道线上方计划完成累计量，比较出实际进度与计划进度之间的偏差：当同一时刻上下两个累计百分比相等，表明实际进度与计划进度一致；当同一时刻上面的累计百分比大于下面的累计百分比，表明该时刻施工进度拖后，拖后的量为二者之差。当同一时刻上面的累计百分比小于下面的累计百分比，表明该时刻施工进度超前，超前的量为二者之差。

**7. 施工进度计划 S 形曲线比较法是什么？**

答：S 形曲线比较法。S 形曲线比较法它是以横坐标表示进度时间，纵坐标表示累计完成任务量，而绘制出一条按计划时间累计完成任务量的曲线，将施工项目的各检查时间实际完成的任务量与 S 形曲线进行设计进度与计划进度相比较的一种方法。它是在图上直观地进行施工项目实施进度与计划进度比较。一般情况，进度计划控制人员在计划实施前绘制 S 形曲线。在项目施工过程中，按规定时间将检查的实际完成情况，绘制在与计划 S 形曲线同一张图上，可得出实际进度 S 形曲线。

## 8. 施工进度计划"香蕉"形曲线比较法是什么？

答："香蕉"形曲线比较法。"香蕉"形曲线是两条 S 形曲线组合而成的封闭曲线。从 S 形曲线比较法中得知，按某一时间开始的施工项目的进度计划，其计划实施工程中进行时间与累计完成任务量的关系都可以用一条 S 形曲线表示。对于一个施工项目的网络计划，在理论上总是分为最早和最迟两种开始时间和完成时间的。在项目实施进度控制的理想状况是任一时刻按实际进度描绘的点，应落在"香蕉"形曲线的区域内。

## 9. 施工进度计划前锋线比较法是什么？

答：前锋线比较法。施工项目的进度计划用时标网络计划表达时，还可以采用实际进度前锋进行实际进度与计划进度的比较。

前锋线比较法是从计划检查时间的坐标出发，用点划线依次连接各项工作的实际进度点，最后到计划检查时间的坐标点为止，形成前锋线。按实际进度线与工作箭线交汇的位置判断施工实际进度与计划进度的偏差。简单地说就是，实际进度前锋线是通过施工项目实际进度前锋线，判定施工实际进度与计划进度偏差的方法。

## 10. 施工进度计划列表比较法是什么？

答：列表比较法。当采用设备网络计划时，也可以采用列表分析法。即记录检查正在进行的工作名称和已进行的天数，然后列表结算有关参数，根据原有总时差和尚有总时差，判断实际进度和计划进度的比较方法。

## 11. 施工进度计划偏差的纠正办法有几种？

答：对工程项目进度计划进行检查、测量后，可与计划进度进行比较，从中发现是否出现进度偏差以及偏差的大小。通过分析，如果进度偏差较小，应在分析其产生的原因的基础上采取有效的措施，排除障碍，继续执行原定计划；如果偏差较大，原定计划不易实现时，应考虑对原进度计划进行必要的调整，以形成新的进度计划，作为进度控制的依据。进度计划调整的方法有以下几种。

（1）改变某些工作间的逻辑关系。若检查的实际工作进度产生偏差影响了总工期，在工作之间逻辑关系允许改变的前提条件下，可改变关键线路和超过计划工期的非关键线路上的有关工作之间的逻辑关系，达到缩短工期的目的。

（2）压缩关键工作的持续时间。当进度计划是用网络计划技术编制时，可通过压缩关键线路上关键工作的持续时间来缩短工期。

（3）资源供应的调整。如果资源供应发生异常，应采取资源优化方法对计划进行调整，或采取应急措施，使其对工作的影响最小。

（4）增减施工内容。增减施工内容要做到不打乱原计划的额逻辑关系，只对局部逻辑关系进行调整，在增减工作内容以后，应重新计算时间参数，分析对原网络计划的影响，当工期有影响时，应采取调整措施，保证计划工期不变。

（5）增减工程量。增减工程量主要是指改变施工方案、施工方法，从而导致工程量的增加或减少。

（6）起止时间改变。起止时间的改变应在相应工作时差范围内进行。每次调整必须重新计算时间参数，观察该项调整对施工计划的影响。

## 第四节　环境与职业健康安全管理

### 1. 什么是文明施工？国家对文明施工的要求有哪些？

答：（1）文明施工

文明施工是保持施工现场良好作业环境、卫生环境和工作程序的重要途径。主要包括规范施工现场的场容，保持作业环境的整洁卫生；科学组织施工，使生产有序进行；减少施工对周围居民和环境的影响；遵守施工现场文明施工的规定和要求，保证职工的安全和身体健康。

（2）国家对文明施工的基本要求

1）施工现场必须设置明显的施工标牌，表明工程项目名称、建设单位、设计单位、施工单位、项目经理和施工现场总代表人的姓名、开工和竣工日期、施工许可证批文号等。施工单位负责对现场标牌的保护工作。

2）施工管理人员在施工现场应当佩戴证明其身份的证卡。

3）应当按照施工总平面布置图设置各项临时设施。现场堆放的大宗材料、成品、半成品和机具设备不得侵占场内道路及安全防护等设施。

4）施工现场用电线路、用电设施的安装和使用必须符合安装规范和安全操作规程，并按照施工组织设计进行架设，严禁任意拉线接电。施工现场必须有保证施工安全的夜间照明；潮湿场所的照明，以及手持照明灯具，必须采用符合安全要求的电压。

5）施工机械应当按照施工组织设计总平面图规定的位置和线路设置，不得任意侵占场内道路。施工机械进场必须经过安全检查，经过检查合格后方能使用。施工机械操作人员必须按有关规定持证上岗，禁止无证人员操作机械设备。

6）应保持施工现场道路畅通，排水系统处于良好的使用状态；保持场容场貌的整洁，随时清理建筑垃圾。在车辆、行人通行的地方施工，应当设置施工标志，并对沟、井、坎、穴进行封闭。

7）施工现场各种安全设施和劳动保护器具必须定期检查和维护，及时消除隐患，保证其安全有效。

8）施工现场必须设置各类必要的职工生活设施，并符合卫生、通风、照明要求。职工的膳食、饮水等应当符合卫生要求。

9）应当做好施工现场安全保卫工作，采取必要的防盗措施，在现场周边设立围护设施。

10）应当严格依照《中华人民共和国消防条例》的规定，在施工现场建立和执行防火管理制度，设置符合消防要求的消防设施，并保持完好的备用状态。在容易发生火灾的地区施工，或存储、使用易燃易爆器材时，应当采取特殊的消防安全措施。

11）施工现场发生的工程建设重大事故的处理，依照《工程建设重大事故报告和调查程序规定》执行。

**2. 施工现场环境保护的措施有哪些？**

答：施工现场环境保护是按照法律法规、各级主管部门和企业的要求，保护和改善作业现场环境，控制现场各种粉尘、废水、废气、固体废弃物、噪声、振动等对环境的污染和危害。

施工现场环境保护的措施如下：

（1）妥善处理泥浆水、未经处理不得直接排入城市设施和河流；

（2）除设有符合规定的装置外，不得在施工现场熔融沥青或焚烧油毡、油漆以及其他会产生有毒有害烟尘和恶臭气体的物质；

（3）使用密封式的筒体或者采取其他措施处理高空废弃物；

（4）采取有效措施控制施工过程中的扬尘；

（5）禁止将有害有毒废弃物用做土方回填；

（6）对产生噪声、振动的施工机械，应采取外仓隔声材料降低声音分贝，避免夜间施工，减轻噪声扰民。

**3. 施工现场环境事故的处理方法是什么？**

答：（1）施工现场空气污染物的处理

1）严格控制施工现场和施工运输过程中的降尘和飘尘对周围大气的污染，可采用清扫、洒水、覆盖、密封等措施降低污染。

2）严格控制有毒有害气体的产生和排放。如禁止随意燃烧油毡、橡胶、塑料、皮革、树叶、枯草、各种包装物等废弃物品，尽量不使用有毒有害的涂料等化学物质。

3）所有机动车尾气排放必须符合国家现行标准。

（2）对施工现场污水的处理

1）控制污水排放。

2）改革施工工艺，减少污水生产。

3）综合利用废水。

（3）施工现场噪声污染的处理

噪声控制可从声源、传播途径、接收者防护等方面来考虑。

1）声源控制。从声源上降低噪声，这是防止噪声污染的根本措施。包括尽量采用低噪声的设备和工艺代替高噪声设备与加工工艺；在声源处安装消声器消声，严格控制人为噪声。

2）传播途径的控制。在传播途径上控制噪声的方法主要有吸声、隔声、消声、减振降噪等。

3）接收者的防护。让处于噪声环境下的人员使用耳塞、耳罩等防护用品，减少相关人员在噪声环境中的暴露时间，以减轻噪声对人体的危害。

（4）固体废弃物的处理

1）物理处理。包括压实浓缩、破碎、分选、脱水、干燥等。

2）化学处理。包括氧化还原、中和、化学浸出等。

3）生物处理。包括好氧处理、厌氧处理等。

4）热处理。包括焚烧、热解、焙烧、烧结等。

5）固化处理。包括水泥固化法、沥青固化法等。

6）回收利用。包括回收利用和集中处理等资源化、减量化的方法。

7）处置。包括土地填埋、焚烧、贮留池贮存等。

## 4. 施工安全危险源怎样分类？

答：施工安全危险源存在于施工活动场所及周围区域，是安全生产管理的主要对象。从本质上讲，能够造成危害（如伤亡事故、人身健康受到损害、物体受到破坏和环境污染）的，均属于危险源。

（1）按危险源在事故发生过程中的作用分类

危险源导致事故可以归结为能量对外释放或有害物质的泄漏。根据危险源在施工发生发展中的作用把危险源分为以下两类。

1）第一类危险源

能量和危险物质的存在是危害产生的根本原因，通常把可能发生意外释放能量（能源或能量载体）或危险物质称为第一类危险源。第一类危险源危险性大小主要取决于以下几个方面：

① 能量或危险物质的数量；

② 能量或危险物质意外释放的强度；

③ 意外释放的能量或危险物质的影响范围。

2）第二类危险源

造成约束、限制能量和危险物质措施失控的各种不安全因素称为第二类危险源。第二类危险源主要体现在设备故障或缺陷（物对不安全状态）、人为失误（人对不安全行为）、环境因素和管理缺陷等几个方面。

事故的发生是两类危险源共同作用的结果，第一类危险源是事故发生的前提，第二类危险源的出现是第一类危险源导致事故的必要条件。在事故的发生和发展过程中，两类危险源相互依存、相辅相成。第一类危险源是事故的主体，决定事故的严重程度，第二类危险源出现的难易，决定事故发生的可能性大小。

（2）按引起的事故类型分类

综合考虑事故的起因、致害物、伤害方式等特点，将危险源和危险源造成的事故分为 20 类。具体分为：物体打击、车辆伤害、机械伤害、起重伤害、触电、淹溺、灼烫、火灾、高处坠落、坍塌、冒顶片帮、透水、放炮、火药爆炸、瓦斯爆炸、锅炉爆炸、容器爆炸、其他爆炸（化学爆炸、炉膛、钢水爆炸）、中毒和窒息、其他伤害（扭伤、跌伤、野兽咬伤等）。在建设工程施工生产中，最主要事故类型是高处坠落、物体打击、触电事故、机械伤害、坍塌事故、火灾和爆炸。

**5. 施工安全危险源的防范重点怎样确定？**

答：施工安全重大危险源的辨识，是加强施工安全生产管理，预防重大事故发生的基础性工作。施工安全危险源的防范重点包括如下内容。

（1）对施工现场总体布局机械优化。整体考虑施工期内对周围道路、行人及邻近居民、设施的影响，采取相应的防护措施（全封闭防护或部分封闭防护）；平面布置应考虑施工区与生活区分隔以及施工排水、安全通道、高处作业对下部和地面人员的影响；临时用电线路的整体布置、架设方法；安装工程中的设备、构配件吊运，起重设备的选择和确定，起重半径以外安全防护范围等。

（2）对深基坑、基槽的开挖，应了解场地土的类别，选择土的开挖方法、放坡坡度或固壁支撑的具体做法。

（3）30m 以上脚手架或设置的挑架，大型模板工程，还应进行架体和模板承重强度、荷载计算，以保证施工过程的安全。

（4）施工过程中的"四口"（楼梯口、电梯口、通道口、预留洞）应有防护措施。如楼梯口、通道口应设置 1.2m 高的防护栏杆并加装安全网；预留孔洞应加盖；大面积孔洞、如吊装孔、设备安装孔、天井孔等应加周边栏杆并安装立网。

（5）"临边"防护措施。施工中未安装栏杆的阳台（走台）

周边、无外架防护的屋面（或平台）周边、框架工程楼层周边、跑道（斜道）两侧边，卸料平台外侧边等均属于临边危险地域，应采取人员和物料下落的措施。

（6）当外电线路与在建工程（含脚手架具）的外边缘与外电架空线对边线之间达到最小安全操作距离时，必须采取屏障，保护网等措施。如果小于最小安全距离，还应设置绝缘屏障，并悬挂醒目的警示标志。

（7）施工工程、暂设工程、井架门架等金属构筑物，凡高于周围原有避雷设备，均应有防雷设施，对易燃易爆作业场所必须采取防火防爆措施。

（8）季节性施工的安全措施。如夏季防中暑措施、包括降温、防热辐射、调整作息时间、疏导风源等措施；雨期施工要制定防雷防电、防坍塌措施；冬季防火、防大风等措施。

## 6. 建筑安装工程施工安全事故怎样分类？

答：事故是指造成死亡、疾病、伤害、损坏或其他损失的事件。职业健康安全事故分为职业伤害和职业病两大类。职业伤害事故是指因生产过程及工作原因或与其相关的其他原因造成的伤亡事故。根据国家有关法规和标准，伤亡事故按以下方法分类。

（1）按安全事故类别分类

根据《企业职工伤亡事故分类》GB 6441 的规定，将事故类别划分为物体打击、车辆伤害、机械伤害、起重伤害、触电、淹溺、灼烫、火灾、高处坠落、坍塌、冒顶片帮、透水、放炮、火药爆炸、瓦斯爆炸、锅炉爆炸、容器爆炸、其他爆炸（化学爆炸、炉膛、钢水爆炸）、中毒和窒息、其他伤害共 20 大类。

（2）按事故后果严重程度分类

1）轻伤事故。造成职工肢体或某些器官功能性或器质性轻度损伤，表现为劳动能力轻度或暂时丧失的伤害，一般每个受伤人员休息 1 个工作日以上，105 个工作日以下。

2）重伤事故。一般指受伤人员肢体残缺或视觉、听觉等器官受到严重损伤，能引起人体长期存在功能障碍和劳动能力有重大损失的伤害，或者造成每个受伤人损失 105 个工作日以上的失能伤害。

3）死亡事故。一次事故中死亡职工 1～2 人的事故。

4）重大伤亡事故。一次事故中死亡 3 人（含 3 人）的事故。

5）特大伤亡事故。一次事故中死亡 10 人（含 10 人）的事故。

6）急性中毒事故。指生产性毒物一次或短期内通过人对呼吸道、皮肤或消化道大量进入人的体内，使人在短时间内发生病变，导致职工立即中断工作，并需急救或死亡的事故；急性中毒的特点是发病快，一般不超过一个工作日，有的毒物因毒性有一定的潜伏期，可在下班后数小时发病。

（3）按生产安全事故造成的人员伤亡或直接经济损失分类

根据国务院令第 493 号《生产安全事故报告和调查处理条例》的规定，事故一般分为以下等级：

1）特别重大事故。是指造成 30 人以上死亡，或者 100 人以上重伤（包括急性工业中毒，下同），或者 1 亿元以上直接经济损失的事故。

2）重大事故。是指造成 10 人以上 30 人以下死亡，或者 50 人以上 100 人以下重伤，或者 5000 万元以上 1 亿元以下直接经济损失的事故。

3）较大事故。是指造成 3 人以上 10 人以下死亡，或者 10 人以上 50 人以下重伤，或者 1000 万元以上 5000 万元以下直接经济损失的事故。

4）一般事故。是指造成 3 人以下死亡，或者 10 人以下重伤，或者 1000 万元以下 100 万元以上直接经济损失的事故。

**7. 建筑安装工程施工安全事故报告和调查处理的原则是什么？**

答：建筑安装工程施工安全事故报告和调查处理的原则是：

在进行生产安全事故报告和调查处理时，要实事求是、尊重科学，既要及时、准确地查明事故原因，明确事故责任，使责任人受到追究；又要总结经验教训，落实整改和防范措施，防止类似事故再次发生。必须坚持"四不放过"的原则：

1）事故原因不清楚不放过；

2）事故责任和员工没有受到教育不放过；

3）事故责任者没有处理不放过；

4）没有制定防范措施不放过。

## 8. 建筑安装工程施工安全事故报告、调查处理的程序各是什么？

答：（1）事故报告

1）施工单位事故报告。安全事故发生后，受伤者或最先发现事故的人员应立即用最快的传递手段，将发生事故的时间、地点、伤亡人数、事故原因等情况，向施工单位负责人报告；施工单位负责人接到报告后，应当在1小时内向事故发生地县级以上人民政府建设主管部门和有关部门报告。实行施工总承包的建设工程，由总承办单位负责上报事故。

2）建设主管部门事故报告。建设主管部门接到事故报告后，应当依照规定上报事故情况，并通知安全生产监督管理部门、公安机关、劳动保障行政主管部门、工会和人民检察院。

3）事故报告的内容。事故发生的时间、地点和工程项目、有关单位名称；事故的简要经过；事故已经造成或者可能造成的伤亡人数（包括下落不明的人数）和初步估计的直接经济损失；事故的初步原因；事故发生后采取的措施及事故控制情况；事故报告单位或事故报告人员；其他应当报告的情况。

（2）事故调查

1）组织调查组。

① 施工单位项目经理应指定技术、安全、质量等部门的人员，会同企业工会、安全管理部门组成调查组，开展调查。

② 建设主管部门应当按照有关人民政府的授权或委托组织事故调查组，对事故进行调查。

2）现场勘察

现场勘察的主要内容有：

① 现场笔录。包括发生事故的时间、地点、气象等；现场勘察人员姓名、单位、职务；现场勘察起止时间、勘察过程；能量失散所造成的破坏情况、状态、程度等；设备损坏或异常情况及事故前后的位置；事故发生前劳动组合、现场人员的位置和行动；散落情况；重要物证的特征、位置及检验情况等。

② 现场拍照。包括方位拍照，反映事故现场在周围环境中的位置；全面拍照，反映事故现场各部分之间的关系；中心拍照，反映事故现场中心情况；细目拍照，提示事故直接原因的痕迹物、致害物等；人体拍照，反映伤亡者主要受伤和造成死亡伤害部位。

③ 现场绘图。根据事故类别和规模以及调查工作的需要应绘制下列示意图：建筑物平面图、剖面图；发生事故时人员位置及活动图；破坏物立体图或展开图；涉及范围图、设备或工（器）具构造简图等。

3）分析事故原因

① 通过全面调查来查明事故经过，弄清造成事故的原因，包括人、物、生产管理和技术管理方面的问题，经过认真、客观、全面、细致、准确的分析，确定事故的性质和责任。

② 分析事故原因时，应根据调查所确认的事实，从直接原因入手逐步深入到间接原因，通过对直接原因和间接原因的分析确定事故中的直接责任者和领导责任者，再根据其在事故发生过程中的作用确定主要责任者。

③ 事故性质类别分为责任事故、非责任性事故、破坏性事故。

4）制定预防措施

根据事故原因分析，制定防止类似事故再次发生的措施。同时，根据事故后果和事故责任者应负的责任提出处理意见。对于重大未遂事故不可掉以轻心，应认真地按上述要求查明原因，分清责任严肃处理。

5）写出调查报告

事故调查报告的内容包括

① 事故发生的单位概况；

② 事故发生经过和事故救援情况；

③ 事故造成的人员伤亡和直接经济损失；

④ 事故发生的原因和事故性质；

⑤ 事故责任认定和对事故责任者的处理建议。

⑥ 事故防范和整改措施。

6）建设主管部门的事故处理

建设主管部门的事故处理包括以下三点：

① 依据有关人民政府对事故的批复和有关法律法规的规定，对事故相关责任者实施行政处罚。处罚权限不属本级建设主管部门的，应当在收到事故报告批复 15 个工作日内，将事故调查报告（附具有关证据材料）、结案批复、本级建设主管部门对有关责任者的处理建议等转送有权限的建设主管部门。

② 依照有关法律法规的规定，对因降低安全生产条件导致事故发生的施工单位给予暂扣或吊销安全生产许可证的处罚；对事故负有责任的相关单位给予罚款、停业整顿、降低资质等级或吊销资质证书的处罚。

③ 依照有关法律法规的规定，对事故发生负有责任的注册执业资格人员给予处罚、停止执业或吊销其注册执业资格证书的处罚。

## 第五节　工程质量管理的基本知识

### 1. 建筑安装工程质量管理的特点有哪些？

答：建筑安装工程质量管理具有以下特点：

（1）影响质量的因素多

工程项目的施工是动态的，影响项目质量的因素也是动态的。项目的不同阶段、不同环节，不同过程，影响质量的因素也各不相同。如设计、材料、自然条件、施工工艺、技术措施、管理制度等，均直接影响工程质量。

（2）质量控制的难度大

由于建筑安装工程产品生产的单件性和流动性，不能像其他工业产品一样进行标准化施工，施工质量容易产生波动；而且施工场面大、人员多、工序多、关系复杂、作用环境差，都加大了质量管理的难度。

（3）过程控制的要求高

建筑安装工程项目在施工过程中，由于工序衔接多、中间交接多、隐蔽工程多，施工质量有一定的过程性和隐蔽性。在施工质量控制工作中，必须加强对施工过程的质量检查，及时发现和整改存在的质量问题，避免事后从表面进行检查。因为施工过程结束后的事后检查难以发现在施工过程中产生、又被隐蔽了的质量隐患。

（4）终结检查的局限大

建筑安装工程项目建成后不能依靠终检来判断产品的质量和控制产品的质量；也不可能用拆卸和解体的方法检查内在质量或更换不合格的零件。因此，工程项目的终检（施工验收）存在一定的局限性。所以工程项目的施工质量控制应强调过程控制，边施工边检查边整改，并及时做好检查、认证和施工记录。

### 2. 施工质量的影响因素及质量管理原则各有哪些？

答：影响施工质量的因素主要包括人、材料、设备、方法和环境。对这五方面因素的控制，是确保项目质量满足要求的关键。

（1）人的因素

人作为控制的对象，是要避免产生失误；人作为控制的动力，是要充分调动积极性、发挥人的主导作用。因此，应提高人的素质、健全岗位责任制，改善劳动条件，公平合理地激励劳动热情；应根据项目特点，从确保工程质量的作为出发点，在人的技术水平、人的生理缺陷、人的心理行为、人的错误行为等方面控制人的使用；更为重要的是提高人的质量意识，形成人人重视质量的项目环境。

（2）材料的因素

建筑安装工程材料主要包括原材料、成品、半成品、构配件等。对材料的控制主要通过严格检查验收，正确合理地使用，进行收、发、储、运技术管理，杜绝使用不合格材料等环节来进行控制。

（3）设备的因素

设备包括项目使用的机械设备、工具等。对设备的控制，应根据项目的不同特点，合理选择，正确使用、管理和保养。

（4）方法的因素

方法包括项目实施方案、工艺、组织设计、技术措施等。对方法的控制，主要是通过合理选择、动态管理等环节加以实现。合理选择就是根据项目特点选择技术可行、经济合理、有利于保证项目质量、加快项目进度、降低项目费用的实施方法。动态管理就是在项目管理过程中正确应用，并随着条件的变化不断进行调整。

（5）环境控制

影响项目质量的环境因素包括项目技术环境，如地质、水文、气象等；项目管理环境如质量保证体系、质量管理制度等；劳动环境如劳动组合、作业场所等。根据项目特点和具体条件，采取有效措施对影响工程项目质量的环境因素进行控制。

**3. 建筑安装施工质量控制的基本内容和工程质量控制中应注意的问题各是什么？**

答：所谓项目质量控制，是指运用动态控制原理进行项目的质量控制，即对项目的实施情况进行监督、检查和测量，并将项目实施结果与事先制定的质量标准进行比较，判断其是否符合质量标准，找出存在的偏差，分析偏差形成的原因的一系列活动。

（1）质量控制的内容

1）确定控制对象，例如一道工序、一个分项工程、一个安装工程。

2）规定控制对象，即详细说明控制对象应达到的质量要求。

3）制定具体的控制方法，如工艺规程、控制用图表。

4）明确所采用的检验方法，包括检验手段。

5）实际进行检验。

6）分析实测数据与标准之间产生差异的原因。

7）解决差异所采取的措施、方法。

（2）建筑安装工程质量控制中应注意的问题

1）安装工程质量管理不是追求最高的质量和最完美的工程，而是追求符合预定目标的、符合合同要求的工程。

2）要减少重复的质量管理工作。

3）不同种类的项目，不同的项目部分，质量控制的深度不一样。

4）质量管理是一项综合性的管理工作，除了安装工程项目的各个管理过程以外还需要一个良好的社会质量环境。

5）注意合同对质量管理的决定作用，要利用合同达到对质量进行有效的控制。

6）项目质量管理的技术性很强，但它又不同于技术性工作。

7）质量控制的目标不是发现质量问题，而是提前应避免质量问题的发生。

8）注意过去同类项目的经验和教训，特别是业主、设计单位、施工单位反映出来的对质量有重大影响的关键性工作。

**4. 建筑安装施工过程质量控制的依据、过程、内容、方法、质量控制点怎样确定？**

答：施工阶段的质量控制包括如下主要方面。

（1）技术交底。

按照建筑安装工程重要程度，工程开工前，应由组织或项目技术负责人组织全面的技术交底。

（2）测量交底。

1）对于给定的原始基准点，基准线和参考标高等的测量控制点应做好复核工作审核批准后，才能据此进行准确的测量放线。

2）施工测量控制网的复测。准确地测定与保护好场地平面控网和主轴线的桩位，是整个场地内建筑物、构筑物定位的依据，是保证整个安装施工测量精度和顺利进行施工的基础。

（3）材料控制。

1）对供货方质量保证能力进行评定。

2）建立材料管理制度、减少材料损失、变质。

3）对原材料、半成品、构配件进行标识。

4）材料检查验收。

5）发包人提供的原材料、半成品、构配件和设备。

6）材料质量抽样和检验方法。

（4）机械设备控制。

1）机械设备使用形式决策。

2）注意机械配套。

3）机械设备的合理使用。

4）机械设备的保养与维修。

（5）计量控制。

工序控制是产品制造过程的基本环节，也是组织生产过程的基本单位。一道工序，是指一个（或一组）工人在一个工作地对一个（或几个）劳动对象（工程、产品、构配件）所完成的一切连续活动的总和。

工序质量是指工序过程的质量。对于现场个人来说，工作质量通常表现为工序质量。一般地说，工序质量是指工序的成果符合设计、工艺（技术标准）要求的程度。人、机器、原材料、方法、环境等五种因素对工程质量有不同程度的直接影响。

（6）特殊和关键过程控制。

特殊过程是指建设按照工程项目在施工过程或工序施工质量不能通过其后的检验和试验而得到验证，或者其验证的成本不经济的过程。如防水、焊接、防腐工程等。

关键过程是指严重影响施工质量的过程。

（7）工程变更控制。

（8）成品保护。

## 5. 安装工程施工过程质量控制点种类有哪些？质量控制点的管理有哪些内容？

答：特殊过程和关键过程是施工质量控制的重点，设置质量控制点就是根据工程项目的特点，抓住这些影响工序施工质量的主要因素。

（1）质量控制点的种类

1）以质量特性值为对象来设置；

2）以工序为对象来设置；

3）以设备为对象来设置；

4）以管理工作为对象来设置。

（2）质量控制点的管理

在操作人员上岗前，施工员、技术员做好交底和记录，在明确工艺要求、质量要求、操作要求的基础上方能上岗，施工中发现问题，及时向技术人员反映，由有关技术人员指导后，操作人员方可继续施工。

为了保证质量控制点的目标实现要建立三级检查制度，即操作人员每日自检一次，组员之间或班长，质量干事与组员之间进行互检；质量员进行专检；上级部门进行抽检。

针对特殊过程（工序）的过程能力，应在需要时根据事先的策划及时进行确认，确认的内容包括：施工方法、设备、人员、记录的要求，需要时要进行确认，对于关键过程（工序）也可以参照特殊过程进行确认。

在施工中，如果发现质量控制点有异常，应立即停止施工，召开分析会，找出产生异常的主要原因，并用对策表写出对策。如果是因为技术要求不当，而出现异常，必须重新修订标准，在明确操作要求和掌握新标准的基础上，再继续进行施工，同时还应加强自检、互检的频次。

## 6. 施工质量问题如何分类？

答：（1）施工质量问题基本概念

1）质量不合格。根据《质量管理体系 要求》GB/T 19001—2008 的规定，凡工程产品没有满足某个预期使用要求或合理的期望（包括安全性方面）要求，称为质量缺陷。

2）质量问题。凡是工程质量不合格，必须进行返修、加固或报废处理，由此造成直接经济损失低于规定限额的称为质量问题。

3）质量事故。凡是工程质量不合格，必须进行返修、加固或报废处理，由此造成直接经济损失在限额以上的称为质量事故。

（2）质量问题分类

由于施工质量问题具有复杂性、严重性、可变性和多发性的特点，所以建设安装工程施工质量问题的分类有多种分法，通常按以下条件分类。

1）按问题责任分类

① 指导责任。由于工程实施指导或领导失误而造成的质量问题。例如，由于工程负责人错误指令，导致某些工序质量下降出现的质量问题等。

② 操作责任。在施工过程中，由于实际操作者不按规程和标准实施操作而造成的质量问题。

③ 自然灾害。由于突发的自然灾害和不可抗力造成的质量

问题。例如地震、台风、暴雨、大洪水等对工程实体造成的损坏。

2）按质量问题产生的原因分类

① 技术原因引发的质量问题。在工程项目实施中，由于设计、施工技术上的失误而造成的质量问题。

② 管理原因引发的质量问题。管理上的不完善或失误引发的质量问题。

③ 社会、经济原因引发的质量问题。由于经济因素及社会上存在的弊端和不正之风引起建设中错误行为，而导致出现质量问题。

## 7. 安装工程施工质量问题的产生原因有哪些方面？

答：安装工程施工质量问题产生的原因大致可以分为以下四类：

（1）技术原因

由于工程项目设计、施工技术上的失误所造成的质量问题。

（2）管理原因

由于管理上的不完善和疏忽造成的工程质量问题。例如，施工单位或监理单位质量管理体系不完善，检验制度不严密，质量控制不严格，质量管理措施落实不力，检测仪器管理不善而失准，以及材料检验不严格等原因引起的质量问题。

（3）社会、经济原因

由于经济因素及社会上存在的弊端和不正之风，造成建设中的错误行为，而导致出现质量问题。例如，施工企业采取了恶性竞争手段以不合理的低价中标，项目实施中为了减少损失或赢得高额利润而采取的不正当手段组织施工，如降低材料质量等级、偷工减料等原因造成工程质量达不到设计要求等。

（4）人为的原因和自然灾害原因

由于人为的设备事故、安全事故，导致连带发生质量问题，以及严重的自然灾害等不可抗力造成的质量问题。例如，突发风暴引起的工程质量问题等。

**8. 安装工程施工质量问题处理的依据有哪些？**

答：安装工程施工质量问题处理的依据包括以下内容：

（1）质量问题的实况资料。包括质量问题发生的时间、地点；质量问题描述；质量问题发展变化情况；有关质量问题的观测记录、问题现状的照片或录像；调查组调查研究所获得的第一手资料。

（2）有关合同及合同文件。包括工程承包合同、设计委托协议、设备与器材的购销合同、监理合同及分包合同。

（3）有关技术文件和档案。主要是有关设计文件（如施工图纸和技术说明）、与施工有关的技术文件、档案和资料（如施工方案、施工计划、施工记录、施工日志、有关建筑材料的质量证明资料、现场制备材料的质量证明材料、质量事故发生后对事故状况的观测记录、试验记录和试验报告等）。

（4）相关的建设法规。主要包括《建筑法》、《建筑工程质量管理条例》及与工程质量及工程质量事故处理有关的法规，以及勘察、设计、施工、监理等单位资质管理方面的法规、从业者资格管理方面的法规、建筑市场方面的法规、建筑施工方面的法规、关于标准化管理方面的法规等。

**9. 安装工程施工质量问题处理的程序有哪些？**

答：（1）安装工程施工质量问题处理的一般程序
发生质量问题→问题调查→原因分析→处理方案→设计施工→检查验收→结论→提交处理报告。

（2）安装工程施工质量问题处理中应注意的价格问题

1）施工质量问题发生后，施工项目负责人应按规定的时间和程序，及时向企业报告状况，积极组织调查。调查应力求及时、客观、全面，以便为分析处理问题提供正确的依据。要将调查结果整理撰写为调查报告，其主要内容包括：工程概况；问题概括；问题发生所采取的临时防护措施；调查中的有关数据、资料；问题原因分析与初步判断；问题处理的建议方案与措施；问题涉及人员与主要责任者的情况等。

2）施工质量问题的原因分析要建立在调查的基础上，避免情况不明就主观推断原因。特别是对涉及勘察、设计、施工、材料和管理等方面的质量问题，往往原因错综复杂，因此，必须对调查所得到的数据、资料进行仔细的分析，去伪存真，找出主要原因。

3）处理方案要建立在原因分析的基础上，并广泛听取专家及有关方面的意见，经科学论证，决定是否进行处理和怎样处理。在制定处理方案时，应做到安全可靠，技术可行，不留隐患，经济合理，具有可操作性，满足建筑功能和使用要求。

4）施工质量问题处理的鉴定验收。质量问题的处理是否达到预期的目的，是否依然存在隐患，应当通过检查鉴定做出确认。质量问题处理的质量检查鉴定，应严格按施工质量验收规范和相关的质量标准的规定进行，必要时还要通过实际测量、试验和仪器检测等方面获得必要的数据，以便正确地对事故处理结果作出鉴定。

## 第六节　工程成本管理的基本知识

### 1. 安装工程成本管理的特点是什么？

答：（1）成本管理的全员性

成本管理涉及企业生产经营活动所有环节的每一个部门和个人，解决成本问题必须依靠全体员工共同努力。强化成本意识，更新成本观念，通过大力提高成本会计人员的理论和业务素质，掌握现代成本管理的理论和方法，建立一个有效的业绩评价系统及相应的奖励制度，健全奖励机制，提高成本管理水平。

（2）成本管理的全面性

成本管理贯穿于工程设计、施工生产、材料供应、产品销售等各个领域，降低成本是一个涉及企业各方面的综合性问题。需要工程建设各个相关责任主体共同努力才能实现成本管理的目标。

（3）成本管理的目标性

具体表现在：第一，制定成本标准，形成成本控制目标体系。第二，进行成本预测，预见成本升降的因素及其作用，采取措施消除不利因素。第三，充分发挥成本绩效评价管理的作用。

（4）成本管理的战略性

不仅要关心成本升降对企业近期利益的影响，更要关注企业长期影响和企业良好现象的树立。为此，企业成本管理活动中利用成本杠杆的作用，追求经营规模最佳；经济与技术的紧密结合；进行重点管理，对不正常的、不合规的关键性差异进行例外管理；寻求成本与质量的最佳结合点。

（5）成本管理的系统性

成本管理的系统性主要表现在成本管理结构的系统化和成本控制的总体优化。

**2. 安装工程施工成本的影响因素有哪些？**

答：施工成本的影响因素有多个方面，可概括为以下几个方面。

（1）人的因素

为了有效控制工程成本，施工过程中必须注意人的因素的控制，包括参加工程施工的工程技术人员及管理人员、操作人员、服务人员。他们共同构成工程最终成本的影响因素。

（2）工程材料的控制

工程材料是工程施工的物质条件，是工程质量的基础，材料质量决定着工程质量。造成工程施工过程中材料费出现变化的因素通常有材料的量差和材料的价差。材料成本占整个工程成本的三分之二左右，材料的节余对降低工程造价意义非凡。

（3）机械费用的控制

影响施工过程中机械费用高低的主要因素有施工机械的完好率和施工机械的工作效率。确保施工机械完好率就是要防止施工机械的非正常损坏，使用不当、不规范操作、忽视日常保养都能造成施工机械的非正常损坏；施工机械工作效率低，不但要消耗燃油，为了弥补效率低下造成的误工需要投入更多的施工机械，同样也要增加成本。

（4）科学合理的施工组织设计与施工技术水平

施工组织设计是工程项目实施的核心和灵魂。它既是全面安排施工的技术经济文件，也是指导施工的重要依据。它对实现项目施工的计划性和管理的科学性，克服工作中的盲目和混乱现象，将起到极其重要的作用。它编制得是否科学、合理直接影响着工程成本的高低。施工技术水平对工程建设成本影响不容忽视，它影响着工程的直接成本，先进科学的施工工艺与技术对降低工程造价作用十分明显。

（5）项目管理者的成本控制能力

项目管理者的素质技能和管理水平对工程造价的影响非常明显，一个优秀的项目管理团队可以通过自身的成本控制技术水平和能力，在工程项目施工过程中面对内外部复杂多变的环境变化和因素影响，能够做出科学的分析判断、制定出正确的应对策略并加以切实执行，减少成本消耗，能有效降低工程成本。

（6）其他因素

除过以上影响因素外，设计变更率、气候影响、风险因素等也是影响工程项目成本的重要因素。建筑材料价格的波动，对工程造价也有一定影响，是工程成本波动的重要因素。激烈的建筑市场竞争，派生的低于控制价的投标及中标，也是影响工程成本的一个不可忽略的因素。

## 3. 安装工程施工成本控制的基本内容有哪些？

答：安装工程施工成本控制的基本内容有以下几个方面：

（1）材料费的控制

材料费的控制按照"量价分离"的原则进行，不仅要控制材料的用量，也要控制材料的价格。

1）材料用量的控制。在保证符合设计规格和质量标准的前提下，合理使用并节约材料，通过定额管理，计量管理手段以及施工质量控制，减少和避免返工等，有效控制材料的消耗量。

2）材料价格的控制。工程材料的价格构成由买价、运杂费、运输中的合理消耗等组成，因此，控制材料价格主要是通过市场信息、询价、应用竞争机制和经济合同手段等控制材料、设备、工程用品的采购价格。

（2）人工费的控制

人工费的控制也可按照"量价分离"的原则进行，人工用工数通过项目经理与施工劳务承包人的承包合同，按照内部施工预算，按照所承包的工程量计算出人工工日，并将安全生产、文明施工及零星用工按定额工日一定的比例（一般为15％～25％）一起发包。

（3）机械费的控制

机械费用主要由台班数量和台班单价两方面决定，机械费的控制包括以下价格方面：

1）合理安排施工生产，加强设备租赁计划管理，减少因安排不当引起的设备闲置。

2）加强机械设备的调度工作，尽量避免窝工，提高现场设备利用率。

3）加强现场设备的维修保养，避免因不正当使用造成机械设备的停置。

4）做好上机人员与辅助人员的协调与配合，提高台班输出量。

（4）管理费的控制

现场施工管理费在项目成本中占有一定的比例，控制和核算有一定难度，通常主要采取以下措施：

1）根据现场施工管理费占工程项目计划总成本的比重，确定项目经理部施工管理费用总额。

2）编制项目经理部施工管理费总额预算和管理部门的施工管理费预算，作为控制依据。

3）制定项目开展范围和标准，落实各部门和岗位的控制责任。

4）制定并严格执行项目经理部的施工管理费使用的审批、报销程序。

**4. 安装工程施工成本控制的基本要求是什么？**

答：合同文件中有关成本的约定内容和成本计划是成本控制的目标。进度计划和工程变更与索赔资料是成本控制过程中的动态资料。施工成本控制的基本要求如下：

（1）按照计划成本目标值控制生产要素的采购价格，认真做好材料、设备进场数量和质量的检查、验收与保管。

（2）控制生产要素的利用效率和消耗定额，如任务单管理、限额领料、验收报告审核等。同时要做好不可预见成本风险的分析和预控，包括编制相应的应急措施等。

（3）控制影响效率和消耗定量的其他因素所引起的成本增加，如工程变更等。

（4）把施工成本管理责任制度与对项目管理者的激励机制结合起来，以增强管理人员的成本意识和控制能力。

（5）承包人必须健全项目财务管理制度，按规定的权限和程序对项目资金的使用和费用的结算支付进行审核、审批，使其成为施工成本控制的重要手段。

**5. 安装工程施工过程成本控制的依据和步骤是什么？**

答：（1）施工成本控制的依据

1）工程承包合同；

2）施工成本计划；

3）进度报告；

4）工程变更。

（2）工程成本控制的步骤

成本控制的手段与项目进度、质量等的控制手段大致相似，同样包含了比较、分析、预测、纠偏、检查等步骤。

1）比较。将施工成本计划与实际值逐项进行比较，得到每个分项工程的进度与成本的同步关系；每个分项工程的计划成本与实际成本之比（节约或超支），以及对完成某一时期责任成本的影响；每个分项工程施工进度的提前或拖延对成本的影响程度等，由此发现施工成本是否已经超资。

2）分析。对比较结果进行分析，以确定偏差的严重性以及偏差产生的原因，以便有针对性采取措施，减少或避免相同原因的再次发生或减少由此造成的损失。

3）预测。通过对成本变化因素的分析，预测这些因素对工程成本中有关项目的影响程度，按照完成情况估计完成项目所需的总费用。

4）纠偏。当工程项目的实际成本与计划成本之间出现偏差后，应当根据安装工程的具体情况、偏差分析和预测的结果，采取适当的措施，以期达到使施工成本偏差尽可能小的目的。纠偏是工程成本控制中最具实质性的一步。只有通过纠偏，才能最终达到有效控制施工成本的目的。

5）检查。通过对工程的进展进行跟踪和检查，及时了解工程进展情况以及纠偏措施的执行情况和效果，为今后的项目成本控制积累经验。

**6. 安装工程施工过程成本控制的措施有哪些？**

答：为了取得成本管理的理想效果，通常需采取的措施有：

1）组织措施

组织措施是从施工成本管理的组织方面采取的措施。项目经理部应将成本责任分解落实到各个岗位，落实到专人，对成本进行全过程控制、全员控制、动态控制。形成一个分工明确、责任到人的成本责任控制体系。

组织措施的另一方面是编制施工成本控制工作计划、确定详细合理的工作流程。要做好施工采购计划,通过生产要素的优化配置、合理使用、动态管理、有效控制实际成本;加强施工定额管理和任务单管理,控制活劳动和物化劳动的消耗。加强施工调度、避免因计划不周和盲目调度造成窝工损失、机械利用率降低、物料积压等而使成本增加。

2)技术措施

通过采取技术经济分析、确定最佳的施工方案;结合施工方法,进行材料使用的比选,在满足功能要求的前提下,通过代用、改变配合比,使用外加剂等方法降低材料消耗的费用;确定最合适的施工机械、设备使用方案;结合项目的施工组织设计和自然地理条件,降低材料的库存成本和运输成本;应用先进的施工技术、运用新材料,使用新开发机械设备等。

3)经济措施

管理人员应编制资金使用计划,确定、分解施工成本管理目标。对施工成本管理目标进行风险分析,并制定防范性对策。对各种支出,应认真做好资金的使用计划,并在施工中严格控制各项开支。及时准确地记录、收集、整理、核算实际发生的成本。对各种变更,及时做好增减账,及时落实业主签证,及时结算工程价款。通过偏差分析和未完工工程预测,发现一些潜在的可能引起未完工程成本增加的问题,并对其采取预防措施。

4)合同措施

选用合适的合同结构,对各种合同结构模式进行分析、比较,在合同谈判时,要争取选用适合于工程规模、性质与特点的合同结构模式。在合同条款中应仔细考虑一切影响成本和效益的因素,特别是潜在的风险因素。识别并分析成本变动风险因素,采取必要风险对策降低损失发生的概率和数量。严格合同管理,抓好合同索赔和反索赔管理工作。

## 第七节　常用施工机械机具的性能

### 🧍‍♂️❓ 1. 施工电梯的基本性能和特点是什么？

答：（1）基本性能

施工升降机又叫建筑用施工电梯，是建筑中经常使用的载人载货施工机械，由于其独特的箱体结构使其乘坐起来既舒适又安全，施工升降机在工地上通常是配合塔吊使用，一般载重量在1～3t，运行速度为 1～60m/min。施工升降机的种类很多，按起运行方式有无对重和有对重两种，按其控制方式分为手动控制式和自动控制式。按需要还可以添加变频装置和 PLC 控制模块，另外还可以添加楼层呼叫装置和平层装置。施工升降机为适应桥梁、烟囱等倾斜建筑施工的需要，它根据建筑物外形，将导轨架倾斜安装，而吊笼保持水平，沿倾斜导轨架上下运行。

（2）使用要点与注意事项

1）施工电梯安装后，安全装置要经试验、检测合格后方可操作使用，电梯必须由持证的专业司机操作。

2）电梯底笼周围 2.5m 范围内，必须设置稳固的防护栏杆，各停靠层的过桥和运输通道应平整牢固，出入口的栏杆应安全可靠。

3）电梯每班首次运行时，应空载及满载试运行，将电梯笼升离地面 1m 左右停车、检查制动器灵活性，确认正常后方可投入运行。

4）限速器、制动器等安全装置必须由专人管理，并按规定进行调试检查，保持其灵敏可靠。

5）电梯笼乘人载物时应使荷载均匀分布，严禁超载使用，严格控制载运重量。

6）电梯运行至最上层和最下层时仍要操纵按钮，严禁以行程限位开关自动碰撞的方法停车。

7）多层施工交叉作业同时使用电梯时，要明确联络信号。风力达 6 级以上应停止使用电梯，并将电梯降到底层。

8）各停靠层通道口处应安装栏杆或安全门，其他周边各处应用栏杆和立网等材料封闭。

9）当电梯未切断总源开关前，司机不能离开操作岗位。作业完后，将电梯降到底层，各控制开关扳至零位，切断电源，锁好闸箱门和电梯门。

## 2. 常用履带式起重机的主要特性有哪些？

答：（1）履带式起重机的构造特点

履带式起重机主要由行走装置、回转机构、机身及起重臂等部门组成。它操作灵活，可以旋转 360°，在平坦坚实的地面上能负荷行驶。由于履带的作用，可在松软泥泞的地面上作用，且可在崎岖不平的地面上行驶。其缺点是稳定性差，行驶速度慢且履带易损伤路面，在城市中长距离转移时需要拖车运输。

（2）履带式起重机的技术性能

履带式起重机的主要技术参数包括起重量、起重半径、起重高度。起重量是指起重机安全工作所允许的最大起重重物的质量；起重半径指起重机回转轴线至吊钩中垂线的水平距离；起重高度指起重吊钩中心至停机面的垂直距离。

（3）履带式起重机稳定性验算

起重机稳定性是指整个机身在起重作业时的稳定程度。起重机在正常条件下工作，一般可以保持机身的稳定，但在超负荷吊装或由于施工需要接长起重臂时，需要进行稳定验算，以防止吊装作业时发生倾覆事故。

当不考虑附加荷载（风载、刹车惯性力和回转离心力等）时，起重机的稳定条件应满足下式要求：

稳定性安全系数 ＝（稳定力矩／倾覆力矩）≥1.40

考虑附加荷载时 $K \geqslant 1.15$。具体计算详见有关专业技术资料。

### 3. 常用的汽车式起重机的主要特性有哪些？

答：汽车式起重机是把起重机构安装在配套起重汽车或专用汽车底盘上的一种自行杆式起重机。它的优点是行驶速度快、转移迅速、对地面破坏小。特别适用于流动性大、经常变换地点的作业；其缺点是不能负荷行驶，行驶时转弯半径大，安装作业时稳定性差，为增加其稳定性，设有可伸缩的支腿，起重时支腿落地。

目前常用的汽车起重机多为液压伸缩臂汽车起重机，吊臂内有液压伸缩机构控制其伸缩。它的主要机械性能参见有关专业技术资料。

### 4. 常用的轮胎式起重机的主要特性有哪些？

答：轮胎式起重机是把起重机构安装在加重型轮胎和轮轴组成的特制底盘上的一种全回转式起重机。其上部构造与履带式起重机基本相同。为了保证安装作业时的机身稳定性，起重机设有四个可伸缩的支腿，在平坦地面上可不要支腿进行小起重量作业及吊物低速行驶。

与汽车式起重机相比，其优点是轮距较宽、稳定性好、车身短、转弯半径小，可在 360°范围内工作。但行驶时对地面要求较高，行驶速度较汽车式起重机慢；不适合于在松软泥泞的地面工作。它的主要机械性能参见有关专业技术资料。

### 5. 钢丝绳的基本性能要求有哪些？

答：（1）基本性能

用多根或多股细钢丝拧成的挠性绳索，钢丝绳是由多层钢丝捻成股，再以绳芯为中心，由一定数量股捻绕成螺旋状的绳。在物料搬运机械中，供提升、牵引、拉紧和承载之用。钢丝绳的强度高、自重轻、工作平稳、不易骤然整根折断，工作可靠。

（2）注意事项

1）常用设备吊装时钢丝绳安全系数不小于 6。

2）钢丝绳在使用过程中严禁超负荷使用，不应受冲击力；在捆扎或吊运需物时，要注意不要使钢丝绳直接和物体的快口棱锐角相接触，在它们的接触处要垫以木板、帆布、麻袋或其他衬垫物以防止物件的快口棱角损坏钢丝绳而产生设备和人身事故。

3）钢丝绳在使用过程中，如出现长度不够时，应采用以下连接方法，严格禁止用钢丝绳头穿细钢丝绳的方法接长吊运物件，以免由此而产生的剪切力对钢丝绳结构造成破坏。

常用的连接方式是编结绳套。绳套套入心形环上，然后末端用钢丝扎紧，而捆扎长度≥15$d$绳（$d$为绳径），同时不应小于300mm。当两条钢丝绳对接时，用编结法编结长度也不应小于15$d$绳，并且不得小于300mm，强度不得小于钢丝绳破断拉力的75％。

另一种方式是钢丝绳卡。绳卡数目与绳径有关，绳径为7～16mm应安3个绳卡；绳径为9～27mm应安4个；绳径为28～37mm应安5个；绳径为38～45mm应安6个。绳卡间距不得小于钢丝绳直径的6～7倍。连接时，绳卡压板应在钢丝绳长头，即受力端。连接强度不应低于钢丝绳破断拉力的85％。

4）钢丝绳在使用过程中，特别是钢丝绳在运动中不要和其他物件相摩擦，更不应与钢边的边缘斜拖，以免钢板的棱角割断钢丝绳，直接影响钢丝绳的使用寿命。

5）在高温的物体上使用钢丝绳时，必须采用隔热措施，因为钢丝绳在受到高温后其强度会大大降低。

6）钢丝绳在使用过程中，尤其注意防止钢丝绳与电焊线相接触，因碰电后电弧会对钢丝绳造成损坏和材质损伤，给正常起重吊装留下隐患。

7）钢丝绳穿用的滑车，其边缘不应有破裂和缺口。

8）钢丝绳在卷筒上应能按顺序整齐排列。

9）载荷由多根钢丝绳支承时，应设有各根钢丝绳受力的均衡装置。

10）起升机构不得使用编结接长的钢丝绳。使用其他方法接长钢丝绳时，必须保证接头连接强度不小于钢丝绳破断拉力的90%。

11）起升高度较大的起重机，宜采用不旋转、无松散倾向的钢丝绳。

12）当吊钩处于工作位置最低点时，钢丝绳在卷筒上的缠绕，除固定绳尾的圈数外，必须不少于2圈。

### 6. 滑轮和滑轮组的基本性能要求是什么？

答：滑轮和滑轮组基本性能要求如下：

（1）使用前应检查滑轮的轮槽、轮轴、颊板、吊钩等部分有无裂缝或损伤，滑轮转动是否灵活，润滑是否良好，同时滑轮槽宽应比钢丝绳直径大1～2.5mm。

（2）使用时，应按其标定的允许荷载度使用，严禁超载使用；若滑轮起重量不明，可先进行估算，并经过负载试验后，方允许用于吊装作业。

（3）滑轮的吊钩或吊环应与新起吊物的重心在回一垂直线上，使构件能平稳吊升；如用溜绳歪拉构件，使滑轮组中心歪斜，滑轮组受力将增大，故计算和选用滑轮组时应予以考虑。

（4）滑轮使用前后都应刷洗干净，并擦油保养，轮轴经常加油润滑，严防锈蚀和磨损。

（5）对高处和起重量较大的吊装作业，不宜用吊钩形滑轮，应使用吊环，链环或吊梁型滑轮，以防脱钩事故的发生。

（6）滑轮组的定、动滑轮之间严防过分靠近，一般应保持1.5～2m 的最小距离。

### 7. 常用手电钻的基本性能、使用要求和主要事项有哪些要求？

答：（1）基本性能

手电钻是装饰作业中最常用的电动工具，用它可以对金属、塑料等进行钻孔作业。根据使用电源种类的不同，手电钻有单相串激电钻、直流电钻、三相交流电钻等，近年来更发展了可变速、可逆转或充电电钻。在形式上也有直头、弯头、双侧柄、枪柄、后托架、环柄等多种形式。

（2）使用要点

1）开孔时，要选择相应规格的钻头。

2）使用的电源要符合电钻标牌规定。

3）电钻外壳要采取接零或接地保护措施。插上电源插销后，先要用试电笔测试，外壳不带电方可使用。

4）钻头必须锋利，钻孔时用力要适度，不要过猛。

5）在使用过程中，当电钻的转速突然降低或停止转动时，应赶快放松开关，切断电源，慢慢拔出钻头。当孔将要钻通时，应适当减轻手臂的压力。

（3）注意事项

1）使用电钻时要注意观察电刷火花的大小，若火花过大，应停止使用并进行检查与维修。

2）在有易燃、易爆气体的场合，不能使用电钻。

3）不要在运行的仪表旁使用电钻，更不能与运行的仪表共用一个电源。

4）在潮湿的地方使用电钻，必须戴绝缘手套，穿绝缘鞋。

## 8. 常用电锤的基本性能、使用要求和主要事项有哪些要求？

答：（1）基本性能

电锤是装饰施工常用机具，它主要用于混凝土等结构表面剔、凿和打孔作业。作冲击钻使用时，则用于门窗、吊顶和设备安装中的钻孔，埋置膨胀螺栓。国产电锤一般使用交流电源。国外已有充电式电源，电锤使用更为方便。

（2）使用方法

1）保证使用的电源电压与电锤铭牌规定值相符。使用前，电源开关必须处于"断开"位置，检查电缆长度、线径、完好程度，确保电锤满足安全使用要求；如油量不足，应加入同标号机油。

2）打孔作业时，钻头要垂直工作面，并不允许在孔内摆动；剔凿工作时，扳撬不应用力过猛，如遇钢筋，要设法避开。

（3）注意事项

1）电锤为断续工作制，切勿长期连续工作，以免烧坏电机。

2）电锤使用后，要及时保养维修，更换磨损零件，添加性能良好的润滑油。

**9. 常用型材切割机的基本性能、使用要求和注意事项有哪些要求？**

答：（1）基本性能

型材切割机作为切割类电动机具，具有结构简单、操作方便、功能广泛、易于维修与携带等特点，是现代装饰装修工程施工常用机具之一。型材切割机用于切割各种钢管、异型钢、角钢、槽钢以及其他型材钢，配以合适的切割片，适宜切割不锈钢、轴承钢、合金钢、淬火钢和铝合金等材料。

（2）使用方法

1）工作前应检查电源电压与切割机的额定电压是否相符，机具防护是否安全有效，开关是否灵敏，电动机运转是否正常。

2）工作时应按照工件厚度与形状调整夹钳位置，将工件平直地靠住导板，并放在所需切割位置上，然后拧紧螺杆，紧固好工件。

3）切割时，应使材料有一个与切割片同等厚度的刀口，为保证切割精度，应将切割线对准切割片的左边或右边。

4）若工件需切割出一定角度，则可以用套筒扳手拧松导板固定螺栓，把导板调整到所需角度后，拧紧螺栓即可。

5）要待电动机达到额定转速后再进行切割，严禁带负荷启动电动机。切割时把手应慢慢地放下，当锯片与工件接触时，应平稳、缓慢地向下施加力。

6）切割完毕，关上开关并等切割片完全停下来后，方可将切割片退回到原来的位置。因为切下的部分可能会碰到切割片的边缘而被甩出，这是很危险的。

7）加工较厚工件时，可拧开固定螺栓，将导板向后错一格再将导板紧固。加工较薄工件时，在工件与导板间夹一垫块即可。

8）拆换切割片时，首先要松开处于最低位置的手柄，按下轴的锁定位置，使切割片不能旋转，再用套口扳手松开六角螺栓，取下切割片。装切割片时按其相反的顺序进行。安装时，应使切割片的旋转方向与安全罩上标出的箭头方向一致。

9）如需搬运切割机时，应先将挂钩钩住机臂，锁好后再移动。

（3）注意事项

1）每次使用前必须检查切割片有无裂纹或其他损坏，各个安全装置是否有效，如有问题要及时处理。

2）必须按说明书的要求安装切割片，用套口扳手紧固。切割片的松紧要适当，太紧会损坏切割片，太松有可能发生危险，也会影响加工精度。

3）工作时必须将调整用具及扳手移开。

4）若工件需切割出一定角度，则可以用套筒扳手拧松导板固定螺栓，把导板调整到所需角度后，拧紧螺栓即可。

5）要待电动机达到额定转速后再进行切割，严禁带负荷启动电动机。切割时把手应慢慢地放下，当锯片与工件接触时，应平稳、缓慢地向下施加力。

6）切割完毕，关上开关并等切割片完全停下来后，方可将切割片退回到原来的位置。因为切下的部分可能会碰到切割片的边缘而被甩出，这是很危险的。

7）加工较厚工件时，可拧开固定螺栓，将导板向后错一格再将导板紧固。加工较薄工件时，在工件与导板间夹一垫块即可。

8）拆换切割片时，首先要松开处于最低位置的手柄，按下轴的锁定位置，使切割片不能旋转，再用套口扳手松开六角螺栓，取下切割片。装切割片时按其相反的顺序进行。安装时，应使切割片的旋转方向与安全罩上标出的箭头方向一致。

9）操作时要戴防护目镜。在产生大量尘屑的场合，应戴防护面罩。

10）维修或更换切割片一定要切断电源。切割机的盖罩与螺钉不可随便拆除。

## 🕴 10. 焊接机械的性能有哪些？

答：焊接机械包括焊接能源设备、焊接机头和焊接控制系统。

（1）焊接能源设备：用于提供焊接所需的能量。常用的是各种弧焊电源，也称电焊机。它的空载电压为 60～100V，工作电压为 25～45V，输出电流为 50～1000A。手工电弧焊时，弧长常发生变化引起焊接电压变化。为使焊接电流稳定，所用弧焊电源的外特性应是陡降的，即随着输出电压的变化，输出电流的变化应很小。熔化极气体保护电弧焊和埋弧焊可采用平特性电源，它的输出电压在电流变化时变化很小。弧焊电源一般有弧焊变压器、直流弧焊发电机和弧焊整流器。弧焊变压器提供的是交流电，应用较广。直流弧焊发电机提供直流电，制造较复杂，消耗材料较多且效率较低，有渐被弧焊整流器取代的趋势。弧焊整流器是 20 世纪 50 年代发展起来的直流弧焊电源，采用硅二极管或可控硅作整流器。20 世纪 60 年代出现的用大功率晶体管组成的晶体管式弧焊电源，能获得较高的控制精度和优良的性能，但成本较高。电阻焊的焊接能源设备中较简单的是电阻焊变压器，空载电压范围为 1～36V，电流从几千到几万安。配用这种焊接能源设备的焊机称为交流电阻焊机。其他还有低频电阻焊机、直流脉冲电阻焊机、电容储能电阻焊机和次级整流电阻焊机

（2）焊接机头：它的作用是将焊接能源设备输出的能量转换成焊接热，并不断送进焊接材料，同时机头自身向前移动，实现焊接。手工电弧焊用的电焊钳，随电焊条的熔化，须不断手动向

下送进电焊条，并向前移动形成焊缝。自动焊机有自动送进焊丝机构，并有机头行走机构使机头向前移动。常用的有小车式和悬挂式机头两种。电阻点焊和凸焊的焊接机头是电极及其加压机构，用以对工件施加压力和通电。缝焊另有传动机构，以带动工件移动。对焊时需要有静、动夹具和夹具夹紧机构，以及移动夹具和顶锻机构。

（3）焊接控制系统：它的作用是控制整个焊接过程，包括控制焊接程序和焊接规范参数。一般的交流弧焊机没有控制系统。高效或精密焊机用电子电路、数字电路和微处理机控制。

### 11. 金属铁皮风管制作机械有哪些？

答：金属铁皮风管制作机械有：龙门剪板机、电冲剪、手动电动倒角机、咬口机、压筋机、折方机、卷圆机、合缝机、振动曲线卷板机、圆弯头咬口机、型钢切割机、角（扁）钢卷圆机、台钻、手电钻、冲孔钻、电气焊的设备、不锈钢板尺、钢直尺、角尺量角器、划针、铁锤、木槌、拍板等小型工具。

### 12. 电动试压泵的维护包括哪些内容？

答：（1）试压泵的外表面必须保持清洁。

（2）水箱内在加清水前必须冲洗干净，不允许在箱内积储污物或其他杂物。

（3）在减速箱内所加的润滑油应该是齿轮油。

（4）新的试压泵视情况应每 30 小时换油一次，经过两次更换后，可逐渐延长至 500 小时更换一次油（可根据减速箱内润滑油的清洁情况进行更换）。

（5）在换牛皮垫圈时，应予把牛皮垫圈用油浸透。

（6）在泵较长时期停止工作时，应把水排净（包括机器内部各处的水），并拆开柱塞导体，水缸及高压安全阀等，在零件的加工表面上涂以防锈油，重新装好。把机器外部所没有涂油的地方都涂上机油养护。

## 第八节 工程质量检测检验、质量验收

### 1. 房屋建筑安装工程质量保修范围、保修期限和违规处罚各是怎样规定的？

答：（1）房屋建筑工程质量保修范围

《建筑法》第62条规定的建设工程质量保修范围包括：地基基础工程、主体结构工程、屋面防水工程、其他土建工程，以及配套的电气管线、上下水管线的安装工程；供热供冷系统工程等项目。

（2）房屋建筑安装工程工程质量保修期

在正常使用条件下，房屋建筑安装工程最低质量保修期限为：

1）供热与供冷系统工程，为两个供暖、供冷期。

2）电气管线、给水排水管道、设备安装工程为2年。

3）有防水要求的卫生间、房间和外墙面的防渗漏，为5年。

房屋建筑安装工程保修期从工程竣工验收合格之日起计算。

### 2. 工程项目竣工验收的范围、条件和依据各有哪些？

答：（1）验收的范围

根据国家建设法律、法规的规定，凡新建、扩建、改建的基本基本建设项目和技术改造项目，按批准的设计文件所规定的内容建成，符合验收标准，都应及时验收办理固定资产移交手续。项目工程验收的标准为：工业项目经投料试车（带负荷运转）合格，形成生产能力的，非工业项目符合设计要求，能够正常使用的。对于某些特殊情况，工程施工虽未全部按设计要求完成，也应进行验收，这些特殊情况是指以下几种。

1）因少数非主要设备或某些特殊材料短期内不能解决，虽然工程内容尚未全部完成，但已可以投产或使用的工程项目。

2）按规定的内容已建成，但因外部条件的制约。如流动资金不足，生产所需原材料不足等，而使已建工程不能投入使用的项目。

3）有些建设项目或单项工程，已形成生产能力或实际上生产单位已经使用，但近期内不能按原设计规模续建，应从实际情况出发经主管部门批准后，可缩小规模对已完成的工程和设备组织竣工验收，移交固定资产。

（2）竣工验收的条件

建设项目必须达到以下基本条件，才能组织竣工验收：

1）建设项目按照工程合同规定和设计图纸要求已全部施工完毕，达到国家规定的质量标准，能够满足生产和使用要求。

2）交工工程达到窗明地净，水通灯亮及供暖通风设备正常运转。

3）主要工艺设备已安装配套，经联动负荷试车合格，构成生产线，形成生产能力，能够生产出设计文件规定的产品。

4）职工公寓和其他必要的生活福利设施，能适应初期的需要。

5）生产准备工作能适应投产初期的需要。

6）建筑物周围 2m 以内场地清理完毕。

7）竣工结算已完成。

8）技术档案资料齐全，符合交工要求。

（3）竣工验收的依据

1）上级主管部门对该项目批准的文件。包括可行性研究报告、初步设计以及与项目建设有关的各种文件。

2）工程设计文件。包括图纸设计及说明、设备技术说明书等。

3）国家颁布的各种标准和规范，包括现行的工程施工质验收规范等。

4）合同文件。包括施工承包的工作内容和应达到的标准，以及施工过程中的设计修改变更通知书等。

**3. 建筑安装工程质量验收划分的要求是什么？**

答：《建筑工程施工质量验收统一标准》GB 50300 中规定：建筑安装工程质量验收应划分分部（子分部）工程、分项工程和检验批。

1）分部工程的划分应当按专业性质、建筑部位确定。

2）当分部工程较大或较复杂时，可按材料种类、施工特点、施工程序、专业系统及类别等划分为若干个分部工程。

3）分部工程应按主要工种、材料、施工工艺、设备类别等进行划分。

4）分项工程可由一个或若各个检验批组成，检验批可以根据施工质量控制和专业验收需要按楼层、施工段、变形缝等进行划分。

**4. 怎样判定建筑按照工程质量验收是否合格？**

答：（1）检验批质量验收合格的规定

1）主控项目和一般项目的质量经抽样检验合格。

2）具有完整的施工操作依据、质量检查记录。

（2）分项工程质量验收合格的规定

1）分项工程所含的检验批均符合合格质量的规定。

2）分项工程所含的检验批的质量验收记录应完整。

（3）分部（子分部）工程验收质量合格的规定

1）分部（子分部）工程所含工程的质量均验收合格。

2）质量控制资料完整。

3）设备安装等分部工程有关安全及功能的检验和抽样检测结果应符合有关规定。

4）观感质量验收应符合要求。

**5. 怎样对工程质量不符合要求的部分进行处理？**

答：（1）经返工重做更换器具、设备的检验批应重新进行验收。

（2）经有资质的检测单位检测鉴定能够达到设计要求的检验批，应予验收。

（3）经有资质的检测单位检测鉴定达不到设计要求，但经原设计单位核算认可能够满足结构安全和使用功能的检验批，可予以验收。

（4）经返修或加固处理的分项、分部工程，虽然改变外形尺寸但仍能满足安全使用要求，可按技术处理方案和协商文件进行验收。

通过返修加固处理仍不能满足安全使用功能要求的分部工程、单位（子单位）工程，严禁验收。

## 6. 质量验收的程序和组织包括哪些内容？

答：（1）检验批及分项工程应由监理工程师（建设单位项目技术负责人）组织施工单位项目专业质量（技术）负责人等进行验收。

（2）分部工程应由总监理工程师（建设单位负责人）组织施工单位项目负责人和技术、质量负责人等进行验收；地基基础、主体结构分部工程的勘察、设计单位的项目负责人和施工单位技术、质量部门负责人也应参加相关分部工程验收。

（3）建设单位收到工程报告后，应由建设单位（项目）负责人组织施工（含分包单位）、设计、监理等部门（项目）负责人进行单位（分项单位）工程验收。

（4）当参加验收各方对工程质量验收意见不一致时，可请当地建设行政主管部门或工程质量监督机构协调处理。

## 7. 建筑给水排水工程施工质量控制的重点有哪些？

答：建筑给水排水工程是建筑安装工程的一个重要分部，是使用频率较高的部分，与人们正常生活极其密切。为了确保安装的施工质量，在给水排水工程施工检查及监理过程中，发现及存在一些具体问题，需要按工程程序认真控制使其符合质量验收规定要求，具体内容包括：

（1）施工图纸的审查

施工图会审是施工管理工作中准备阶段的一项重要工作内容，在工程管理中占有重要的位置。作用是尽量减少施工图中出现的差错或问题，确保施工过程能顺利进行。在工作中一般是由专业监理人员认真查看图纸，熟悉设计意图和结构特点，掌握整个布局并了解细部构造，在审核图纸时尽可能全面发现纸上的所有问题，以便设计人员对审查中提出的问题作修改补充。

1）对图纸的审查原则：设计是否符合现行国家相关标准及规范；是否符合工程建设标准强制性条文的要求；设计资料是否齐全，能否满足施工使用要求；设计是否合理有无遗漏缺项；图中标注有无错误；设备型号、管道编号是否正确完整；其走向及标高、坐标、坡度是否正确；材料选择、名称及型号、数量是否正确。设计说明及设计图中的技术要求是否明确，能否满足该项目的正常使用及维护。管道设备及流程、工艺条件是否明确，如使用压力、温度、介质是否合理安全。对管道、组件、设备的固定、防震、防腐保温，隔热部位及采取的方法，材料及施工条件要求是否清楚。有无特殊材料要求，当满足不了设计要求时可否代换材料及配件等。

2）管道安装与建筑结构间的协调关系：预留洞、预埋件位置与安装的尺寸同实际是否相符合；设备基础位置、标高及尺寸是否满足使用设备及数量规格要求；管沟位置、尺寸及标高能否满足管道敷设的需求；建筑标高基准点和施工放线控制标准是否一致。给水排水及消防管道标高与主体结构标高、位置尺寸是否存在矛盾；建筑物设计如主体结构、门窗洞口位置、吊顶及地面、墙面装饰材料等安装时有无相互影响情况。

3）各专业设计之间的协调问题；各种用电设备的位置与供水及控制位置、容量是否相匹配，配件及控制设备可否满足需要；电气线路、管道、通风及空调的敷设位置、走向是否干扰影响，埋地管道或地下管沟与电缆之间是否可以通过满足规范距离要求；连接设备的电气、控制、管道线路与设备的进线连接管位是否相符合。水、电、气及风管或线路在安装施工中的衔接位置和施工程序是否可行；管道井的内部布置是否安全合理，进出管线有无互相干扰；各不同工种安装、调试、试车及试压的配合协调及工作界面分工是否明确，有无影响到进度问题。

（2）施工企业资质及施工方案的审查

1）现在建筑给水排水工程的施工多数由专业施工队伍来承建，队伍技术素质的高低将直接影响到工程质量的优劣。作为现场监理工程师把好施工单位资质的审查关刻不容缓，对信誉不好达不到技术资质等级的专业施工单位坚决予以否定，在审查过程中应注意几个问题：首先审核施工企业资质及技术人员技术资格证书，并考察该单位技术管理水平和工程质量管理制度建立情况，考察该施工企业以前的建设业绩，听取使用单位的意见；再者要求该企业操作人员进行现场操作示范，考验其真实技术水平。通过这些简单直观的考核，做到大体上对管理及人员水平的了解，若是由其承担则在施工过程中更具针对性。

2）施工组织措施即施工技术方案，也就是用以指导施工过程中的关键性文件。它制定的方法措施基本上决定了施工能否正常安全进行。监理工程师审查要从组织的方式、机构设置、人员安排、设备配置、关键工序及施工重点的措施、与其他工序之间的配合、验收程序及产生质量问题的应急处理等方面认真审查，要分析方案的可行性和合理性。同时还要审查施工企业的进度是否符合工程实际，是否能满足施工合同对工期的要求。在工程正常开展过程中，要随时掌握旬及月进度与计划之间的差距，督促施工进度符合工期的安排。

（3）对进场材料的质量控制

建筑工程所用给水排水材料数以百计，其各种材料、半成品及成品的质量优劣严重影响到所建工程的质量，监理过程中对材料质量的控制内容主要是：各类材料、半成品及成品进场时必须附有正式的出厂合格证及检验报告。检查外观、规格、型号、尺寸、性能是否同报告相符，达不到要求的坚决退场不准进入现场；按照规范要求对阀门、开关、散热器、铸铁管件、排水硬质聚乙烯管材、冷热水用聚丙烯管材及管件要进行复试。按建筑面积 5000m² 为一检验批，小区 2000m² 为一检验批。

现在的施工监理要求是主要设备订货前，施工单位要向监理提出申请，由监理工程师会同业主审查所订设备是否符合设计及使用要求；同时对于主要配件要提供样品和厂家情况，采取货比三家择优选择的方法订货。虽然进场材料检验合格，但可能存在个别质量有问题的情况，在施工过程中进行抽样检查，对不符合质量要求的坚决更换，决不允许不合格材料用于工程。

（4）对重要细部工序严格控制

关键部位及工序多属于隐蔽项目，如出现失误返工极其困难，因此重点蹲守旁站监督是很有必要的。隐蔽项目必须在隐蔽前检查验收合格后才能进行下道工序，并且记录清楚签证齐全。给水排水工程隐蔽项目主要有：直埋地下或结构中的暗敷于管沟中的管井、吊顶及不进入设备层以及有保温要求的管道。检查内容包括：各种不同管道的水平、垂直间距；管件位置、标高、坡度；管道布置和套管尺寸；接头做法及质量；管道的变径处理；附件材质、支架（墩）固定、基底防腐及防水的处理；防腐层及保温层的做法等。现在大多数建筑物都将排水立管设在管道井内，但部分卫生间的渗漏仍然存在，主要原因有以下几个方面。

灌水试验不认真、走过场。排水管道安装后的灌水试验环节不容忽视，如果不进行详细认真检查，不能及时发现细部问题及早处理，很可能给用户留下隐患。

## 8. 建筑电气工程施工质量验收的内容有哪些？

答：（1）施工质量验收的内容

当验收建筑电气工程时，应核查下列各项质量控制资料，且检查分项工程质量验收记录和分部（子分部）质量验收记录应正确，责任单位和责任人的签章齐全。主要包括如下内容：

1）建筑电气工程施工图设计文件和图纸会审记录及洽商记录；

2）主要设备、器具、材料的合格证和进场验收记录；

3）隐蔽工程记录；

4）电气设备交接试验记录；

5）接地连接情况。

（2）验收时抽检的要求

1）大型公用建筑的变配电室，技术层的动力工程，供电干线的竖井，建筑顶部的防雷工程，重要的或大面积活动场所的照明工程，以及5%自然间的建筑电气动力、照明工程；

2）一般民用建筑的配电室和5%自然间的建筑电气照明工程，以及建筑顶部的防雷工程；

3）室外电气工程以变配电室为主，且抽检各类灯具的5%。

（3）质量控制资料

当验收建筑电气工程时，应核查下列各项质量控制资料，且检查分项工程质量验收记录和分部（子分部）质量验收记录应正确，责任单位和责任人的签章齐全。

1）建筑电气工程施工图设计文件和图纸会审记录及洽商记录；

2）主要设备、器具、材料的合格证和进场验收记录；

3）隐蔽工程记录；

4）电气设备交接试验记录；

5）接地电阻、绝缘电阻测试记录；

6）空载试运行和负荷试运行记录；

7）建筑照明通电试运行记录；

8）工序交接合格等施工安装记录。

**9. 建筑电气分部工程验收中检测方法有什么规定？**

答：（1）电气设备、电缆和继电保护系统的调整试验结果，查阅试验记录或试验时旁站；

（2）空载试运行和负荷试运行结果，查阅试运行记录或试运行时旁站；

（3）绝缘电阻、接地电阻和接地（PE）或接零（PEN）导通状态及插座接线正确性的测试结果，查阅测试记录或测试时旁站或用适配仪表进行抽测；

（4）漏电保护装置动作数据值，查阅测试记录或用适配仪表进行抽测；

（5）负荷试运行时大电流节点温升测量用红外线遥测温度仪抽测或查阅负荷试运行记录；

（6）螺栓紧固程度用适配工具做拧动试验；有最终拧紧力矩要求的螺栓用扭力扳手抽测；

（7）需吊芯、抽芯检查的变压器和大型电动机，吊芯、抽芯时旁站或查阅吊芯、抽芯记录；

（8）需做动作试验的电气装置，高压部分不应带电试验，低压部分无负荷试验；

（9）水平度用铁水平尺测量，垂直度用线锤吊线尺量，盘面平整度拉线尺量，各种距离的尺寸用塞尺、游标卡尺、钢尺、塔尺或采用其他仪器仪表等测量；

（10）外观质量情况目测检查；

（11）设备规格型号、标志及接线，对照工程设计图纸及其变更文件检查。

## 10. 通风与空调工程施工质量验收的内容有哪些？

答：工程施工质量验收的内容包括施工过程的工程质量验收和施工项目竣工质量验收。

施工过程的工程质量验收，是在施工过程中、在施工单位自行质量检查评定的基础上，参与建设活动的有关单位共同对检验批、分项、分部、单位工程的质量进行抽样复验，根据相关标准以书面形式对工程质量达到合格与否做出确认。施工项目竣工验收工作可分为验收的准备、初步验收（预验收）和正式验收。

（1）工程质量验收程序和组织

1）检验批及分项工程应由监理工程师（建设单位项目技术负责人）组织施工单位项目专业质量（技术）负责人等进行验收。

2）分部工程应由总监理工程师（建设单位项目负责人）组织施工单位项目负责人和技术、质量负责人等进行验收。设计单位和质量部门也应参加。

3）单位工程完工后，施工单位应自行组织有关人员进行检查评定，并向建设单位提交工程验收报告。

4）建设单位收到工程验收报告后，应由建设单位（项目）负责人组织施工（含分包单位）、设计、监理等单位（项目）负责人进行单位（子单位）工程验收。

5）单位工程有分包单位施工时，分包单位对所承包的工程项目应按本标准规定的程序检查评定，总包单位应派人参加。分包工程完成后，应将工程有关资料交总包单位。

6）当参加验收各方对工程质量验收意见不一致时，可请当地建设行政主管部门或工程质量监督机构协调处理。

7）单位工程质量验收合格后，建设单位应在规定时间内将工程竣工验收报告和有关文件，报建设行政管理部门备案。

（2）竣工验收资料

1）通风与空调工程的竣工验收，是在工程施工质量得到有效监控的前提下，施工单位通过整个分部工程的无生产负荷系统联合试运转与调试和观感质量的检查，按照《通风与空调工程施工质量验收规范》的要求将质量合格的分部工程移交建设单位的验收过程。

2）通风与空调工程竣工验收，应由建设单位负责，组织施工、设计、监理等单位共同进行，合格后即应办理竣工验收手续。

3）通风与空调工程竣工验收时，应检查竣工验收资料，一般包括下列文件和记录：

①　图样会审记录、设计变更通知书和竣工图。

②　主要材料、设备、成品、半成品和仪表的出厂合格证明及进场检（试）验报告。

③　隐蔽工程检查验收记录。

④　工程设备、风管系统、管道系统安装及检验记录。

⑤　管道试验记录。

⑥　设备单机试运转记录。

⑦　系统无生产负荷联合试运转与调试记录。

⑧　分部（子分部）工程质量验收记录。

⑨　观感质量综合的检查记录。

⑩　安全和功能检验资料的核查记录。

（3）观感质量检查

1）风管表面应平整、无损坏；接管合理。风管的连接以及风管与设备或调节装置的连接，无明显缺陷。

2）风口表面应平整，颜色一致，安装位置正确。风口可调节部件应能正常动作。

3）各类调节装置的制作和安装应正确牢固，调节灵活，操作方便。防火及排烟阀等关闭严密，动作可靠。

4）制冷及水管系统的管道、阀门及仪表安装位置正确，系统无渗漏。

5）风管、部件及管道的支、吊架形式、位置及间距应符合规范要求。

6）风管、管道的柔性接管位置应符合设计要求，接管正确、牢固、自然无强扭。

7）通风机、制冷机、水泵、风机盘管机组的安装应正确牢固。

8）组合式空气调节机组外表面平整光滑，接缝严密，组装顺序正确，喷水室外表面无渗漏。

9）除尘器、积尘室安装应牢固、接口严密。

10）消声器安装方向正确，外表面应平整无损坏。

11）风管、部件、管道及支架的油漆应附着牢固、漆膜厚度均匀，油漆颜色与标志符合设计要求。

12）绝缘层的材质、厚度应符合设计要求；表面平整、无断裂和脱落；室外防潮层或保护壳应顺水搭接、无渗漏。

（4）净化空调系统的观感质量检查

1）空调机组、风机、净化空调机组、风机过滤器单元和空气吹淋室的安装位置应正确，固定牢固，连接严密，其偏差应符合规范有关规定。

2）高效过滤器与风管、风管与设备的连接处应有可靠密封。

3）净化空调机组、静压箱、风管及送风口清洁无积尘。

4）装配式洁净室的内墙面、吊顶和地面应光滑、平整、色泽均匀、不起灰尘，地板静电值应低于设计规定。

5）送回风口。各类末端装置以及各类管道等与洁净室内表面的连接处密封处理应可靠、严密。

**11. 自动喷水灭火系统工程验收的内容和程序有哪些?**

答：自动喷水灭火系统工程验收内容和程序如下：

（1）水源

1）水源包括消防水池、高位水箱、压力水罐和市政供水管网的水量和水压。

2）消防泵以及补压泵的性能，包括启动、吸水、流量和扬程。

3）消防泵动力及备用动力。

（2）喷头

1）喷头的温级、类型与间距。

2）在腐蚀性场所安装的喷头的防腐措施。

3）喷头下方是否存在阻挡喷水的障碍物，如隔板、管路及灯具等。

4）备用喷头的数量。

（3）报警控制阀

1）设置地点，阀室位置、环境及排水设施。

2）各个阀门，包括水源闸阀、手动阀、放水阀、试警铃阀等的正常位置、指示标记和相应的技术措施。

3）报警阀各部件组成的合理性。

（4）管路

1）管路的固定和吊架的布置。

2）管路的布置。

3）冲洗和检查口，末端试验装置和排水装置。

（5）其他的要求

1）自动喷水、灭火系统与火灾自动探测报警装置的联动性。

2）自动充气装置和传动管路。

3）水雾系统中喷头与管路、电气设施的间距。

4）喷雾喷头过滤装置。

完成上述检查后，应对系统进行试验，以检查系统中各部位的联动性能。对湿式系统可通过末端试验装置进行试验。试验时，打开末端试验装置的放水阀，通过喷嘴放水模拟喷头喷水，此时湿式阀应立即开启，水力警铃应发出响亮声响，压力开关等部件亦应发出相应信号。对于干式系统和预作用系统，同样可以进行上述试验，检查由喷头开启至水喷出的时间，即系统管路充水时间。对雨淋系统等开式系统的试验，则可通过雨淋阀中的手动阀来进行。经过检查和试验，符合规范和技术要求的，即可投入正常运行。

**12. 智能建筑工程质量验收的一般规定有哪些？**

答：智能建筑工程质量验收的一般规定如下：

（1）智能建筑工程质量验收应包括工程实施及质量控制、系统检测和竣工验收。

（2）智能建筑分部工程应包括通信网络系统、信息网络系统、建筑设备监控系统、火灾自动报警及消防联动系统、安全防范系统、综合布线系统、智能化系统集成、电源与接地、环境和住宅（小区）智能化等子分部工程；子分部工程又分为若干个分项工程（子系统）。

（3）智能建筑工程质量验收应按"先产品，后系统；先各系统，后系统集成"的顺序进行。

（4）智能建筑工程的现场质量管理应符合规范的要求。

（5）火灾自动报警及消防联动系统、安全防范系统、通信网络系统的检测验收应按相关国家现行标准和国家及地方的相关法律法规执行；其他系统的检测应由省市级以上的建设行政主管部门或质量技术监督部门认可的专业检测机构组织实施。

**13. 特种设备施工管理和检验验收的制度有哪些？**

答：特种设备设施验收制度包括如下内容：

（1）特种设备定期检验申报工作由特种设备安全管理部门负责。

（2）每年年初由特种设备安全管理部门会以设备部门和使用部门制定年度检验计划并报特种设备监察部门和有资质的检验单位。

（3）特种设备的检验周期按特种设备有关法规、安全监察部门以及检验部门的要求进行，但至少应执行下列规定：

1）锅炉：每年至少一次外部检验；每两年至少进行一次内外部检验；每六年至少进行一次水压试验。

2）压力容器：每年至少进行一次外部检查；每三至六年进行一次内外部检验；每两次内外部检验期间内至少进行一次耐压试验。

3）起重设备：每两年至少进行一次检验。

4）厂内机动车辆：每年至少进行一次检验。根据工作环境、工作级别和存在隐患程度调整缩短检验周期，但是最短周期不低于6个月。

（4）特种设备安全管理部门根据每年年初制定年度检验计

划，提前一个月与有资质的检验单位预约检验时间。安技办根据检验单位确定的检验时间，提前告知生产部门、设备部门和使用部门。

（5）特种设备检验前，由使用部门按规定做好特种设备检验前的各项准备工作，如：清洁、清洗、检修以及为安全检验而必须采取的安全措施等。

（6）特种设备检验时，特种设备安全管理部门、设备部门和使用部门应在场配合检验单位做好检验工作。

（7）特种设备检验后，由特种设备安全管理部门领取检验报告的各项手续。特种设备存在问题时，特种设备安全管理部门应将检验报告内指出的存在问题告知设备部门和使用部门。

（8）特种设备检验时发现的问题，由设备部门和使用部门组织整改，特种设备安全管理部门实施监督并向监察和检验单位汇报整改情况。

（9）未经定期检验或者检验不合格的特种设备，不得继续使用。

（10）特种设备因故停用半年以上，应当向原登记的特种设备安全监督管理部门备案；启用已停用的特种设备，应当到原登记的特种设备安全监督管理部门重新办理登记手续；启用已停用一年以上的特种设备，还应当向特种设备检验检测机构申报检验。

（11）特种设备管理人员必须建立特种设备安全技术档案，其内容主要有：

1）特种设备的设计文件、制造单位产品质量合格证明、使用维护说明书等文件以及安装技术文件和资料。

2）特种设备的定期检验和定期自检的记录。

3）特种设备的日常使用状况记录。

4）特种设备及其安全附件、安全保护装置、测量调控装置及有关附属仪器仪表的日常维护保养记录。

5）特种设备运行障碍和事故记录。

**14. 消防工程验收的规定有哪些?**

答：建筑工程消防验收程序如下：

(1) 建筑工程竣工后，建设单位应向公安消防机构提出工程结构消防验收申请，经验收合格后方可投入使用。

(2) 公安消防机构受理工程竣工验收申请后，验收具体经办人应检查资料是否符合要求，不符合要求的及时告知申请单位补齐，并在验收前1~2日通知建设单位做好以上验收相关准备。

(3) 按消防工程验收程序的规定由不少于2人的消防监督员到现场进行验收，参加验收的消防监督员应着制式警服。佩戴《公安消防监督检查证》，具体验收程序如下：

1) 参加验收的各单位介绍情况。建设单位介绍工程概况和自检情况，设计单位介绍消防工程设计情况，施工单位介绍工程施工及调试情况，监理单位介绍工程监理情况，检测单位介绍检测情况。

2) 分组现场检查验收。验收人员应该边验收、边测试，并如实填写消防验收记录。

3) 汇总验收情况。各小组分别对验收情况作汇报，根据项目所在省、自治区和直辖市公安消防总队制定的《建筑工程消防验收评定规则》，按子项、分项、综合的程序进行评定，评定结论在验收记录表中如实记载，并将初步意见向建设单位、施工单位、设计单位、监理单位等参加验收的其他单位提出，对不符合规范要求的及时向建设单位提出整改意见。

(4) 参加验收的建设、施工、设计及监理单位发表意见或提出问题时，消防机构车间验收的人员应给予答复，不能当场答复的应予以解释。

(5) 消防工程验收或复查合格后，各单位创建验收的人员和消防机构参加验收的人员在验收申请表上签名。

(6) 工程验收承办人应及时填写验收意见书，行文呈批表，并整理验收档案送领导审批。

（7）建设单位到窗口出具回执，取回验收意见书。

（8）验收和复查不合格时，建设单位应组织各有关单位按《建筑工程消防验收意见书》提出的问题进行整改，整改完毕后重新向公安消防机构申请复验，复验程序与申请验收程序相同。

**15. 什么是法定计量单位？使用和计量器具检定的规定有哪些？**

答：（1）法定计量单位

法定计量单位是强制性的，各行业、各组织都必须遵照执行，以确保单位的一致。我国的法定计量单位是以国际单位制（SI）为基础并选用少数其他单位制的计量单位来组成的。

我国的法定计量单位（以下简称法定单位）包括：

1）国际单位制的基本单位；

2）国际单位制的辅助单位；

3）国际单位制中具有专门名称的导出单位；

4）国家选定的非国际单位制单位；

5）由以上单位构成的组合形式的单位；

6）由词头和以上单位所构成的十进倍数和分数单位。

（2）计量检定方法

1）整体检定法

整体检定法又称为综合检定法，它是主要的检定方法。这种方法是直接用计量基准、计量标准来检定计量器具的计量特性。

整体检定法的优点：简便、可靠，并能求得修正值。如果被检计量器具需要而且可以取修正值，则应增加计量次数（例如把一般情况下的 3 次增加到 5～10 次），以降低随机误差。

整体检定法的缺点：当受检计量器具不合格时，难以确定这是由计量器具的哪一部分或哪几部分所引起的。

2）单元检定法

单元检定法又称为部件检定法或分项检定法。它分别计量影响受检计量器具准确度的各项因素所产生的误差，然后通过计算求出总误差（或总不确定度），以确定受检计量器具是否合格。

**16. 实施工程建设强制性标准监督内容、方式、违规处罚的规定有哪些？**

答：（1）工程建设强制性标准监督规定

工程建设强制性标准是直接涉及工程质量、安全、卫生及环境保护等方面的工程建设标准强制性条文。强制性条文颁布以来，国务院有关部门、各级建设行政主管部门和广大工程技术人员高度重视，纷纷开展了贯彻实施强制性条文的活动，以准确理解强制性条文的内容，把握强制性条文的精神实质，全面了解强制性条文的产生背景、作用、意义和违反强制性条文的处罚等内容。

《工程建设强制性条文》是工程建设过程中的强制性技术规定，是参与建设活动各方执行工程建设强制性标准的依据。执行《工程建设强制性条文》既是贯彻落实《建设工程质量管理条例》的重要内容，又是从技术上确保建设工程质量的关键，同时也是推进工程建设的标准体系改革所迈出的关键的一步。强制性条文的正确实施，对促进房屋建筑活动健康发展，保证工程质量、安全，提高投资效益、社会效益和环境效益都具有重要的意义。

实施工程建设强制性标准监督规定，为加强工程建设强制性标准实施的监督工作，保证建设工程质量，保障人民的生命、财产安全，维护社会公共利益，根据《中华人民共和国标准化法》、《中华人民共和国标准化法实施条例》和《建设工程质量管理条例》，制定本规定，自 2000 年 8 月 25 日起施行。

（2）强制性标准监督检查的内容

1）有关工程技术人员是否熟悉、掌握强制性标准；

2）工程项目的规划、勘察、设计、施工、验收等是否符合强制性标准的规定；

3）工程项目采用的材料、设备是否符合强制性标准的规定；

4）工程项目的安全、质量是否符合强制性标准的规定；

5）工程中采用的导则、指南、手册、计算机软件的内容是否符合强制性标准的规定。

6）工程建设标准批准部门应当将强制性标准监督检查结果在一定范围内公告。

7）工程建设强制性标准的解释由工程建设标准批准部门负责。

有关标准具体技术内容的解释，工程建设标准批准部门可以委托该标准的编制管理单位负责。

8）工程技术人员应当参加有关工程建设强制性标准的培训，并可以计入继续教育学时。

9）建设行政主管部门或者有关行政主管部门在处理重大工程事故时，应当有工程建设标准方面的专家参加；工程事故报告应当包括是否符合工程建设强制性标准的意见。

10）任何单位和个人对违反工程建设强制性标准的行为有权向建设行政主管部门或者有关部门检举、控告、投诉。

11）建设单位有下列行为之一的，责令改正，并处以 20 万元以上 50 万元以下的罚款：

① 明示或者暗示施工单位使用不合格的建筑材料、建筑构配件和设备的；

② 明示或者暗示设计单位或者施工单位违反工程建设强制性标准，降低工程质量的。

12）勘察、设计单位违反工程建设强制性标准进行勘察、设计的，责令改正，并处以 10 万元以上 30 万元以下的罚款。

有前款行为，造成工程质量事故的，责令停业整顿，降低资质等级；情节严重的，吊销资质证书；造成损失的，依法承担赔偿责任。

13）施工单位违反工程建设强制性标准的，责令改正，处工程合同价款 2% 以上 4% 以下的罚款；造成建设工程质量不符合规定的质量标准的，负责返工、修理，并赔偿因此造成的损失；情节严重的，责令停业整顿，降低资质等级或者吊销资质证书。

14）工程监理单位违反强制性标准规定，将不合格的建设工程以及建筑材料、建筑构配件和设备按照合格签字的，责令改正，处 50 万元以上 100 万元以下的罚款，降低资质等级或者吊销资质证书；有违法所得的，予以没收；造成损失的，承担连带赔偿责任。

15）违反工程建设强制性标准造成工程质量、安全隐患或者工程事故的，按照《建设工程质量管理条例》有关规定，对事故责任单位和责任人进行处罚。

16）有关责令停业整顿、降低资质等级和吊销资质证书的行政处罚，由颁发资质证书的机关决定；其他行政处罚，由建设行政主管部门或者有关部门依照法定职权决定。

17）建设行政主管部门和有关行政部门工作人员，玩忽职守、滥用职权、徇私舞弊的，给予行政处分；构成犯罪的，依法追究刑事责任。

# 第四章 专业技能

## 第一节 编制施工组织设计、专项施工方案

**1. 怎样确定分部工程的施工起点流向？**

答：施工起点流向指平面或竖向空间开始施工的部位及其流动方向。它决定了施工段的施工顺序。确定施工起点流向时应考虑以下因素：

（1）建设单位的要求；

（2）施工的繁简程度；

（3）施工方便，构造合理；

（4）保证工期和质量。

**2. 怎样进行主要施工机械质量控制？怎样进行施工机械的布置？**

答：（1）施工机械设备质量控制

1）机械设备的选型；

2）主要性能参数指标的确定；

3）机械设备制作标准；

4）使用操作要求；

5）机械设备输送特点。

（2）施工机械的布置

随着现代施工技术的发展，工程施工的机械化程度越来越高，使用的机械种类也越来越多，因此，在施工中如何合理地进行布置，对充分发挥机械效率，提高劳动生产率，实现现场安全、文明施工有重要意义。

施工中所使用的机械设备，有许多是局部或某些施工过程中所使用的，它们具有小型、灵便、可随时移动操作位置等特点，如电焊机、切割机、空压机等。而有些全场性的机械设备，如垂直运输机械、混凝搅拌站、施工电梯等，这些机械布置的位置要固定，在整个工程施工期占用一定的场地，并对施工的进程起重要作用。

1）起重机械的布置

现场的起重机械有塔吊、履带吊起重机、井架、龙门架、平台式起重机等。它的位置直接影响仓库、料堆、砂浆和混凝土搅拌站的位置，以及场地道路和水电管网的位置等，因此要首先予以考虑。

塔式起重机的布置要结合建筑物的平面形状和四周场地条件综合考虑。轨道式塔吊一般应在场地较宽的一面沿建筑物的长度方向布置，以充分发挥其效率。根据工程具体情况，还可布置成双侧布置或跨内布置。塔轨路基必须坚实可靠，两旁应设排水沟，在满足使用的条件下，要缩短塔轨的长度，同时还要注意安塔、拆塔是否有足够的场地。

塔吊单侧布置时，其回转半径应满足下式要求：

$$R \geqslant B + D$$

式中　$R$——塔吊的最大回转半径（m）；

　　　$B$——建筑平面的最大宽度（m）；

　　　$D$——轨道中心线与外墙边线的距离（m）。

轨道中心线与外墙边线的距离取决于凸出墙的雨篷、阳台以及脚手架尺寸，还取决于所选择塔吊的有关技术参数（如轨距等），吊装构件的重量和位置。塔吊的布置要尽量使建筑物处于其回转半径覆盖之下，并尽可能地覆盖最大面积的施工现场，使起重机能将材料、构件运至施工的各个地点，避免出现"死角"。

在高空有高压电线通过时，高压线必须高出起重机，并保证规定的安全距离，否则应采取安全防护措施。

布置固定式垂直运输设备（如井架、龙门架、桅杆、固定式塔吊）的位置时，主要根据机械性能，建筑物平面形状和大小，施工段划分的情况，起重高度，材料和构件的重量及运输道路的情况等而定。力求做到使用方便、安全，便于组织流水施工，便于楼层和地面运输，并使其运距较短。

2）施工电梯

当进行高层建筑施工时，为方便施工人员的上下及携带工具和运送少量材料，一般需设施工电梯。施工电梯的基础及与建筑物的连接基本可按固定式塔吊设置。与塔吊相比，施工电梯是一种辅助性垂直运输机械，布置时主要依附于主楼结构，宜布置在窗口处，并且易进行基础处理。

3）搅拌站的布置

砂浆及混凝土的搅拌站位置，要根据房屋的类型、场地条件、起重机和运输道路的布置来确定。在一般的砖混结构房屋中，砂浆的用量比混凝土用量大，要以砂浆搅拌站位置为主。在现浇混凝土结构中，混凝土用量大，因此要以混凝土搅拌站为主来进行布置。搅拌站的布置要求如下：

① 搅拌站应有后台上料的场地，尤其是混凝土搅拌机，要与砂石堆场、水泥库一起考虑布置，既要互相靠近，又要便于材料的运输和装卸；

② 搅拌站应尽量布置在垂直运输机械附近或其服务范围内，以减少水平运距；

③ 搅拌站应设置在施工道路近旁，使小车、翻斗车运输方便；

④ 搅拌站场地四周应设置排水沟，以有利于清洗机械和排除污水，避免造成现场积水；

⑤ 混凝土搅拌台所需面积约 $25m^2$，砂浆搅拌台约 $15m^2$。当现场较窄，混凝土需求量大或采用现场搅拌泵送混凝土时，为保证混凝土供应量和减少砂石料的堆放场地，宜建置双阶式混凝搅拌站，骨料堆于扇形贮仓。

### 3. 怎样绘制分部工程施工现场平面图？

答：（1）施工总平面布置的原则

1）在满足施工需要前提下，尽量减少施工用地，不占或少占农田，施工现场布置要紧凑合理。

2）合理布置起重机械和各项施工设施，科学规划施工道路，尽量降低运输费用。

3）科学确定施工区域和场地面积，尽量减少专业工种之间交叉作业。

4）尽量利用永久性建筑物、构筑物或现有设施为施工服务，降低施工设施建造费用，尽量采用装配式施工设施，提高其安装速度。

5）各项施工设施布置都要满足：有利生产、方便生活、安全防火和环境保护要求。

（2）施工总平面布置依据

1）建设项目建筑总平面图、竖向布置图和地下设施布置图。

2）建设项目施工部署和主要建筑物施工方案。

3）建设项目施工总进度计划、施工总质量计划和施工总成本计划。

4）建设项目施工总资源计划和施工设施计划。

5）建设项目施工用地范围和水电源位置，以及项目安全施工和防火标准。

（3）施工平面图包括的内容

1）建设项目施工用地范围内地形和等高线；全部地上、地下已有和拟建的建筑物、构筑物及其他设施位置和尺寸。

2）全部拟建的建筑物、构筑物和其他基础设施的坐标网。

3）为整个建设项目施工服务的施工设施布置，它包括生产性施工设施和生活性施工设施两类。

4）建设项目施工必备的安全、防火和环境保护设施布置。

（4）施工平面图设计的步骤

1）当大宗施工物资由公路运来时，必须解决好现场大型仓库、加工场与公路之间相互关系；当大宗施工物资由水路运来时，必须解决如何利用原有码头和要否增设新码头，以及大型仓库和加工场同码头关系问题。

2）确定仓库和堆场位置当采用铁路运输大宗施工物资时，中心仓库尽可能沿铁路专用线布置，并且在仓库前留有足够的装卸前线，否则要在铁路线附近设置转运仓库，而且该仓库要设置在工地同侧。当采用公路运输大宗施工物资时，中心仓库可布置在工地中心区或靠近使用地方，如不可能这样做时，也可将其布置在工地入口处。大宗地方材料的堆场或仓库，可布置在相应的搅拌站、预制场或加工场附近。当采用水路运输大宗施工物资时，要在码头附近设置转运仓库。工业项目的重型工艺设备，尽可运至车间附近的设备组装场停放，普通工艺设备可放在车间外围或其他空地上。

3）确定搅拌站和加工场位置当有混凝土专用运输设备时，可集中设置大型搅拌站，其位置可采用线性规划方法确定，否则就要分散设置小型搅拌站，它们的位置均应靠近使用地点或垂直运输设备。各种加工场的布置均应以方便生产、安全防火、环境保护和运输费用少为原则。通常加工场宜集中布置在工地边缘处，并且将其与相应仓库或堆场布置在同一地区。

4）确定场内运输道路位置根据施工项目及其与堆场、仓库或加工场相应位置，认真研究它们之间物资转运路径和转运量，区分场内运输道路主次关系，优化确定场内运输道路主次和相互位置；要尽可能利用原有或拟建的永久道路；合理安排施工道路与场内地下管网间的施工顺序，保证场内运输道路时刻畅通；要科学确定场内运输道路宽度，合理选择运输道路的路面结构。

5）确定生活性施工设施位置，全工地性的行政管理用房屋宜设在工地入口处，以便加强对外联系，当然也可以布置在比较中心地带，这样便于加强工地管理。工人居住用房屋宜布置在工地外围或其边缘处。文化福利用房屋最好设置在工人集中地方，或者工人必经之路附近的地方。生活性施工设施尽可能利用建设单位生活基地或其他永久性建筑物，其不足部分再按计划建造。

6）确定水电管网和动力设施位置根据施工现场具体条件，首先要确定水源、电源类型和供应量，然后确定引入现场后的主干管（线）、支干管（线）供应量和平面布置形式。根据建设项目规模大小，还要设置消防站、消防通道和消火栓。

7）评价施工总平面图指标。为了从几个可行的施工总平面图方案中，选择出一个最优方案，通常采用的评价指标有：施工占地总面积、土地利用率、施工设施建造费用、施工道路总长度和施工管网总长度。并在分析计算基础上，对每个可行方案进行综合评价。

**4. 建筑给水排水工程的专项施工方案包括哪些内容？**

答：（1）工程概况。

某车间给水排水工程，包括厂区内生产给回水、生活给水、循环水、生活生产污水、雨水等系统的地下管道。

管道材质主要包括：聚氯乙烯双壁波纹管、焊接钢管、塑料管等。

编制依据：

《工业金属管道工程施工规范》GB 50235；

《现场设备、工艺管道焊接工程施工规范》GB 50236；

《给水排水管道工程施工及验收规范》GB 50268；

《工业设备、管道防腐蚀工程施工及验收规范》HGJ 229；

《工业金属管道工程施工质量验收规范》GB 50184；

《建筑给水排水及采暖工程施工质量验收规范》GB 50242。

（2）施工准备。

1）进行施工技术交底，明确施工技术要求。

2）物资部门应根据工程材料预算及时落实采购意向，并在开工前，将所需材料（设备）提前供到施工现场，施工用主要材料，设备及制品，应符合国家及部颁现行标准的技术质量鉴定文件或产品合格证。

3）根据设计要求，加工好预埋件，以便配合土建进度及时搞好预埋。

4）熟悉施工现场，落实好施工机具、力量、材料、用水、用电和施工现场消防设施，保证正常施工。

（3）施工技术要求及工程特点。

给水排水管道安装严格按照《给水排水管道工程施工及验收规范》GB 50268 和《工业金属管道工程施工规范》GB 50235 进行施工及验收。同时，还应符合设计和使用要求，严格按图及国家有关标准图册施工，若需变更，必须经甲方代表、设计方许可，凭变更联系单、变更图纸方可施工。

工程特点：

1）管线管道规格多，有圆管，矩形管等，在施工中要认真审核图纸，并根据图纸的技术要求进行制作与安装。

2）工期短，工程量大，部分管道安装需与土建、结构施工穿插进行，因而在制作时应根据现场土建结构施工进度，来编排制作组队安装计划，以确保工序间协调，防止因工序不合理造成施工机具浪费及影响施工进度。

3）管线安装高度高，因而在施工中必须做好施工安全防护措施。

4）由于管线大部分在厂房外或房顶屋架等布置，因而管线的吊装基本采用可移动起重设备，在选择使用起重设备（履带吊及汽车吊）时，应根据施工现场周围环境、管道重量安装高度、位置及吊车站位地基情况来正确选用。

5）由于管径大，运输受到限制，因而采取制作场卷制，现场组对安装，相应增大施工现场的工作量。

（4）管道安装及防腐。

1）管道及组成件必须具有制造厂的质量证明书，并符合国家标准的规定。

2）管材、管件均应有出厂合格证，出库到现场使用前应按设计要求核对其规格、材质，并应进行外观检查，其外观符合下列条款要求：

① 无裂纹、缩孔、夹渣、重皮等缺陷。

② 不超过壁厚偏差的锈蚀和凹陷。

③ 管道在运输过程中要小心谨慎，采取措施保证管道不致受损。

④ 阀门必须有合格证，安装应检查填料，其压盖螺栓需有足够的调节余量。

3）管道安装程序：采取分段开挖、分段安装、分段回填的顺序进行，根据实际情况进行合理安排。

① 如管沟穿越公路（包括施工的临时道路）或影响到其他工程施工时，可以先进行管沟回埋，但焊缝处应留出不能回埋。

② 管道穿越铁路时采取顶管通过，然后抓紧时间进行安装焊接。排水管道穿越热力管沟，电缆沟时应设塑料套管并与土建，电气，热力专业密切配合施工。

③ 因现场条件影响无法完成管道连通时，应在各分段两端用盲板堵死，逐个按《工业金属管道工程施工及验收规范》GB 50235进行水压试验，合格后方可进行回埋，并在管道两段做上显目的标志，以备日后管道连通时方便查找。

④ 如有临时变动事宜联系甲方及设计院共同协商解决。

4）预制管安装与铺设。

① 管道和管件吊装应采用钢丝绳，吊装时应加衬草袋或胶板保护管道表面，装放时应垫稳、绑牢、不得相互撞击；接口及钢管的内外防腐层应采取保护措施。

② 管道及管件堆放宜选择使用方便、平整、坚实的场地；按照安装使用顺序堆放，堆放时必须垫稳，堆放层高应符合规范

要求。使用管件必须自上而下依次搬运。

③ 起重机下管时，起重机架设的位置不得影响沟槽边坡的稳定，应留一定距离，保证作业安全；起重机在高压输电线路附近作业与线路间的安全距离应符合电业管理部门的规定。

④ 管道应在沟槽地基、管基质量检验合格后安装，对于承插接口的管道安装时宜自下游开始，承口朝向施工前进的方向。

⑤ 管件下入沟槽，不得与槽壁支撑及槽下的管道相互碰撞。

⑥ 管道安装时，应随时清扫管道中的杂物，给水管道暂停安装时，两端应临时封堵。

5）管道连接：焊接钢管 $DN \leqslant 50mm$ 均采用丝扣连接，$DN > 50mm$ 均采用焊接。

6）管道防腐施工应按照设计规定和有关规范的要求进行。

7）防腐不得在雨、雾、湿度大于 85％或 5 级以上大风中露天施工。

8）明设钢管除锈后，刷两道防锈漆，再刷两道调和漆，埋地钢管做正常防腐层，有地下水则做加强防腐层。施工应符合下列规定：

① 涂底漆前管子表面应清除油垢、灰渣、铁锈、氧化铁皮，采用砂轮机除锈。

② 管道防腐根据施工需要，施工前集中安排进行。涂底漆时基面应干燥，基面除锈后与涂底漆的间隔时间不得超过 8h，防腐层应涂刷均匀、饱满，玻璃丝布包裹紧密，不得有凝块起泡现象。管端 150～250mm 范围内不得涂刷，待管道安装试压合格后进行局部防腐补口补伤处理。

（5）管沟开挖。

1）管沟开挖前，应预先了解地下障碍物（如原有电缆及临时施工临时电缆、原有管道等）的分布情况，以免施工时遭到破坏。

2）管沟开挖前测量放线，测量人员根据甲方提供的现场标准水准点和轴线控制点、根据管沟开挖先后顺序进行测量放线。

3）主要主干管道管沟开挖采用反铲挖掘机施工，修整及清理部分采用人工挖土，部分零星管道采用人工开挖的方法。

4）机械挖土时，沟底应留出 200～300mm 的土层作为清沟余量，铺管前必须用人工清理至设计标高，以防止超挖槽底基础扰动。

（6）阀门安装。

1）外观检查，仔细检查阀门的法兰接合面、焊接端、螺纹面及阀体各部分有无缺陷，如：碰撞损坏、砂眼、裂纹、凹坑和其他影响质量的缺陷。经外观检查合格的阀门方可进行安装。不合格阀门通知供应部门退回供方。

2）法兰或螺纹连接的阀门应在关闭状态下安装。

3）安装阀门前，应按设计核对型号、材质、规格，并按介质流向确定安装方向。

4）安装后，应在阀杆上涂以润滑油。

（7）焊接。

1）参加管道焊接人员，应是持经技术监督局考试相应项目合格的焊工担任。

2）具体的焊接方法应根据设计要求进行。

3）管口对接错边要求：

① 壁厚相同的管子、管件组对时，其内壁应做到平齐，内壁错边量不宜超过壁厚的 10％，且不大于 2mm。

② 不同壁厚的管子、管件组对时，当内壁错边量超过上述规定时留下空隙加固 100mm，宽或错边量大于 3mm 时，应按要求所规定形式进行加工。

③ 坡口表面及其内外侧不小于 10mm 范围内应无油、无漆、无尘、无锈，不得有裂纹、夹层等缺陷。

4）管道对接时，环向焊缝的检验及质量应符合下列规定：

① 检查前应清除焊缝的渣皮、飞溅物；

② 应在油渗、水压试验前进行外观检查；

③ 管径大于等于 800mm 时，焊口应进行油渗检验，不合格

的焊缝应铲除重焊。

（8）管道水压试验。

1）给水管道全部回填土前应进行强度及严密性试验，管道强度及严密性试验应采用水压试验。按《工业金属管道工程施工规范》GB 50235 进行水压试验。

2）管道水压试验的分段长度根据实际情况决定。

3）管道水压试验时，当 $DN \geqslant 600mm$ 时，试验管段端部的封堵应采取增加临时缩口管段的方法，保证试压强度。

4）管道水压试验前应符合下列规定：

① 管道安装检查合格，方可按规定回填土。

② 试验管段所有敞口应堵严，不得有渗水现象。

③ 试验管段不得采用闸阀作堵板，不得有消火栓、水炮等附件，应从试压系统暂时隔离。

④ 试验用压力表已经校验，且在周检期内，精度不低于1.5级，表的满刻度值宜为试验压力的1.3～1.5倍，同一试压管线压力表不少于2块。

⑤ 管道灌水应从下游缓慢灌入。灌水时，在试验管段的上游管顶及管段的凸起点应设排气阀，将管道内的气体排除。

⑥ 试验管段灌满水后，宜在不大于工作压力条件，充分浸泡24h后再进行试压。

5）管道水压试验时，应符合下列规定：

① 管道升压时，管道的气体应排除，升压过程中，当发现压力表针摆动不稳且升压较慢时，应重新排气后再升压。

② 应分级升压，每升一级应检查接口，当发现无异常情况时，再继续升压。

③ 水压试验时，严禁对管身、接口进行敲打或修补缺陷，遇到缺陷时，应作出标记，卸压后修补。

④ 水压试验过程中，管道两端严禁站人。

⑤ 水压升至试验压力后，保持恒压 10min，检查接口、管身无破损及漏水现象时，管道强度试验为合格。

⑥ 管道严密性试验，应按放水法或注水法试验进行。

⑦ 管道严密性试验时，不得有漏水现象，且符合下列要求，严密性试验为合格。

a. 实测渗水量小于或等于规定要求允许的渗水量；

b. 管道内径小于或等于400mm，且长度小于或等于1km的管道，在试验压力下，10min降压不大于0.05MPa时，可认为严密性试验合格。

⑧ 污水、雨水排水管道回填土前应采用闭水法进行严密性试验。

6）管道闭水试验时，试验管段应符合下列规定：

① 管道及检查井外观质量已验收合格。

② 管道未回填土，且沟槽内无积水。

③ 全部预留孔应封堵，不得渗水。

④ 管道两端堵板承载力经核算应大于水压力的合力，除预留进出水管外，应封堵坚固，不得渗水。

⑤ 试验管段应按井距分隔，长度不宜大于1km，带井试验。

⑥ 管道闭水试验应按规范要求的闭水法试验进行。

⑦ 管道严密性试验时，应进行外观检查，不得有漏水现象，且符合规范要求时，管道严密性试验为合格。

7）给水管水冲洗。

① 水冲洗的排放管应接入可靠的排水井或沟中，并保证排泄畅通和安全，排放管的截面不应小于被冲洗管截面的60%。

② 冲洗用水为洁净水。

③ 水冲洗应连续进行，最终以出口的水色和透明度与入口处目测一致为合格。

④ 冲洗时应保证排水管路畅通安全。

⑤ 管道冲洗合格后，应将水排尽，排到指定地点。

（9）管沟回填。

1）地下管道施工完毕并经检验合格后，沟槽应及时回填，回填采用人工回填并分层夯实。

2）回填前，首先检查如下项目，合格后方可施工。

① 给水管经试压验收合格、排水管经闭水试验验收合格，根据施工顺序可采用分段试压回填方法。

② 现场浇筑的混凝土基础强度达到75％以上。

③ 混凝土接口符合要求。

④ 防腐管道补伤补口合格。

3）回填土应符合下列规定：

① 沟槽底部至管顶以上50cm范围内，无有机物、冻土以及大于50mm的砖、石等硬块；绝缘管道周围，可采用细粒土回填。

② 回填土采用人工回填，蛙式夯分层夯实，其每层虚铺厚度应控制在20～30cm范围之内，其压实系数应＞90％。

4）检查井、雨水口及其他井室周围回填时应符合如下规定：

① 路面范围内的井室周围，应采用石土、砂砾等材料回填，其宽度不小于40mm。

② 井室周围的回填，应与管道沟槽的回填同时进行，当不便同时进行时，应留台阶形接茬。

③ 井室周围回填压实时应沿井室中心对称进行，且不得漏夯；回填材料压实后应与井壁紧贴。

（10）质量保证措施。

1）严格按照公司ISO9002标准质量体系进行。

2）在项目经理领导下，建立以项目施工和项目工程师为首的各级质量保证安全体系。

3）施工时突出关键工序、部位的质量管理，协调各专业间关系，确保工程优良。

4）做好并保存有关施工质量的原始记录，分类清楚，资料完整。

5）严把原材料、半成品、成品关，所有施工材料必须有合格证，严禁不合格和无合格证材料进入施工现场。

6）实行质量层层负责制，每一环节都设置专人把好质量关，上道工序不合格不得进入下道工序。

7）施工班组做好自检工作，自检合格后进行互检。

8）做好工程隐蔽前各项工作，及时组织甲方、监理、施工单位三方进行隐蔽检查。

9）认真做好施工记录，并与施工同步。

10）施工过程中，认真听取业主及监理公司的意见，并积极配合，以保证工程的顺利进行。

（11）安全保证措施及文明施工。

## 5. 工地重大危险源有哪些？

答：工地重大危险源清单包括：

高处作业无"三宝"，"四口"、"五临边"未按要求装设防护栏，无明显警示标志，"三宝"指安全帽、安全带、安全网，"四口"指楼梯口、电梯井口、预留洞口、通道口，"五临边"防护即：在建工程的楼面临边、屋面临边、阳台临边、升降口临边、基坑临边。平台走道脚手架堆放物体超载。雷雨天、台风等恶劣天气室外高处作业。未经批准拆除安全防护设施。高空坠物。交叉作业。设备材料工器具无防坠措施。脚手架搭设及拆除。脚手架搭设不合格、违章操作，作业人员安全防护用品佩带不齐全。起重作业：起重作业违章作业、钢丝断股。危险化学品：危险化学品泄漏、危险化学品混放。木工作业：电源线路短路，工人吸烟、动火。食堂就餐：食物中毒。施工设备工具使用：操作失误、无防护。施工用电：带电作业人员没有使用防护保护用品，电源线绝缘皮破损，未实行"一机一闸一漏电"规定。针对以上重大安全隐患危险源可以做比较有针对性的专项方案，其中临时用电专项方案是必须的。

## 6. 危险性较大的分部分项工程专项方案包括哪些内容？

答：所称危险性较大的分部分项工程是指建筑工程在施工过程中存在的、可能导致作业人员群死群伤或造成重大不良社会影响的分部分项工程。危险性较大的分部分项工程安全专项施工方案（以下简称"专项方案"）是指施工单位在编制施工组织（总）设计的基础上，针对危险性较大的分部分项工程单独编制的安全技术措施文件。

专项方案主要应包括以下内容：

（1）工程概况：危险性较大的分部分项工程概况、施工平面布置、施工要求和技术保证条件。

（2）编制依据：所依据的法律、法规、规范性文件、标准、规范的目录或条文，以及施工组织（总）设计、勘察设计、图纸等技术文件名称。

（3）施工计划：包括施工进度计划、材料与设备计划。

（4）施工工艺：技术参数、工艺流程、施工方法、检查验收等。

（5）施工安全保证措施：组织保障、技术措施、应急预案、监测监控等。

（6）劳动力组织：专职安全生产管理人员、特种作业人员等。

（7）计算书及相关图纸、图示。

## 第二节　施工图及其他施工等文件

### 1. 怎样识读建筑给水排水工程施工图？

答：（1）先看系统图，认清这套图里给水排水有几个系统，每个系统有几根立管，立管的高度，水平的环管是从哪层接的。

（2）逐层查看平面图，找出各系统立管处于哪些位置，水平干管及支管的走向。

（3）结合图纸说明、图例，了解各系统所用阀门的型号、规格，掌握泵的参数。

（4）查阅每个大样图，对各个管井、机房、卫生间的排布做一定的了解，因为设计人员不可能排布的十分精确，所以这些都只是提供参考。

## 2. 供暖施工图的构成和图示内容各有哪些?

答:(1) 供暖施工图的构成

供暖工程是指在冬季创造适宜人们生活和工作的温度环境,保护各类生产设备正常运转,保证产品质量以保持室温要求的过程设施。供暖工程由三部分构成:产热部分——热源,如锅炉房、电热站等;输热部分——由热源到用户输送热能的热力管网;散热部分——各类型的散热器。供暖工程因热媒的不同,一般可以分为热水供暖和蒸汽供暖。

形象地说,一个供暖过程就是由锅炉将水加热成热水或蒸汽,然后由室外供热管送至各个建筑物,由各干管、立管、支管送至各散热器,经散热器降温后有支管、立管、干管、室外管道送回锅炉重新加热,继续循环。

供暖施工图一般分为室外和室内两部分。室外部分表示一个区域的供暖管网,包括总平面图、管道横纵剖面图、详图及设计施工说明;室内部分表示一幢建筑物的供暖工程,包括供暖平面图、系统图、详图及设计、施工说明。

(2) 供暖施工图的图示内容

1) 供暖平面图

① 散热器的平面位置、规格、数量及安装方式。

② 供热干管、立管、支管的走向、位置、编号及其安装方式。

③ 干管上的阀门、固定支架等部件的位置。

④ 膨胀水箱、排气阀等供暖系统有关设备的位置、型号及规格。

⑤ 设备及管道安装的预留洞、预埋件、管沟的位置。

2) 供暖系统图

① 散热设备及主要附件的空间相互关系及在管道系统中位置。

② 散热器的位置、数量、各管径尺寸、立管编号。

③ 管道标高及坡度。

3) 详图

主要体现复杂节点、部件的尺寸、构造及安装要求、包括标准图及非标准图。非标准图指的是平面及系统中标示不清，又无国家标准图集的节点、零件等。

**3. 怎样读识供暖施工图？**

答：首先应熟悉图纸目录，了解设计说明，了解主要的建筑图及有关的结构图。在此基础上将供暖平面图和系统图联系对照读识，同时再辅以有关详图配合读识。

(1) 读识图纸目录和实际说明

1) 熟悉图纸目录。从图纸目录中可知工程图纸的种类和数量，包括所选用的标准图及其他工程图纸，从而可以粗略地得知工程概貌。

2) 了解设计和施工说明，它通常包括：

① 设计所使用的有关气象资料、卫生标准、热负荷量、热指标等基本数据。

② 供暖系统的形式、划分及编号。

③ 统一图例和自用图例符号的含义。

④ 图中未加表明或不够明确而需特别说明的一些内容。

⑤ 统一做法的说明和技术要求。

(2) 读识供暖平面图

1) 明确室内散热器的平面位置、规格、数量以及散热器的安装方式（明装、暗装或半暗装）。散热器一般布置在窗台下，以明装为最常见，一般若为暗装或半暗装就会在图纸中加以说明。散热器的规格较多，除可依据图例加以识别外，一般在施工说明中均有注明。散热器的数量均标注在散热器旁，这样可以使使用图纸者一目了然。

2) 连接水平干管的布置方式。识读时需要注意干管敷设在最高层、中间层和是最底层，以了解供暖系统是上分式、中分式或是下分式，还是水平式系统。此外，还应搞清干管上的阀门、固定支架、补偿器等的位置、规格及安装要求等。

3）通过立管编号，查清立管系统数量和位置。

4）了解供暖系统中，膨胀水箱、集气罐（热水供暖系统）、疏水器（蒸汽供暖系统）等设备的位置、规格以及设备管道的连接情况。

5）查明供暖入口及入口地沟或架空情况。当供暖入口无节点详图时，供暖平面图中一般将入口装置的设备如控制阀门、减压阀、除污器、疏水器、压力表、温度计等八大清楚，并注明规格、热媒来源、流向等。如供暖入口装置供暖标准图，则可按注明的标准图号查阅标准图。当有供暖入口详图时，可按图中所注详图编号查阅供暖入口详图。

（3）读识供暖系统图

1）安装热媒的流向确认供暖管道系统的形式及其联接情况，各管段的管径、坡度、坡向，水平管道和设备的标高以及立管编号等。供暖管道系统图完整表达了供暖系统的布置形式，清楚地标明了干管与立管以及立管与支管、散热器之间的连接方式。散热器支管有一定的坡度。其中，供水支管坡向散热器，回水支管则坡向回水立管。

2）了解散热器的规格及数量。当采用柱形和翼形散热器时，要弄清散热器的规格和片数（以及带脚片数）；当为光滑管散热器时，要弄清其型号、管径、排数及长度；当采用其他供暖设备时，应弄清设备的构造和标高（底部或顶部）。

3）注意查清其他附件与设备在管道系统中的位置、规格及尺寸，并与平面图和材料表等加以核对。

4）查明供暖入口的设备、附件、仪表之间的关系，热媒来源、流向、坡向、标高、管径等。如有节点详图，则要查明节点详图编号，以便查阅。

**4. 通风与空调工程施工图包括哪些内容？**

答：通风与空调工程施工图一般由两大部分组成，即文字部分和图纸部分。文字部分包括图纸目录、设计施工说明、设备及主要材料表。

图纸部分包括基本图和详图。基本图包括空调通风系统的平面图、剖面图、轴测图、原理图等。详图包括系统中某局部或部件的放大图、加工图、施工图等。如果详图中采用了标准图或其他工程图纸，那么在图纸目录中必须附有说明。

（1）设计施工说明

设计施工说明包括采用的气象数据、空调通风系统的划分及具体施工要求等。有时还附有风机、水泵、空调箱等设备的明细表。具体地说，包括以下内容：

1）需要空调通风系统的建筑概况。

2）空调通风系统采用的设计气象参数。

3）空调房间的设计条件。包括冬季、夏季的空调房间内空气的温度、相对湿度（或湿球温度）、平均风速、新风量、噪声等级、含尘量等。

4）空调系统的划分与组成。包括系统编号、系统所服务的区域、送风量、设计负荷、空调方式、气流组织等。

5）空调系统的设计运行工况（只有要求自动控制时才有）。

6）风管系统。包括统一规定、风管材料及加工方法、支吊架要求、阀门安装要求、减振做法、保温等。

7）水管系统。包括统一规定、管材、连接方式、支吊架做法、减振做法、保温要求、阀门安装、管道试压、清洗等。

8）设备。包括制冷设备、空调设备、供暖设备、水泵等的安装要求及做法。

9）油漆。包括风管、水管、设备、支吊架等的除锈、油漆要求及做法。

10）调试和试运行方法及步骤。

11）应遵守的施工规范、规定等。

（2）设备与主要材料表

设备与主要材料的型号、数量一般在《设备与主要材料表》

中给出。

（3）图纸部分

平面图包括建筑物各层面各空调通风系统的平面图、空调机房平面图、冷冻机房平面图等。

1）空调通风系统平面图

空调通风系统平面图主要说明通风空调系统的设备、系统风道、冷热媒管道、凝结水管道的平面布置。它的内容主要包括：

① 风管系统。

② 水管系统。

③ 空气处理设备。

④ 尺寸标注。

此外，对于引用标准图集的图纸，还应注明所用的通用图、标准图索引号。对于恒温恒湿房间，应注明房间各参数的基准值和精度要求。

2）空调机房平面图

空调机房平面图一般包括以下内容：

① 空气处理设备。注明按标准图集或产品样本要求所采用的空调器组合段代号，空调箱内风机、加热器、表冷器、加湿器等设备的型号、数量，以及该设备的定位尺寸。

② 风管系统。用双线表示，包括与空调箱相连接的送风管、回风管、新风管。

③ 水管系统。用单线表示，包括与空调箱相连接的冷、热媒管道及凝结水管道。

④ 尺寸标注。包括各管道、设备、部件的尺寸大小、定位尺寸以及消声设备、柔性短管、防火阀、调节阀门的位置尺寸。

3）冷冻机房平面图

冷冻机房与空调机房是两个不同的概念，冷冻机房内的主要设备为空调机房内的主要设备——空调箱提供冷媒或热媒。也就是说，与空调箱相连接的冷、热媒管道内的液体来自于冷冻机房，而且最终又回到冷冻机房。因此，冷冻机房平面图的内容主要有制冷机组的型号与台数、冷冻水泵和冷凝水泵的型号与台数、冷（热）媒管道的布置以及各设备、管道和管道上的配件（如过滤器、阀门等）的尺寸大小和定位尺寸。

4）剖面图

剖面图总是与平面图相对应的，用来说明平面图上无法表明的情况。因此，空调通风施工图中的剖面图主要包括空调通风系统剖面图、空调通风机房剖面图和冷冻机房剖面图等。至于剖面和位置，在平面图上都有说明。剖面图上的内容与平面图上的内容是一致。

5）系统图（轴测图）

系统轴测图采用的是三维坐标。它的作用是从总体上表明所讨论的系统构成情况及各种尺寸、型号和数量等。具体地说，系统图上包括该系统中设备、配件的型号、尺寸、定位尺寸、数量以及连接于各设备之间的管道在空间的曲折、交叉、走向和尺寸、定位尺寸等。系统图上还应注明该系统的编号。系统图可以用单线绘制，也可以用双线绘制。

6）原理图

原理图一般为空调原理图，它主要包括以下内容：系统的原理和流程；空调房间的设计参数、冷热源、空气处理和输送方式；控制系统之间的相互关系；系统中的管道、设备、仪表、部件；整个系统控制点与测点间的联系；控制方案及控制点参数；用图例表示的仪表、控制元件型号等。

7）详图

空调通风工程图所需要的详图较多。总的来说，有设备、管道的安装详图，设备、管道的加工详图，设备、部件的结构详图等。部分详图有标准图可供选用。

详图就是对图纸主题的详细阐述，而这些是在其他图纸中无法表达但却又必须表达清楚的内容。

以上是空调通风工程施工图的主要组成部分。可以说，通过这几类图纸就可以完整、正确地表述出空调通风工程的设计者的意图，施工人员根据这些图纸也就可以进行施工、安装了。

（4）注意事项

在阅读这些图纸时，还需注意以下几点：

1）空调通风平、剖面图中的建筑与相应的建筑平、剖面图是一致的，空调通风平面图是在本层天棚以下按俯视图绘制的。

2）空调通风平、剖面图中的建筑轮廓线只是与空调通风系统有关的部分（包括有关的门、窗、梁、柱、平台等建筑构配件的轮廓线），同时还有各定位轴线编号、间距以及房间名称。

3）空调通风系统的平、剖面图和系统图可以按建筑分层绘制，或按系统分系统绘制，必要时对同一系统可以分段进行绘制。

（5）通风系统施工图的特点

1）空调通风施工图的图例

空调通风施工图上的图形不能反映实物的具体形象与结构，它采用了国家规定的统一的图例符号来表示，这是空调通风施工图的一个特点，也是对阅读者的一个要求：阅读前，应首先了解并掌握与图纸有关的图例符号所代表的含义。

2）风、水系统环路的独立性

在空调通风施工图中，风管系统与水管系统（包括冷冻水、冷却水系统）按照它们的实际情况出现在同一张平、剖面图中，但是在实际运行中，风系统与水系统具有相对独立性。因此，在阅读施工图时，首先将风系统与水系统分开阅读，然后再综合起来。

3）风、水系统环路的完整性

空调通风系统，无论是水管系统还是风管系统，都可以称之为环路，这就说明风、水管系统总是有一定来源，并按一定方向，通过干管、支管，最后与具体设备相接，多数情况下又将回到它们的来源处，形成一个完整的系统。系统形成了一个循环往复的完整的环路。我们可以从冷水机组开始阅读，也可以从空调设备处开始，直至经过完整的环路又回到起点。

对于风管系统，可以从空调箱处开始阅读，逆风流动方向看到新风口，顺风流动方向看到房间，再至回风干管、空调箱，再看回风干管到排风管、排风门这一支路。也可以从房间处看起，研究风的来源与去向。

4）空调通风系统的复杂性

空调通风系统中的主要设备，如冷水机组、空调箱等，其安装位置由土建决定，这使得风管系统与水管系统在空间的走向往往是纵横交错，在平面图上很难表示清楚，因此，空调通风系统的施工图中除了大量的平面图、立面图外，还包括许多剖面图与系统图，它们对读懂图纸有重要帮助。

5）与土建施工的密切性

空调通风系统中的设备、风管、水管及许多配件的安装都需要土建的建筑结构来容纳与支撑，因此，在阅读空调通风施工图时，要查看有关图纸，密切与土建配合，并及时对土建施工提出要求。

### 5. 怎样读识空调通风施工图？

答：（1）空调通风施工图的识图基础

需要特别强调并掌握以下几点：

1）空调调节的基本原理与空调系统的基本理论

这些是识图的理论基础，没有这些基本知识，即使有很高的识图能力，也无法读懂空调通风施工图的内容。因为空调通风施工图是专业性图纸，没有专业知识作为铺垫就不可能读懂图纸。

2）投影与视图的基本理论

投影与视图的基本理论是任何图纸绘制的基础，也是任何图纸识图的前提。

3）空调通风施工图的基本规定

空调通风施工图的一些基本规定，如线型、图例符号、尺寸标注等，直接反映在图纸上，有时并没有辅助说明，因此掌握这些规定有助于识图过程的顺利完成，不仅帮助我们认识空调通风施工图，而且有助于提高识图的速度。

（2）空调通风施工图识图方法与步骤

1）阅读图纸目录

根据图纸目录了解该工程图纸的概况，包括图纸张数、图幅大小及名称、编号等信息。

2）阅读施工说明

根据施工说明了解该工程概况，包括空调系统的形式、划分及主要设备布置等信息。在这基础上，确定哪些图纸代表着该工程的特点、属于工程中的重要部分，图纸的阅读就从这些重要图纸开始。

3）阅读有代表性的图纸

在第二步中确定了代表该工程特点的图纸，现在就根据图纸目录，确定这些图纸的编号，并找出这些图纸进行阅读。在空调通风施工图中，有代表性的图纸基本上都是反映空调系统布置、空调机房布置、冷冻机房布置的平面图，因此，空调通风施工图的阅读基本上是从平面图开始的，先是总平面图，然后是其他的平面图。

4）阅读辅助性图纸

对于平面图上没有表达清楚的地方，就要根据平面图上的提示（如剖面位置）和图纸目录找出该平面图的辅助图纸进行阅读，包括立面图、侧立面图、剖面图等。对于整个系统可参考系统图。

5）阅读其他内容

在读懂整个空调通风系统的前提下，再进一步阅读施工说明与设备及主要材料表，了解空调通风系统的详细安装情况，同时参考加工、安装详图，从而完全掌握图纸的全部内容。

## 6. 空调制冷施工图的表示方法、包括的内容、识读方法各是什么？

答：（1）表示方法

空调制冷系统施工图的线型、图例、图样画法与通风空调施

245

工图类似。

（2）内容

在工程设计中，空调制冷系统施工图包括目录、选用图集目录、设计施工说明、图例、设备及主要材料表、总图、工艺图、系统图、平面图、剖面图和详图等。

（3）识读方法

1）先区分主要设备、附属设备、管路和阀门、仪器仪表等，然后分项阅读。

分项阅读的顺序为：主要设备、附属设备、各设备之间连接的管路和阀门、仪器仪表。

2）分系统阅读，如主要系统图、制冷服务系统图等。

**7. 电气施工图有哪些特点？怎样读识建筑电气工程施工图？**

答：（1）建筑电气工程图的特点

建筑电气工程图具有不同于机械图、建筑图的特点，掌握建筑电气工程图的特点，对阅读建筑电气工程图将会提供很多方便。它们的主要特点是：

1）建筑电气工程图大多是采用统一的图形符号并加注文字符号绘制出来的。绘制和阅读建筑电气工程图，首先就必须明确和熟悉这些图形符号所代表的内容和含义，以及它们之间的相互关系。

2）建筑电气工程中的各个回路是由电源、用电设备、导线和开关控制设备组成。要真正理解图纸，还应该了解设备的基本结构、工作原理、工作程序、主要性能和用途等。

3）电路中的电气设备、元件等，彼此之间都是通过导线将其连接起来构成一个整体的。在阅读过程中要将各有关的图纸联系起来，对照阅读。一般而言，应通过系统图，电路图找联系；通过布置图，接线图找位置；交错阅读，这样读图效率可以提高。

4）建筑电气工程施工往往与主体工程及其他安装工程施工

相互配合进行，如暗敷线路、电气设备基础及各种电气预埋件与土建工程密切相关。因此，阅读建筑电气工程图时应与有关的土建工程图、管道工程图等对应起来阅读。

5) 阅读电气工程图的主要目的是用来编制工程预算和编制施工方案，指导施工、指导设备的维修和管理。在电气工程图中安装、使用、维修等方面的技术要求一般反映，仅在说明栏内作一说明"参照××规范"，所以，我们在读图时，应熟悉有关规程、规范的要求，才能真正读懂图纸。

（2）电气施工图的识读

一套建筑电气工程图所包括的内容比较多，图纸往往有很多张。一般应按以下顺序依次阅读和作必要的相互对照阅读。

1) 看标题栏及图纸目录。了解工程名称、项目内容、设计日期及图纸数量和内容等。

2) 看总说明。了解工程总体概况及设计依据，了解图纸中未能表达清楚的各有关事项。如供电电源的来源、电压等级、线路敷设方法、设备安装高度及安装方式、补充使用的非国标图形符号、施工时应注意的事项等。有些分项局部问题是在各分项工程的图纸上说明的，看分项工程图纸时，也要先看设计说明。

3) 看系统图。各分项工程的图纸中都包含有系统图。如变配电工程的供电系统图、电力工程的电力系统图、照明工程的照明系统图以及电缆电视系统图等。看系统图的目的是了解系统的基本组成，主要电气设备、元件等连接关系及它们的规格、型号、参数等，掌握该系统的基本概况。

4) 看平面布置图。平面布置图是建筑电气工程图纸中的重要图纸之一，如变配电所电气设备安装平面图、电力平面图、照明平面图、防雷、接地平面图等，都是用来表示设备安装位置、线路敷设方法及所用导线型号、规格、数量、管径大小的。在通过阅读系统图，了解了系统组成概况之后，就可依据平面图编制工程预算和施工方案，具体组织施工了。所以对平面图必须熟读。对于施工经验还不太丰富的同志，有必要在阅读平面图时，选择阅读相应内容的安装大样图。

5）看电路图和接线图。了解各系统中用电设备的电气自动控制原理，用来指导设备的安装和控制系统的调试工作。因电路图多是采用功能局法绘制的，看图时应依据功能关系从上至上或从左至右一个回路、一个回路的阅读。若能熟悉电路中各电器的性能和特点，对读懂图纸将是一个极大的帮助。在进行控制系统的配线和调校工作中，还可配合阅读接线图和端子图进行。

6）看安装大样图。安装大样图是按照机械制图方法绘制的用来详细表示设备安装方法的图纸，也是用来指导安装施工和编制工程材料计划的重要依据图纸。特别是对于初学安装的同志更显重要，甚至可以说是不可缺少的。安装大样图多是采用全国通用电气装置标准图集。

7）看设备材料表。设备材料表提供了该工程使用的设备、材料的型号、规格和数量，是编制购置主要设备、材料计划的重要依据之一。阅读图纸的顺序没有统一的规定，可以根据需要，自己灵活掌握，并应有所侧重。有时一张图纸可反复阅读多遍。为更好地利用图纸指导施工，使之安装质量符合要求，阅读图纸时，还应配合阅读有关施工及验收规范、质量检验评定标准以及全国通用电气装置标准图集，以详细了解安装技术要求及具体安装方法等。

## 8. 机械设备的安全技术要求有哪些？

答：机械设备的安全技术要求有以下几个方面：

（1）进场机械在未安装前，首先要检查进场时的有关合格证、使用证、出厂日期、各项性能等情况。

（2）向生产部门申报设备安装计划，计划批准前不得私自安装。

（3）设备安装的基础必须要牢固可靠，位置必须合理。

（4）安装完毕后必须进行空载运转，待一切正常方可使用。

（5）机械安装前必须做好机械的安全防护，没有防护设施坚决不予安装和使用。

（6）机械安装完毕后要经生产、安全等相关部门验收合格后方可使用。

## 第三节　技术交底文件、技术交底

**1. 为什么要进行施工技术交底？技术交底有哪些类型？**

答：（1）施工技术交底

施工技术交底是某一单位工程开工前，或一个分项工程施工前进行的技术性交代。其目的是使施工人员对工程特点、技术质量要求、施工方法与措施和安全管理等方面有一个详细的了解，以便于科学地组织施工，避免事故的发生。各项技术交底记录也是工程技术档案资料的重要组成部分。

（2）技术交底的分类

技术交底包括下列几种：

1）设计交底，俗称设计图纸交底。是在建设单位主持下，由设计单位向土建及设备安装施工单位、监理单位等进行的交底，主要交代建筑物的功能与特点，设计意图与要求等，并可一并进行设计答疑的一项技术业务活动。

2）施工组织设计交底。由项目施工技术负责人向施工工地进行交底。将施工组织设计要求的全部内容进行交底，使现场施工人员对工程概况、施工部署、施工方法与措施、施工进度与质量要求等方面，有一个较全面的了解，以便于在施工中充分发挥各方面的积极性，确保工程项目按期、保质、安全地在实现工程造价管理目标、环保节能目标等的前提下顺利建成。

3）分部、分项工程技术交底。在一项工程施工前，由各地技术负责人（施工员）向施工队（组）长进行的交底。通过交底，使直接生产操作者能抓住关键，以便能按图顺利施工。分部、分项工程技术交底是基层施工单位一项重要的技术活动，必须引起足够重视。

**2. 建筑给水排水工程的施工技术交底包括哪些内容？**

答：（1）建筑给水工程施工现场应具有必要的施工技术标准、健全的质量管理体系和工程质量检测制度，实现施工全过程质量控制。

（2）建筑给水工程的施工应按照批准的工程设计文件和施工技术标准进行施工。修改设计需设计单位出具的设计变更通知单。

（3）建筑给水工程的施工应编制施工组织设计或施工方案，经批准后方可实施。

（4）建筑给水工程的分项工程，应按系统、区域、施工段或楼层等划分。分项工程应划分成若干个检验批进行验收。

（5）建筑给水工程的施工单位应当具有相应的资质。工程质量验收人员应具备相应技术资格。

（6）建筑给水工程所使用的主要材料、成品、半成品、配件、器具和设备必须具有质量合格证明文件，规格、型号及性能检测报告应符合国家技术标准或设计要求。进场时应做检查验收，并经监理工程师核查确认。

（7）建筑给水工程与相关各专业之间，应进行交接质量检验，并形成记录。

（8）隐蔽工程应在隐蔽前经验收各方检验合格后，才能隐蔽，并形成记录。

（9）地下室或地下构筑物外墙有管道穿过的，应采取防水措施。对有严格防水要求的建筑物，必须采用柔性套管。

（10）在同一房间内，同类型的供暖设备、水器具及管道配件，除有特殊要求外，应安装在同一高度上。

（11）明装管道成排安装时，直线部分应互相平行。曲线部分：当管道水平或垂直并行时，应与直线部分保护等距；管道水平上下并行时，弯管部分的弯曲半径应一致。

（12）管道支、吊、托架的安装，应符合下列规定：

1）位置准确，埋设应平整牢固。

2）固定支架与管道接触应紧密，固定应牢靠。

3）固定在建筑结构上的管道支、吊架不得影响结构的安全。

（13）给水供应系统的塑料管及复合管垂直或水平安装的支架间距应符合施工验收规范的规定。采用金属制作的管道支架，应在管道与支架间加衬非金属垫或套管。

（14）管道穿过墙壁和楼板，应设置金属或塑料套管。安装在楼板内的套管，其顶部应高出装饰地面 20mm；安装在楼板内的套管，其顶部应高出装饰地面 50mm，底部应与楼板底面相平；安装在墙壁内的套管其两端与饰面相平。穿过楼板的套管与管道之间缝隙应用阻燃密实材料和防水油膏填实，端面光滑。管道的接口不得设在套管内。

（15）各种承压管道系统和设备应做水压试验，非承压管道系统和设备应做灌水试验。

（16）给水管道必须采用管材相适应的管件。生活给水系统所涉及的材料必须达到饮用水卫生标准。

（17）给水塑料管和复合管可采用橡胶圈接口、粘接接口、热熔连接、专用管件连接及法兰连接等形式。塑料管和复合管与金属管件、阀门等的连接应使用管件连接，不得在塑料管上套丝。

（18）给水立管和装有 3 个或 3 个以上配水点的支管始端，均应安装可拆卸的连接件。

（19）冷、热水管道同时安装应符合下列规定：

1）上下平行安装时热水管应在冷水管上方。

2）垂直平行安装时热水管应在冷水管左侧。

（20）室内给水管道的水压试验必须符合设计要求。当设计未注明时，各种材质的给水管道系统试验压力均为工作压力的

1.5倍，但不得小于 0.6MPa。

（21）给水系统交付使用前必须进行通水试验并做好记录。

（22）生产给水系统管道在交付使用前必须冲洗和消毒，并经有关部门取样检验，符合国家标准《生活饮用水标准检验方法》GB/T 5750.1～GB/T 5750.13 方可使用。

（23）室内直埋给水管道应做防腐处理。埋地管道防腐层材质和结构应符合设计要求。

（24）给水引入管与排水排出管的水平净距不得小于 1m。室内给水与排水管道平行敷设时，两管间的最小水平净距不得小于 0.5m，交叉铺设时，垂直净距不得小于 0.15m 给水管应铺在排水管上面，若给水管必须铺在排水管的下面时，给水管应加套管，其长度不得小于排水管管径的 3 倍。

（25）水表应安装在便于检修、不受曝晒、没有污染和冻结的地方。安装螺翼式水表，表前与阀门应有不小于 8 倍水表接口直径的直线管段。表外壳距墙表面净距为 10～30mm；水平进水口中心标高按设计要求，允许偏差为＋10mm。

（26）PPR 给水立管隔层应设伸缩弯。

**3. 住宅、宾馆类自动喷水灭火工程施工中应注意的质量问题包括哪些方面？**

答：（1）可能存在的质量问题

1）由于各专业工序安装协调不好，没有总体安排，使得喷洒管道拆改严重。

2）由于尚未试压就封顶，造成通水后渗漏。

3）由于支管末端弯头处未加卡件固定，支管尺寸不准，使喷洒头与吊顶接触不牢，护口盘不正。

4）由于未拉线安装，使喷洒头不成排、成行。

5）由于水流指示器安装方向相反；电接点有氧化物造成接触不良或水流指示器浆片与管径不匹配造成其工作不灵敏。

6）水泵结合器不能加压。由于阀门未开启，单向阀装反或有盲板未拆除造成。

（2）质量记录

1）材质证明、产品合格证、主要系统组件检测报告。

2）进场设备材料检验记录。

3）施工试验记录。

① 阀门试验记录。

② 暖卫工程强度严密性试验记录。

③ 暖卫工程冲（吹）洗试验记录。

④ 暖卫工程灌水试验记录。

⑤ 暖卫工程通水试验记录。

⑥ 水泵单机试运转记录。

⑦ 调试报告。

4）施工记录。

① 施工日志。

② 自、互检记录。

5）预检记录。

6）隐蔽工程验收记录。

7）施工方案。

8）技术交底方案。

9）工程质量检验评定。

① 室内给水管道安装分项评定。

② 室内给水管道附件安装分项评定。

③ 室内给水管道附属设备分项评定。

④ 暖卫工程分部质量评定。

⑤ 暖卫工程观感质量评定。

10）施工验收资料。

① 中间验收记录。

② 单位工程验收记录。

③ 消防监督机构核验合格证。

④ 质量监督机构核验单。

11）设计变更、洽商记录。

12）施工图。

## 第四节  使用测量仪器，施工测量

**1. 怎样使用水准仪、经纬仪对设备安装定位、抄平？**

答：（1）抄平

可以利用水准仪、水平尺、水平管等测量仪器去观测物体是否在一个同一水平面上，即标高相同。

简单地说就是找个水平面，控制标高。一般工程上有 50 线和 1 米线，主要是根据工程的实际情况。

就是将建筑物放在一个平面上，一般常用水准仪。简单的可以用透明塑料管，或是一个水盆加一个大碗，都可以抄平。

（2）定位放线

1）放线使用的工具有：经纬仪、水准仪、铅垂仪、卷尺、红蓝铅笔、线，有时会用到双飞粉、全站仪等。

2）原理就是根据施工图的意思把施工图所表达设备位置反映在实际地况坐标中。

3）操作步骤：首先根据图纸找到已知的控制点，然后根据图纸上的点面关系确定其他的主要控制点并在实际地理环境中标记出来，根据图纸上的距离、角度关系确定轴线的具体位置。对于楼层上设备安装放线其原理一样，按照图纸的尺寸和一些线面关系确定设备的具体位置和标高。

**2. 试压泵的作用、分类和使用方法与注意事项各是什么？**

答：（1）试压泵

试压泵是专供各类压力容器、管道、锅炉、钢瓶、阀门、压力容器、消防器材作实验室和水压试验中获得高压液体的理想设备。试压泵产品及配套试压、试验工程，已应用在航空领域的试压试验，并且在国防科研重点开发项目中应用，为我国重大的科研项目，如：高压爆破试验、深海试验、空间技术、高温高压试验、异形管试验等，做出了重大贡献。

（2）试压泵的使用

手动试压泵是测定受压容器设备的主要测试仪器，最高工作压力可达 $800kg/cm^2$；在 $0\sim800kg/cm^2$ 以内任何阶段的正确压力来做水压试验，广泛用于化工、建筑、水暖、石油、煤炭、冶炼、造船等行业。专门试验各种受压容器和受压设备、管道、阀门、橡胶管件及其他受压装置进行受压之用。

（3）使用方法与注意事项

1）开箱后的安装：①开箱后请先按装箱单清点随机技术文件和备件。熟悉使用说明书后再将泵安装好。②先卸下箱盖上的两只螺栓，取出箱内所装的零部件；再卸下进水管、回水管，然后将进水管、回水管穿过箱盖，再分别套在进水接头、余水接头上。③把箱盖装回水箱后，将泵体和支架装回水箱上面，拧紧联接螺栓。④将压力表的表面转向柱塞和手柄方向。⑤安装好工作接管和手柄，拉出底部的活动足架，灌满工作介质后，便可使用。

2）使用方法：①使用前的准备工作：a. 在泵体的销轴、力臂叉的销轴及柱塞顶端滴注一点机油，以资润滑。b. 水箱应经清洗，所加工作介质（水或黏度和水相近的油品）应当洁净，应在 $5\sim60℃$ 间，并宜略高于环境气温。c. 压力表的量程不应低于试验压力的 1.5 倍，如本泵配带之压力表量程太大时，请另配合适的压力表。d. 被试器件中应预先放尽空气，充满工作介质，以缩短试压时间。e. 开启控制阀，摇动手柄，若无阻滞现象及其他异常情况，即可开始试压工作。②使用中注意事项：a. 泵在使用中的工作压力不稳定应停机泄压，进行检修，不得超过本泵的额定压力。b. 工作中如发现泵或其他部分有渗漏现。c. 当泵的排出压力达到试验压力时，应关闭控制阀，使泵与被试系统关断。d. 使用中应注意不断补充工作介质。③试压泵的联接尺寸：在泵的前方中心线上，离地高度 735mm 处，设有工作管接头，随泵带有工作接管一根，长约 1500mm，接内螺纹为 M22×1.5 的螺栓，按此尺寸安排联接管路工作，接管系紫铜管所制，使用时可适当弯曲，以适应不同方位的联接。

### 3. 绝缘电阻测试仪的使用方法是什么？接地电阻测试仪怎么使用？

答：（1）绝缘电阻测试仪的使用方法

1）测量前。应切断被测电器及回路的电源，并对相关元件进行临时接地放电，以保证人身与兆欧表的安全和测量结果准确。

2）测量前。应将兆欧表保持水平位置，左手按住表身，右手摇动兆欧表摇柄，转速约 120r/min 指针应指向无穷大（∞）否则说明兆欧表有故障。

3）测量时必需正确接线。兆欧表共有 3 个接线端（LEG 丈量回路对地电阻时，L 端与回路的裸露导体连接。E 端连接接地线或金属外壳；丈回路的绝缘电阻时，回路的首端与尾端分别与 LE 连接；测量电缆的绝缘电阻时，为防止电缆外表泄漏电流对测量精度发生影响，应将电缆的屏蔽层接至 G 端。

4）摇动兆欧表时不能用手接触兆欧表的接线柱和被测回路，以防触电。

5）摇动兆欧表后，各接线柱之间不能短接，以免损坏。

6）两根导线之间和导线与地之间应坚持适当距离，兆欧表接线柱引出的测量软线绝缘应良好，以免影响测量精度。

（2）接地电阻测试仪的使用方法

沿被测接地极 E（C2、P2）和电位探针 P1 及电流探针 C1，依直线彼此相距 20m，使电位探针处于 E、C 中间位置，按要求将探针插入大地。用专用导线将地阻仪端子 E（C2、P2）、P1、C1 与探针所在位置对应联接。开启地阻仪电源开关"ON"，选择合适挡位轻按一下键该档指标灯亮，表头 LCD 显示的数值即为被测得的地电阻。

**4. 举例说明如何正确进行新风量计算？怎样确定风管截面积？**

答：（1）新风量计算

例如，某计算机房面积 $S=60m^2$，净高 $h=3m$，人员 $n=10$ 人，试进行新风量的计算。

1）若按每人所需新风量计算，则新风量 $Q_1=nq=10\times30=300$（$m^3$/h）（按每人所需新风量 $q=30m^3$/h 计算）。

2）若按房间新风换气次数计算，取房间新风换气次数 $p=2$ 次/h，则新风量 $Q_2=p \cdot n=2\times60\times3=360m^3$/h。

由于 $Q_2>Q_1$，故在本案例中取 $Q_2$ 为最终房间所需要的新风量，并作为设备选型的依据。

确定房间所需新风量时，应根据房间空间大小及室内人员数量综合考虑。

（2）风管和风口

风量＝风管截面积×风速×360。

新风的风管风速是 $4.5\sim5.5m/s$，比如刚才的例子，现在风速选 5m/s，风管截面积＝660/（360×5）＝0.0036$m^2$。

所以此处应该选择 70mm×70mm 的风管。

风口的风速一般 3m/s，同样，风口应该选择 120mm×120mm。

## 第五节　施工区段、施工顺序

**1. 怎样划分建筑给水排水工程的施工区段？它的施工顺序是什么？**

答：（1）施工区段划分

每个工程都是不同的划分方法，主要参照以下原则：

1）保证流水施工的连续、均衡，划分的各个施工段上，同一专业工作队的劳动量应大致相等，相差幅度不大。

2）充分发挥机械设备和专业工人的生产效率，应考虑施工段对于机械台班、劳动力的容量大小，满足专业工种对工作面的空间要求，尽量做到劳动资源的优化组合。

3）保证结构的整体性，施工段的界限应尽可能与结构界限相吻合，或设在对结构整体性影响较小的部位。例如温度缝、沉降缝、单元分界或门窗洞口处。

4）便于组织流水施工，施工段数目的多少应与主要施工过程相协调，施工段划分过多，会增加施工持续时间，延长工期；施工段划分过少，不利于充分利用工作面。

室外给水排水工程的施工段按施工程序可分为：管沟开挖施工、管道施工、检查井施工、管沟回填夯实及路面恢复等施工段。

（2）施工顺序

施工顺序见图 4-1。

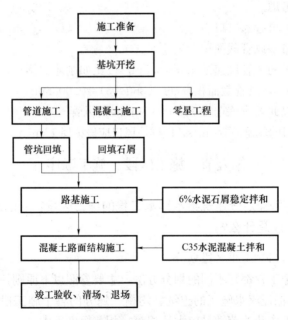

图 4-1 建筑工程给水排水工程施工顺序图

## 2. 怎样划分建筑电气工程质量检验批？电气工程的施工顺序是什么？

答：（1）电气工程质量检验批

当建筑电气分部工程施工质量检验时，检验批的划分应符合下列规定：

1）室外电气安装工程中分项工程的检验批，依据庭院大小、投运时间先后、功能区块不同划分。

2）变配电室安装工程中分项工程的检验批，主变配电室为1个检验批；有数个分变配电室，且不属于子单位工程的子分部工程，各为1个检验批，其验收记录汇入所有变配电室有关分项工程的验收记录中；如各分变配电室属于各子单位工程的子分部工程，所属分项工程各为1个检验批，其验收记录应为一个分项工程验收记录，经子分部工程验收记录汇入分部工程验收记录中。

3）供电干线安装工程分项工程的检验批，依据供电区段和电气线缆竖井的编号划分。

4）电气动力和电气照明安装工程中分项工程及建筑物等电位联结分项工程的检验批，其划分的界区，应与建筑土建工程一致。

5）备用和不间断电源安装工程中分项工程各自成为1个检验批。

6）防雷及接地装置安装工程中分项工程检验批，人工接地装置和利用建筑物基础钢筋的接地体各为1个检验批，大型基础可按区块划分成几个检验批；避雷引下线安装6层以下的建筑为1个检验批，高层建筑依均压环设置间隔的层数为1个检验批；接闪器安装同一屋面为1个检验批。

（2）电气工程的施工程序

在已完成施工准备阶段的工作上，电气工程的施工程序包括：

1）配合土建工程施工。

2）电气设备就位。

3）布线系统敷设。

4）电气回路接通。

5）电气交接试验。

工作内容包括高压部分依交接试验标准规定主要做高压设备性能复核、绝缘强度和状况检测、继电保护系统有关电流、电压、时间等数值的整定以及继电保护系统功能。

6）试通电

① 工作内容。变配电所的低压盘柜向外逐级送电，直至末级动力配电箱、照明配电箱、控制箱为止，这时整个电气工程全部处于空载状态，仅变压器高压侧有空载电流，电压互感器等测量设备有工作电流，还有一些控制回路有电流流通。必要时，在末级动力配电箱和照明配电箱处，将通向用电设备、器具的主回路连接点断开，以避免操作失误引起用电设备、器具意外起动运转或通电而酿成安全或质量事故。

② 工作步骤。依已批准的受电、送电方案或作业指导书按先高压后低压、先干线后支线的原则逐级试通电。

7）负荷试运行

工作内容包括：

① 用电设备、器具进入试运转、试运行阶段，包括单机试运转、联合试运转、空载试运转、满载试运转等在内，对与试运转密切相关的电气工程而言，同步进行着有载状态的负荷试运行。

② 电气动力工程、照明工程均要检测试运行电流、电压是否正常，动力工程还要检测电机转动轴转速和轴承温升等，有的照明工程要检测照度等。

③ 消除负荷试运行中发现的缺陷。

8）交工验收

① 电气工程负荷试运行符合要求及需整改的部分完成整改，

各种记录齐全、资料完整，电气工程具备交工条件。

② 电气工程是一个专业工程，在单位工程中属一个分部工程，交工验收要随单位工程的交工验收一起进行。

③ 交工验收的程序安排，要依工程施工承包合同的约定和有关管理规定执行。

**3. 怎样划分通风与空调工程施工段？怎样确定施工顺序？**

答：通风与空调工程是建筑工程的一个分部工程，包括送排风系统，防排烟系统，除尘系统，空调系统，计划空调系统，制冷系统和空调水系统七个独立的子分系统。

（1）通风与空调工程施工段

根据施工程序可将通风与空调系统分为以下几个施工阶段：

1）风管、部件、法兰的制造和组装以及风管、部件、法兰的预制和组装之间质量验收；

2）风管系统安装以及通风空调设备安装、空调水系统管道安装；

3）通风空调设备试运转、单机调试及风管、部件及空调设备绝热施工；

4）通风与空调工程系统调试工程系统调试。

（2）通风与空调工程的一般施工程序

施工前的准备→风管、部件、法兰的制造和组装→风管、部件、法兰的预制和组装之间质量验收→支架制作安装→风管系统安装→通风空调设备安装→空调水系统管道安装→通风空调设备试运转、单机调试→风管、部件及空调设备绝热施工→通风与空调工程系统调试工程系统调试及通风与空调工程竣工验收→通风与空调工程综合效能测定与调整。

**4. 消防各专业工程各属于什么分部工程？**

答：《自动喷水灭火系统施工及验收规范》GB 50261—2005

中对自动喷淋灭火系统做了细致的分部分项，消防是一个单独的分包工程，要有专业资质的单位才能进行施工，消防施工单位还要负责火灾报警、防排烟等专业的施工，不是只有水的，要单独成卷才对。按照《建筑工程施工质量验收统一标准》GB 50300—2001 规范中关于建筑工程分部分项工程划分的内容来看，建筑工程总共有 9 部分：

(1) 地基与基础；

(2) 主体结构；

(3) 建筑装饰装修；

(4) 建筑屋面；

(5) 建筑给水、排水及供暖；

(6) 建筑电气；

(7) 智能建筑；

(8) 通风与空调；

(9) 电梯。

这 9 部分里没有单独的消防工程，消防工程的消火栓及喷淋属于建筑给水、排水及供暖部分，火灾自动灭火系统属于智能建筑部分，防排烟系统属于通风和空调部分，所以把消防因为特殊而单独分项或是属于给水、建筑电气、通风的说法都是笼统的或不正确的。

### 5. 自动喷水灭火系统包括哪些内容？

答：(1) 自动喷水灭火系统调试，报警阀组调试，排水装置调试，联动试验供水设施安装与施工消防水泵和稳压泵安装，消防水箱安装和消防水池施工，消防气压给水设备安装、消防水泵接合器安装。

(2) 管网及系统组件安装管网安装，喷头安装，报警阀组安装，其他组件安装。

(3) 系统试压和冲洗。

（4）系统调试水源测试，消防水泵调试，稳压泵调试，报警阀组调试，排水装置调试，联动试验。

## 6. 建筑智能化系统施工子分部怎样确定？

答：建筑智能化系统施工检验批可划分为如下几个子分部：

（1）室外智能化子分部的分项工程的检验批按建筑群及小区大小、投运时间先后、功能区域不同划分。

（2）智能化动力和智能化照明子分部的分项工程建筑物等电位联结分项工程的检验批划分区域应与土建工程一致。

（3）备用和不间断电源子分部的分项各自为检验批。

（4）防雷及接地安装子分部的分项工程检验批，基础可按区域划分成几个检验批。

## 7. 建筑安装工程包括哪些分部工程？

答：建筑设备安装工程按专业划分为建筑给水排水及供暖工程、建筑电气安装工程、通风与空调工程、电梯安装工程和智能建筑5个分部工程。

（1）建筑给水排水及供暖分部工程，包括给水排水管道、供暖、卫生设施等。建筑给水排水及供暖分部工程又划分为室内给水系统、室内排水系统、室内热水供应系统、卫生器具安装、室内供暖系统、室外给水管网、室外排水管网、室外供热管网、建筑中水系统及游泳池系统、供热锅炉及辅助设备安装等子分部工程。

（2）建筑电气安装分部工程，按照不同区域、用途等划分成室外电气、变配电室、供电干线、电气动力、电气照明安装、备用和不间断电源安装、防雷及接地安装等子分部工程。

（3）通风与空调分部工程按系统又划分为送排风系统、防排烟系统、除尘系统、空调风系统、净化空调系统、制冷设备系统、空调水系统等子分部工程。

（4）电梯安装分部工程按其种类又划分为电力驱动的拽引式或强制式电梯安装、液压电梯安装、自动扶梯、自动人行道安装等子分部工程。

（5）智能建筑分部工程（即常称的弱电部分）。其按用途又划分为通信网络系统、办公自动化系统、建筑设备监控系统、火灾报警及消防联动系统、安全防范系统、综合布线系统、智能化集成系统、电源与接地、环境、住宅（小区）智能化系统等子分部工程。

## 第六节　施工进度计划及资源需求计划

### 1. 安装工程施工组织与建筑工程施工组织的关系是怎样的？

答：为了确保工程建设项目目标的实现，为了提高工程质量、缩短工程工期、降低工程成本，实现安全文明施工，就必须处理好安装工程与建筑工程施工之间的关系。

民用安装工程离不开建筑工程施工的配合，建筑工程施工进行到一定条件时，才能进行安装工程施工。因此，建筑工程施工是主线，安装工程施工组织是辅线，两者应以建筑工程施工组织为核心，协调配合。

对于工业安装工程来说，则要依据生产工艺流程、各类独立系统和工艺管道的投产运行来组织施工。因此，安装工程施工组织处于主线地位，建筑施工组织处于辅线地位。安装工程施工组织要具有全局性、主导性、建筑工程施工组织应配合安装工程施工组织。

### 2. 建筑设备管道施工安装工程施工组织设计的编制程序是什么？

答：建筑设备管道施工安装工程施工组织设计的编制程序如图 4-2 所示。

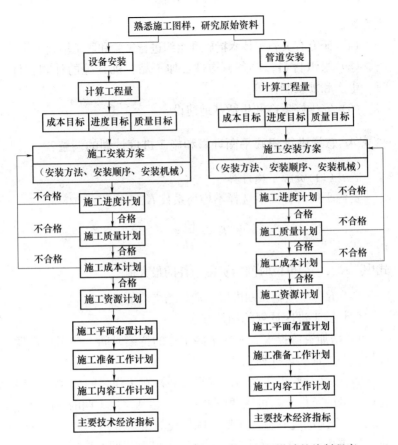

图 4-2 建筑设备管道施工安装工程施工组织设计的编制程序

## 3. 施工准备工作计划包括哪些内容？

答：施工准备工作计划包括的内容如下：

（1）按照建筑总平面图设计意图做好施工现场测量控制网，设置永久性测量标志，为放线定位做好准备。

（2）了解和掌握施工图设计意图和拟采用的新工艺、新材料、新技术、新设备。

（3）安排好场内外运输、施工用主干道，水电气来源及其引

265

入方案。

（4）研究有关施工技术措施并组织进行试验和职工培训工作。

（5）组织材料、设备、构件、加工品、机具等的计划、订货、生产和加工制作等。

（6）安排好生产和生活基地建设。

**4. 怎样进行资源平衡计算和施工进度计划的调整？**

答：（1）资源平衡计算

资源平衡计算一般选择不均衡系数 $K$：

$$K = \frac{R_{max}}{\bar{R}}$$

式中　$R_{max}$——单位时间内资源消耗的最大值；

　　　$\bar{R}$——该施工期内资源消耗的平均值。

（2）施工进度计划的调整方法

1）增加资源投入。缩短某些工作的持续时间，使工程进度加快，并保证实现计划工期。

2）改变某些工作之间的逻辑关系。在工作之间的逻辑工序允许改变的条件下，可改变逻辑关系，达到缩短工期的目的。

3）资源供应调整。如果资源供应异常，应用资源优化方法对计划进行调整，或采取应急措施，使其对工期影响最小。

4）增减工作范围。包括增减工作量和增减一些工作包（或分项工程）。增加工作内容应做到不打乱原计划的逻辑关系，只对局部逻辑关系进行调整。在增减工作内容以后，应重新计算时间参数，分析对原网络计划的影响。

5）提高劳动生产率。改善工器具以提高劳动效率；通过辅助措施和合理的工作过程，提高劳动生产率。

6）将部分任务转移。如分包、委托给另外的单位，将原计划由自己企业生产的结构构件改为外购等。这样做会产生风险，会产生新的费用，而且需要增加控制和协调工作。

7）将一些工作包合并。特别是在关键线路上按先后顺序实施的工作包合并，与实施者一道研究，通过局部地调整实施过程和人力、物力的分配，达到缩短工期的目标。

**5. 怎样识读建筑工程施工时标网络计划？**

答：时标网络计划识读方法如下。

（1）最早时间参数。按最早时间绘制的时标网络图计划，每条箭线箭尾和对应的时标值为该工作最早控制时间和最早完成时间。

（2）自由时差。波形线的水平投影长度即为该工作的自由时差。

（3）总时差（$TF_{i-j}$）。自右向左进行，其值等于诸紧后工作的总时差最小值（$\min\{TF_{j-R}\}$）与本工作的自由时差（$FF_{i-j}$）之和。

$$TF_{i-j} = \min\{TF_{j-k}\} + FF_{i-j}$$

（4）最迟时间参数。最迟开始时间（$LS_{i-j}$）和最迟完成时间（$LF_{i-j}$）应按下式计算：

$$LS_{i-j} = ES_{i-j} + TF_{i-j}$$
$$LF_{i-j} = EF_{i-j} + TF_{i-j}$$

（5）计算网络图中各工作的最早开始时间（$ES_{i-j}$）和最早完成时间（$EF_{i-j}$）。

（6）列表汇总各工作总时差和自由时差。

（7）确定该网络计划的关键线路。

**6. 怎样编制月、旬（周）作业进度计划及资源配置计划？**

答：作业进度计划是施工企业统一计划体系中的实施性计划，它把施工企业的施工计划任务、工程的施工进度计划和施工现场结合起来使之彼此协调，以明确的任务下达给执行者，因而使基层施工单位进行施工的直接依据。

根据企业的计划、拟建工程施工组织设计和现场实际情况编制的，它是以实现企业施工计划为目的具体执行计划，也是队

（组）进行施工的依据。

（1）本月、旬（周）应完成的施工任务。一般以施工进度计划的形式表示，确定计划期内应完成的工程项目和工程量。

（2）完成作业计划任务所需的劳动力、材料、半成品、构配件等的需用量。

（3）提高劳动生产率的措施和节约措施。

**7. 施工进度计划的检查方法有哪些？**

答：施工进度计划的检查方法如下：

（1）跟踪检查施工实际进度

跟踪检查施工实际进度是分析、调整施工进度的前提。其目的是收集实际进度的有关数据。跟踪检查的时间、方式、内容和收集数据的质量，将直接影响控制工作的质量和效果。

1）检查时间。检查的时间与施工项目的类型、规模、施工条件和对进度执行要求的程度有关，通常分为日常检查和定期检查两类。

2）检查方式。检查方式和收集资料方式可采用：经常地、定期地收集进度报表资料；定期召开进度工作汇报会；管理人员常住工地，经常检查进度的执行情况。

3）检查的内容。施工进度检查的内容包括开始时间、结束时间、持续时间、工作量、总工期、时差利用等。

（2）整理统计检查数据

将收集到的施工进度数据进行必要的整理，按工作项目内容进行统计，形成与计划进度具有可比性的数据，一般以按实物工程量、工作量和劳动消耗量以及累计百分比，整理和统计设计检查的数据，以便与相应的计划完成量相对比。

（3）对比分析实际进度与计划进度

将收集到的资料整理统计成与计划进度具有可比性的数据后，用实际进度与计划进度相比较的方法进行比较分析，为决策提供依据。

# 第七节 工程量计算及初步的工程计价

**1. 怎样计算建筑给水排水工程量？**

答：建筑给水排水工程工程量主要依据建筑给水排水工程量规则进行计算。将建筑给水排水工程分为室内给水工程，室内排水工程，室内卫生设备安装工程、室外给水工程、室外排水工程，施工技术措施项目等，制订其定额工程量计算规则，作为建筑给水排水工程工程量计算基础。

**2. 配管穿线工程量计算规则有哪些？**

答：（1）各种配管

应区别不同敷设方式、敷设位置、管材材质、规格，以"延长米"为计量单位，不扣除管路中间的接线箱（盒）、灯头盒、开关盒所占长度。

（2）管内穿线的工程量，应区别线路性质、导线材质、导线截面，以单线"延长米"为计量单位。线路分支接头线的长度已综合考虑在定额中，不得另行计算。照明线路中的导线截面大于或等于 $6mm^2$ 时，应执行动力线路穿线相应项目。

（3）绝缘子配线工程量，应区别绝缘子形式（针式、鼓形、蝶式）、绝缘子配线位置（梁、柱、木结构、顶棚内、砖、混凝土结构，沿钢支架及钢索）、导线截面积，以线路"延长米"为计量单位。绝缘子暗配，引下线按线路支持点至天棚下缘距离的长度计算。

（4）塑料护套线明敷工程量，应区别导线截面、导线芯数（二芯、三芯）、敷设位置（木结构、砖混凝土结构、沿钢索），以单根线路每束"延长米"为计量单位。

（5）线槽配线工程量，应区别导线截面，以单根线路"延长米"为计量单位。

（6）钢索架设工程量，应区别圆钢、钢索直径（$\phi6$、$\phi9$），按图示墙（柱）内缘距离，以"延长米"为计量单位，不扣除拉紧装置所占长度。

（7）母线拉紧装置及钢索拉紧装置制作安装工程量，应区别母线截面、花篮螺栓直径（φ12、φ16、φ18）以"套"为计量单位。

（8）车间带形母线安装工程量，应区别母线材质（铝、钢）、母线截面、安装位置（沿屋架、梁、柱、墙，跨屋架、梁、柱）以"延长米"为计量单位。

（9）配管刨沟工程量，应区别管子直径，以"延长米"为计量单位。

（10）接线箱安装工程量，应区别安装形式（明装、暗装）、接线箱半周长，以"个"为计量单位。

（11）接线盒安装工程量，应区别安装形式（明装、暗装、钢索上）以及接线盒类型，以"个"为计量单位。

（12）灯具、明（暗）开关、插座、按钮等的预留线，已分别综合在相应定额内，不另行计算。配线进入开关箱、柜、板的预留线，按规定的长度分别计入相应的工程量。

### 3. 电缆工程量计算规则有哪些？

答：（1）直埋电缆的挖、填土（石）方，除特殊要求外，按土建土方工程量的计算规则进行计算。

（2）电缆沟盖板揭、盖定额，按每揭或每盖一次以延长米计算，如又揭又盖，则按两次计算。

（3）电缆保护管长度，除按设计规定长度计算外，遇有下列情况，应按以下规定增加保护管长度：

1）横穿道路，按路基宽度两端各增加2m。

2）垂直敷设时管口距地面增加2m。

3）穿过建筑物外墙时，按基础外缘以外增加1m。

4）穿过排水沟时，按沟壁外缘以外增加1m。

（4）电缆保护管埋地敷设，其土方量凡有施工图注明的，按施工图计算；无施工图的，一般按沟深0.9m、沟宽按最外边的保护管两侧边缘外各增加0.3m工作面计算。

(5) 电缆敷设按单根以延长米计算，一个沟内（或架上）敷设三根各长100m的电缆，应按300m计算，以此类推。

(6) 电缆敷设长度应根据敷设路径的水平和垂直敷设长度，按规定增加附加长度。

(7) 电缆终端头及中间头均以"个"为计量单位。电力电缆和控制电缆均按一根电缆有两个终端头考虑。中间电缆头设计有图示的，按设计确定；设计没有规定的，按实际情况计算（或按平均250m一个中间头考虑）。

(8) 桥架安装，以"m"为计量单位。

(9) 预制分支电缆敷设按设计图示尺寸以主干电缆与分支电缆长度分别计算。

### 4. 配电箱、柜工程量计算规则有哪些？

答：(1) 控制设备及低压电器安装均以"台"为计量单位。以上设备安装均未包括基础槽钢、角钢的制作安装，其工程量应按相应定额另行计算。

(2) 不间断电源按5kVA以内及5kVA以外划分子目。含不间断电源的配电箱，配电箱工程量另计。

(3) 铁构件制作安装均按施工图设计尺寸，以成品重量"kg"为计量单位。

(4) 网门、保护网制作安装，按网门或保护网设计图示的框外围尺寸，以"m²"为计量单位。

(5) 盘柜配线分不同规格，以"m"为计量单位。

(6) 焊（压）接线端子定额只适用于导线，电缆终端头制作安装定额中已包括压接线端子，不得重复计算。

(7) 端子板外部接线按设备盘、箱、柜、台的外部接线图计算，以"个"为计量单位。

### 5. 避雷接地工程量计算规则有哪些？

答：(1) 接地极制作安装以"根"为计量单位，其长度按设计长度计算，设计无规定时，每根长度按 2.5m 计算。若设计有管帽时，管帽另按加工件计算。

（2）接地母线敷设，按设计长度以"m"为计量单位。

接地母线、避雷线敷设，均按延长米计算，其长度按施工图设计水平和垂直规定长度另加 3.9％的附加长度（包括转弯、上下波动、避绕障碍物、搭接头所占长度）计算。计算主材费时应另增加规定的损耗率。

（3）接地跨接线以"处"为计量单位，按规程规定凡需作接地跨接线的工程内容，每跨接一次按一处计算，户外配电装置构架均需接地，每副构架按"一处"计算。

（4）避雷针的加工制作、安装，以"根"为计量单位，独立避雷针安装以"基"为计量单位。长度、高度、数量均按设计规定。独立避雷针的加工制作应执行"一般铁件"制作定额或按成品计算。

（5）半导体少长针消雷装置安装以"套"为计量单位，按设计安装高度分别执行相应定额。装置本身由设备制造厂成套供货。

（6）利用建筑物内主筋作接地引下线安装以"10m"为计量单位，每一柱子内按焊接两根主筋考虑，如果焊接主筋数超过两根时，可按比例调整。

（7）断接卡子制作安装以"套"为计量单位，按设计规定装设的断接卡子数量计算，接地检查井内的断接卡子安装按每井一套计算。

（8）均压环敷设以"m"为单位计算，主要考虑利用圈梁内主筋作均压环接地连线，焊接按两根主筋考虑，超过两根时，可按比例调整。长度按设计需要作均压接地的圈梁中心线长度，以延长米计算。

（9）钢、铝窗接地以"处"为计量单位（高层建筑六层以上的金属窗设计一般要求接地），按设计规定接地的金属窗数进行计算。

（10）柱子主筋与圈梁连接以"处"为计量单位，每处按两根主筋与两根圈梁钢筋分别焊接连接考虑。如果焊接主筋和圈梁钢筋超过两根时，可按比例调整。

（11）卫生间等电位均压环按卫生间的设计图示建筑面积计算。

（12）接地测试点是按圆钢直接与柱钢筋焊接，并预留在接线盒内的工艺进行施工。

### 6. 建筑电气工程费用工程量计算规则有哪些？

答：（1）地下室施工增加费按安装工程的项目定额工日之和计算。

（2）脚手架搭拆费按安装工程的项目定额工日之和计算。

（3）安装与生产同时进行增加费按有干扰安装工作正常进行的安装工程项目定额工日之和计算。

（4）在有害身体健康的环境中施工增加费按有害身体健康环境的安装工程项目定额工日之和计算。

（5）超高增加费按超高部分的安装工程项目定额工日之和计算。

（6）通风空调工程系统调整费按属于通风空调系统安装工程的项目定额工日之和计算。

（7）制冷站（库）、空气压缩站、乙炔发生器、水压机蓄势站、小型制氧站、煤气站等工程的系统调整费，按属于各站工艺系统内部安装工程项目定额工日之和计算。

（8）高层建筑增加费按安装工程的项目定额工日之和计算。

### 7. 通风与空调工程量清单项目的工程量计算规则包括哪些内容？

答：（1）通风及空调设备及部件制作安装

1）空气加热器（冷却器）除尘设备安装依据不同的规格、重量，按设计图示数量计算，以"台"为计量单位。

2）通风机安装依据不同的形式、规格，按设计图示数量计算，以"台"为计量单位。

3）空调器安装依据不同形式、重量、安装位置，按设计图示数量计算，以"台"为计量单位；其中分段组装式空调器按设计图示所示重量以千克为计量单位。

4）风机盘管安装依据不同形式、安装位置，按设计图示数量计算，以"台"为计量单位。

5）密闭门制作安装依据不同型号、特征（带视孔或不带视孔），按设计图示数量计算，以"个"为计量单位。

6）挡水板制作安装依据不同材质，按设计图示按空调器断面面积计算，以"m²"为计量单位。

7）金属空调器壳体、滤水器、溢水盘制作安装依据不同特征、用途，按设计图示数量计算，以"kg"为计量单位。

8）过滤器安装依据不同型号、过滤功效，按设计图示数量计算，以"台"为计量单位。

9）净化工作台安装依据不同类型，按设计图示数量计算，以"台"为计量单位。

10）风淋室、洁净室安装依据不同重量，按设计图示数量计算，以"台"为计量单位。

11）设备支架依据图示尺寸按重量计算，以"kg"为计量单位。

（2）通风管道制作安装

1）各种通风管道制作安装依据材质、形状、周长或直径、板材厚度、接口形式，按图展开面计算，不扣除检查孔、测定孔、送风口、吸风口等所占面积；风管长度一律以设计图示中心线长度准（主管与支管以其中心线交点划分）。包括弯头、三通、变径管、天圆地方等管件的长度。风管展开面积不包括风管、管口重叠部分面积。直径和周长按图注尺寸为准展开。

整个通风系统设计采用渐缩管均匀送风者，圆形风管按平均直径、矩形风管按平均周长计算，以"平方米"为计量单位。

2）柔性软风管安装依据材质、规格和有无保温套管按设计图示中心线长度计算。包括弯头、三通、变径管、天圆地方等管件的长度。但不包括部件的长度，以"m"为计量单位。

3）风管导流叶片制作安装按图示叶片的面积计算，以"$m^2$"为计量单位。

4）风管检查孔制作安装按设计图示尺寸计算重量，以"kg"为计量单位。

5）温度、风量测定孔制作安装依据其型号，按设计图示数量计算，以"个"为计量单位。

（3）通风管道部件制作安装

1）各种调节阀制作安装应依据材质、类型、规格、周长、重量按设计图示数量计算，以"个"为计量单位。

2）各种风口、散流器制作安装应依据材质、类型、规格、形式、重量，按设计图示数量计算，以"个"为计量单位。

3）各种风帽制作安装应依据材质、类型、规格、形式、重量，按设计图示数量计算，以"个"为计量单位。

4）各种通风罩类制作安装应依据材质、类型，按设计图示数量计算，以"kg"为计量单位。

5）柔性接口及伸缩节制作安装应依据材质、规格、有无法兰，按设计图示数量计算，以"$m^2$"为计量单位。

6）消声器制作安装应依据类型，按设计图示数量计算，以"kg"为计量单位。

7）静压箱制作安装应依据材质、规格、形式，按展开面积计算，以"$m^2$"为计量单位。

（4）通风工程检测、调试应依据其系统大小，按由通风设备、管道及部件等组成的通风系统计算，以系统为计量单位。

**8. 通风与空调的工程量清单相关项目的工程量的计算规则有哪些？**

答：（1）设备支架依据图示尺寸按重量计算，以"kg"为计量单位。

（2）软管（帆布接口）制作安装按图示尺寸以"m²"为计量单位。

（3）过滤器框架制作按图示尺寸计算重量，以"kg"为计量单位。

（4）不锈钢板风管圆形法兰制作按设计图示尺寸计算重量，以"kg"为计量单位。

（5）不锈钢板风管吊托支架制作按设计图示尺寸计算重量，以"kg"为计量单位。

（6）铝板风管圆形、矩形法兰制作按设计图示尺寸计算重量，以"kg"为计量单位。

## 9. 根据清单报价时需重新计算工程量的计算规则有哪些？

答：（1）分段组装式空调器安装按设计图示重量计算，以"kg"为计量单位。

（2）各种调节阀的制作，凡以重量为计量单位的基价子目，其工程量应按其成品重量以"kg"为单位计算。若调节阀为成品时，制作不再计算。

（3）各种风口、散流器的制作，按其成品重量以"kg"为计量单位。若风口、分布器、散流器、百叶窗为成品时，制作不再计算。风管插板风口制作已包括安装内容。钢百叶窗及活动金属百叶风口的制作以"m²"为计量单位。

（4）各种风帽的制作安装其中风帽制作以"kg"为计量单位。若风帽为成品时，制作不再计算。风帽筝绳制作安装按图示规格长度以"kg"为计量单位。风帽泛水制作安装按图示展开面积以"m²"为计量单位。

## 10. 建筑智能化工程概算定额计量包括哪些内容？

答：建筑智能化工程概算定额计量包括如下内容：

（1）按概算定额规则进行计量，规则如下：

（2）由消防中心至端子箱的管、线为干线，其他为支路管线。

（3）由广播室至各层分线箱的管、线为干线，其他为支路管线。

（4）电话串联配管：由机房至端子箱、端子箱间以及端子箱至第一个电话出线口的管、线为干线，其他为支路管线。

（5）电话放射型配管：由机房至端子箱的管、线为干线，其他为支路管线。

（6）综合布线系统：由机房至机柜、机架（接线箱）的管、线缆为干线，其他为支路管线。

（7）定额概算单价中未包括设备本身价值的有：成套电话组线箱，电话中途箱，成套扬声器，天线成套设备箱，控制屏、台箱，集中区域报警器，探测器，模块，模块箱，手动报警器等。

（8）消防控制设备定额中箱、机是以成套装置编制的；柜式及琴台式安装均执行落地式安装相应项目。

（9）系统的干线及控制管线的敷设，执行电缆工程或配管配线相应子目。

（10）探测器支路管线及扬声器支路管线敷设，按照管线材质和敷设方式分别执行相应定额子目。若设计采用其他材质管线，可单独计算配管配线，执行相应子目。

（11）点型、火焰和可燃气体、探测器、模块、手动报警器、警铃不分规格、型号及安装方式，以"只"计算。

（12）红外线探测器以"对"计算。红外线探测器是成对使用的，在计算时一对为两只。

（13）线型探测器以"m"计算。

（14）报警控制器按安装方式和点数，以"台"计算。

（15）联动控制器、报警联动一体机按其安装方式不同，以"台"计算。

（16）重复显示器（楼层显示器）、报警装置、火灾事故广播中的功效机、录音机、消防广播控制柜、广播分配器、报警备用电源，以"台"计算。

（17）控制器按其控制回路以"台"计算。

（18）火灾事故广播中的扬声器以"只"计算。

（19）安全防范设备在执行电视监控设备安装定额时，其综合工日应根据系统中摄像机台数的距离（摄像机与控制器之间电缆实际长度）分别乘以相应系数。

（20）系统调试是指入侵报警系统和电视监控系统安装完毕且联通，按国家有关规范进行的全系统的检测、调整和试验。

（21）系统调试中的系统装置包括前端各类入侵报警探测器、信号传输和终端控制设备、监视器及录像、灯光、警铃等所必须的联动设备。

（22）其他联动设备的调试已考虑在单机调试中，不得另行计算。

（23）设备部件按设计成品以"台"或"套"计算。

（24）模拟盘以"m²"计算。

（25）入侵报警系统调试、电视监控系统调试以系统计算。

（26）电话与综合布线，综合布线中机柜、机架、接线箱安装已综合了箱内附件安装。

（27）电话、综合布线未包括干线敷设，可执行电缆工程或配管配线相应子目。

（28）电话支路管线敷设，定额中的配线是按 RVS 编制的。采用其他线缆可单独计算，执行配管配线相应子目。

（29）综合布线信息支路管线敷设，按住宅和公共建筑分类。定额中所包含的线缆是超 5 类非屏蔽双绞线编制的。

（30）电话组线箱分明、暗装以台计算；综合布线机柜、机架、接线箱均以"台"计算。

（31）电话电缆架空引入装置以"套"计算。

（32）电话电缆、双绞线、光缆等分型号、按敷设方式以"m"计算。

（33）电话出线口（插座）、信息插座以"个"计算。

（34）制作跳线以条计算；大多数双绞电缆以"对"计算。

（35）光纤连接分单模、多模，按连接方式以芯（磨制法以端口）计算。

（36）电话支路管线按配管材质以电话出线口个数计算。

（37）信息点支路管线（线缆）根据建筑类型及配管配线材质以信息插座面板的数量计算，双信息插座亦视为一个出线口。

### 11. 建筑智能化工程预算定额计量包括哪些内容？

答：建筑智能化工程预算定额计量包括如下内容：

（1）点型、火焰和可燃气体、探测器不分规格、型号及安装方式，以"只"计算。

（2）线外线探测器以对计算。红外线探测器是成对使用，在计算时一对为两只。

（3）线形探测器以"m"计算。

（4）按钮、控制模块（接口）、报警模块（接口）以"只"计算。

（5）报警控制器按安装方式和点数，以"台"计算。

（6）联动控制器、报警联动一体机按其安装方式不同，以"台"计算。

（7）重复显示器（楼层显示器）、报警装置、火灾事故广播中的功放机、录音机、消防广播控制柜、广播分配器、报警备用电源以"台"计算。

（8）远程控制器按其控制回路数以"台"计算。

（9）火灾事故广播中的扬声器以"只"计算。

（10）消防通信系统中的电话交换机按门数不同以"台"计算；通讯分机、插孔分别以"部"、"个"计算。

（11）消防系统调试。

（12）自动报警系统、水灭火系统电气控制装置按不同点数以系统计算。

（13）消防广播喇叭、音箱、电话分机、电话插孔，按其数量以"个"计算。

（14）消防电梯以"部"计算。

（15）电动防火门、防火卷帘门、正压送风阀、排烟阀、防火阀以"处"计算。

（16）在执行电视监控设备安装定额时，其综合工日应根据系统中摄像机台数的距离（摄像机与控制器之间电缆实际长度）分别乘以下列系数。

（17）电话组线箱，电视设备箱，综合布线机柜、机架、接线箱均以"台"计算。

（18）电话电缆，电视电缆及双绞线、光缆等分型号，按敷设方式以"m"计算。

（19）电话出线口（插座）、共用天线各种元器件、信息插座分型号以"个"计算。

（20）制作跳线、卡接四对内双绞线缆以条计算；大对数双绞电缆以"对"计算。

（21）光纤连接分单模、多模，按连接方法以"芯"（磨制、法以"端口"）计算。

（22）双绞线、同轴电缆、光缆测试分别以"点（条、芯）"计算。

## 12. 建筑智能化工程清单计量包括哪些内容？

答：建筑智能化工程清单计量包括如下内容：

弱电工程清单计量采用清单规范附录 C 安装工程工程量清单项目及计算规则，其部分规则如下：

（1）点型探测器分名称、类型按"只"计算。

（2）线型探测器分名称、类型按"m"计算。

（3）模块分名称、输出形式按"只"计算。

（4）报警控制器、联动控制器、报警联动一体机分安装方式、控制点数量按"台"计算。

（5）火灾自动报警系统调试分点数按"系统"计量。

（6）楼宇自控中央管理系统分名称、控制点数量按"台"计算。

（7）控制网络通信设备、控制器分名称、类别、功能按"台"计量。

（8）第三方设备通信接口分名称、类别按"个"计量。

（9）传感器、变送器分名称、类别、功能按"支（台）"计量。

（10）阀门及执行机构分名称、类别、规格、控制点数量按"支（台）"计量。

（11）微波宽带无线接入系统基站设备、用户站设备分名称、类别按"台（个）"计算。

（12）微波宽带无线接入系统联调及试运行分名称、用户站数量按系统计算。

（13）网络终端设备、接口卡、交换机、路由器、防火墙、调制解调器分名称、类型、功能按"台"、"套"计量。

（14）软件按"套"计算。

（15）电视墙分名称、监视数量按"个"计量。

（16）光端设备分名称、类别、类型按"台"计量。

（17）入侵探测器分名称、类别按"套"计算。

（18）入侵报警控制器分名称、类别、回路数按"套"计算。

（19）报警中心设备分名称、类别按"套"计算。

（20）报警信号传输设备分名称、类别、功率按"套"计算。

（21）摄像机分名称、类型、类别按"台"计算。

（22）视频控制设备分名称、类别、回路数按"套"计算。

（23）控制台和监视器柜按"台"计算。

（24）视频传输设备，录像记录设备，监控主机名称、类型、规格按"台"计算。

（25）联调测试、试运行按系统计量。

## 13. 工程量清单计价费用怎样计算？

答：工程量清单计价方法是建设工程在招标投标中，招标人按照国家统一的工程量计算规则提供工程数量，并作为招标文件的一部分提供给投标人，由投标人依据工程量清单自主报价，并按照经评审合理低价中标的工程造价计价方式。工程量清单计价的费用由分部、分项工程费、措施费、其他项目费、规费和税金组成。

工程量清单计价的方法是招标方给出工程量清单，投标人根据工程量清单组合分部分项工程综合单价，并计算出分部分项工程费、措施项目费、其他项目费、规费和税金，最后汇总计算工程总造价。计算公式如下：

建筑工程造价 ＝[Σ(工程量×综合单价)＋措施项目费
＋其他项目费＋规费]
×(1＋税金率)

## 14. 工程量清单计价费用包括哪些内容？

答：工程量清单计价费用的组成包括以下内容：

（1）分部分项工程量清单费用

分部分项工程量清单费用采用综合单价计价，它综合了完成工程量清单中一个规定的计量单位项目所需的人工费、材料费、施工机械使用费、管理费和利润，并考虑了风险因素。应按实际文件或参照《建设工程工程量清单计价规范》GB 50500 附录的工程内容确定。

（2）措施项目费用

措施项目费用是指施工企业为完成工程项目施工，应发生在该工程施工前或施工过程中生产、生活、安全等方面的非工程实体费用。它包括施工技术措施项目费用和施工组织措施项目费用。施工技术措施项目如措施项目费中混凝土、钢筋混凝土模板或支架、脚手架、混凝土泵送增加费用、垂直运输和施工排水、降水等措施项目等；施工组织措施项目如环境保护、文明施工、安全施工二次搬运、工程点交与清理等。措施项目费用结算需要调整的，必须在招标文件或合同中明确。

（3）其他项目费用

其他项目费用包括招标人和投标人部分。

1）招标人部分包括预留金和材料购置费（仅指招标人购置的材料费）等；

2）投标人部分包括总承包服务费和零星工作项目费等。

预留金、材料购置费均为估算、预测数，虽在工程投标时计入投标人的报价中，但不为投标人所有。工程结算时，应按承包人实际完成的工程量计算，剩余部分仍归招标人所有。

零星工作项目费由招标人根据拟建工程项目的实际情况，列出人工、材料、机械的名称、计算单位和相应数量。工程招标时工程量由招标人估算后提出。工程结算时，工程量按承包人实际完成的工作量计算，单价按承包中标时的报价不变。

（4）规费

规费是指政府和有关权力部门规定必须缴纳的费用（简称规费）。规费的内容包括：工程排污费、噪声干扰费、工程定额测定费、社会保障费、住房公积金、危险作业意外伤害保险费等。

（5）税金

税金是指国家税法规定的应计入建设工程造价内的营业税、城市建设维护税及教育费附加等各种税金。

## 15. 如何进行综合单价的编制？如何确定清单项目费用？

答：（1）综合单价的编制

综合单价是指完成工程量清单中一个规定计量单位项目所需的人工费、材料费、机械使用费、管理费和利润，并考虑风险因素。

分部分项工程费由分项工程量清单乘以综合单价汇总而成。综合单价的组合方法包括以下几种：直接套用定额组价、重新计算工程量组价、复合组价。

（2）确定项目费用的确定

进行投标报价时，施工方在业主提供的工程量计算结果的基础上，根据企业自身掌握的各种信息、资料，结合企业定额编制得出的工程报价。其计算工程如下：

1）分部分项工程费的确定

分部分项工程费 = Σ分部分项工程量×分部分项工程综合单价

2）措施项目费的确定

措施项目费应根据拟建工程的施工方案或施工组织设计，参照规范规定的费用组成来确定。措施项目费用组成一般包括完成该措施项目的人工费、材料费、机械费、管理费、利润及一定的风险。措施项目费的计算有以下几种：

① 定额计价。

措施项目费 = Σ措施项目工程量×措施项目综合单价

② 按费率系数计价。

措施项目费 = Σ（分部分项工程直接费＋施工技术措施项目费）×费率

③ 施工经验计价。按其现有的施工经验和管理水平，来预测将来发生的每项费用的合计数，其中需要考虑市场的涨浮因素及其他的社会环境因素，进而测算出本工程具有市场竞争力的项目措施费。

④ 分包计价。是投标人在分包工程价格基础上考虑增加相应的管理费、利润以及风险因素的计价方法。

（3）计算其他项目费、规费与税金

其他费用是指预留金、材料购置费（仅指由招标人购置的材料费）、总承包服务费、零星工作项目费等估算金额的总和。包括人工费、材料费、机械使用费、管理费、利润及风险费。按业主的招标文件计算。

其他项目清单中的预留金、材料购置费和零星工作项目费，均为估算预测数量，虽在投标时计入投标人的报价中，但不视为投标人所有。预留金主要是考虑可能发生的工程量变更而预留的金额。总承包服务费包括配合协调招标人工程分包和材料采购所需的费用。

规费与税金一般按国家或地方部门规定的取费文件的要求计算，计算公式为：

$$规费 = 计算基数 \times 规定费率(\%)$$

$$税金 = (分部分项工程量清单计价 + 措施项目清单计价$$
$$+ 其他项目清单计价 + 规费)$$
$$\times 综合税率(\%)$$

（4）计算单位工程报价

$$单位工程报价 = 分项工程费用 + 措施项目费用$$
$$+ 其他项目费用 + 规费 + 税金$$

（5）计算单项工程报价

$$单项工程报价 = \Sigma 单位工程报价。$$

（6）建设项目总报价

$$建设项目总报价 = \Sigma 单项工程报价$$

# 第八节　施工质量控制点，编制质量控制文件，质量交底

## 1. 怎样确定给水排水工程的质量控制点？

答：建筑给水排水工程是建筑安装工程的一个重要分部，是使用频率较高的部分，与人们正常生活极其密切。为了确保安装的施工质量，在给水排水工程施工检查及监理过程中，发现及存在一些具体问题，需要按工程程序认真控制使其符合质量验收规定要求。

（1）施工图纸的审查

施工图会审是施工管理工作中准备阶段的一项重要工作内容，在工程管理中占有重要的位置。作用是尽量减少施工图中出现的差错或问题，确保施工过程能顺利进行。在工作中一般是由专业监理人员认真查看图纸，熟悉设计意图和结构特点，掌握整个布局并了解细部构造，在审核图纸时尽可能全面发现纸上的所有问题，以便设计人员对审查中提出的问题作修改补充。

1）对图纸的审查原则：设计是否符合现行国家相关标准及规范；是否符合工程建设标准强制性条文的要求；设计资料是否

齐全，能否满足施工使用要求；设计是否合理，有无遗漏缺项；图中标注有无错误；设备型号、管道编号是否正确完整；其走向及标高、坐标、坡度是否正确；材料选择、名称及型号、数量是否正确。设计说明及设计图中的技术要求是否明确，能否满足该项目的正常使用及维护。管道设备及流程、工艺条件是否明确，如使用压力、温度、介质是否合理安全。对管道、组件、设备的固定、防震、防腐保温，隔热部位及采取的方法，材料及施工条件要求是否清楚。有无特殊材料要求，当满足不了设计要求时可否代换材料及配件等。

2）管道安装与建筑结构间的协调关系：预留洞、预埋件位置与安装的尺寸同实际是否相符合；设备基础位置、标高及尺寸是否满足使用设备及数量规格要求；管沟位置、尺寸及标高能否满足管道敷设的需求；建筑标高基准点和施工放线控制标准是否一致。给水排水及消防管道标高与主体结构标高、位置尺寸是否存在矛盾；建筑物设计如主体结构、门窗洞口位置、吊顶及地面、墙面装饰材料等安装时有无相互影响情况。

3）各专业设计之间的协调问题；各种用电设备的位置与供水及控制位置、容量是否相匹配，配件及控制设备可否满足需要；电气线路、管道、通风及空调的敷设位置、走向是否干扰影响，埋地管道或地下管沟与电缆之间是否可以通过满足规范距离要求；连接设备的电气、控制、管道线路与设备的进线连接管位是否相符合。水、电、气及风管或线路在安装施工中的衔接位置和施工程序是否可行；管道井的内部布置是否安全合理，进出管线有无互相干扰；各不同工种安装、调试、试车及试压的配合协调及工作界面分工是否明确，有无影响到进度问题。

（2）施工企业资质及施工方案的审查

1）现在建筑给水排水工程的施工多数由专业施工队伍来承建，队伍技术素质的高低将直接影响到工程质量的优劣。作为现场监理工程师把好施工单位资质的审查关刻不容缓，对信誉不好达不到技术资质等级的专业施工单位坚决予以否定，在审查过程中应注意几个问题：首先审核施工企业资质及技术人员技术资格证书，并考察该单位技术管理水平和工程质量管理制度建立情况，考察该施工企业以前的建设业绩，听取使用单位的意见；再者要求该企业操作人员进行现场操作示范，考验其真实技术水平。通过这些简单直观的考核，做到大体上对管理及人员水平的了解，若是由其承担则在施工过程中更具针对性。

2）施工组织措施即施工技术方案，也就是用以指导施工过程中的关键性文件。它制定的方法措施即基本上决定了施工能否正常安全进行的依据。监理工程师审查要从组织的方式、机构设置、人员安排、设备配置、关键工序及施工重点的措施，与其他工序之间的配合，验收程序及产生质量问题的应急处理等方面认真审查，要分析方案的可行性和合理性。同时还要审查施工企业的进度是否符合工程实际，是否能满足施工合同对工期的要求。在工程正常开展过程中，要随时掌握旬及月进度与计划之间的差距，督促施工进度符合工期的安排。

（3）对进场材料的质量控制

建筑工程所用给水排水材料数以百计，其各种材料、半成品及成品的质量优劣严重影响到所建工程的质量，监理过程中对材料质量控制的内容主要是：各类材料、半成品及成品进场时必须附有正式的出厂合格证及检验报告；检查外观、规格、型号、尺寸、性能是否同报告相符，达不到要求的坚决退场不准进入现场；按照规范要求对阀门、开关、散热器、铸铁管件、排水硬质聚乙烯管材、冷热水用聚丙烯管材及管件要进行复试。按建筑面积 5000m² 为一检验批，小区 2000m² 为一检验批。

现在的施工监理要求是主要设备订货前，施工单位要向监理提出申请，由监理工程师会同业主审查所订设备是否符合设计及使用要求；同时对于主要配件要提供样品和厂家情况，采取货比三家择优选择的方法订货。虽然进场材料检验合格，但可能存在个别质量有问题的情况，在施工过程中进行抽样检查，对不符合质量要求的坚决更换，决不允许不合格材料用于工程。

（4）对重要细部工序严格控制

关键部位及工序多属于隐蔽项目，如不慎出现失误返工极其困难，因此重点蹲守旁站监督是很有必要的。隐蔽项目必须在隐蔽前检查验收合格后才能进行下道工序，并且记录清楚签证齐全。给水排水工程隐蔽项目主要有：直埋地下或结构中、暗敷于管沟、管井、吊顶中及不进入设备层以及有保温要求的管道。检查内容包括：各种不同管道的水平、垂直间距；管件位置、标高、坡度；管道布置和套管尺寸；接头作法及质量；管道的变径处理；附件材质、支架（墩）固定、基底防腐及防水的处理；防腐层及保温层的做法等。

**2. 怎样进行建筑电气工程施工阶段的质量控制？**

答：施工中必须根据已会审后的电气施工图纸和有关技术文件，按照国家现行的电气工程施工及验收规范，地方有关工程建设的法规、文件，经审批的施工组织设计（施工技术方案）进行。施工中若发现图纸问题应及时提出并处理，不允许未经同意擅自变更设计。严格推行规范化操作程序，编制符合规范、工艺标准，具有可操作性的质量控制程序。每道工序未经有关人员在验收表上签字，不得进行下道工序，记录好工作日志，防止监督流于形式。在施工阶段要严把材料质量关，推行质量控制卡措施，每种材料要有完整的资料（出厂合格证、检测报告、复测报告等）并经过建设单位、监理单位签字才可进场，将不合格材料进入工程的门路堵死；其次要严格控制分部工程的质量关，重点是工序的质量控制。在施工阶段中质量控制要注意细节部分，重点检查和控制。

（1）基础施工阶段的质量控制

基础工程施工时，应及时配合土建做好强、弱电专业的进户电缆穿墙管及止水挡板的预理、预留工作。这一工作要求电气专业应赶在土建做墙体防水处理之前完成，避免电气施工破坏防水层造成墙体今后渗漏；对需要预埋的铁件、吊卡、木砖、吊杆基础螺栓及配电柜基础型钢等预埋件，电气施工人员应配合土建提前做好准备，土建施工到位及时埋入，不得遗漏。电气施工安装中，管理人员只有努力提高自身的素质和专业能力，才能把好质量关。

（2）主体施工阶段的质量控制

首先必须分清工程中的重点环节。在电气工程质量监控中，确定配电装置、电力电缆、配电箱三个重点设备交接协调环节，明确关系，制定措施，根据规范进行超前监控，达到对工程质量的预控。其次，必须在监控好重点环节的基础上以点带面，促动整个系统工程的质量控制。电气工程要与土建工程紧密配合，根据土建浇筑混凝土的进度要求及流水作业的顺序，逐层逐段的做好电管铺设工作，这是整个电气安装工程的关键工作，做得不好不仅影响土建施工进度与质量，而且也影响整个电气安装工程后续工序的质量与进度。浇筑混凝土时，电工应留人看守，以防振捣混凝土时损坏配管或使得开关盒移位。遇有管路损坏时，应及时修复。

（3）装修阶段的质量控制

在砌筑隔墙之前应与土建工长和放线员将水平线及隔墙线核实一遍，因为将按此线确定管路预埋位置及各种灯具、开关插座的位置、标高。抹灰之前，电气施工人员应按内墙上弹出的水平线和墙面线，将所有电气工程中的预留孔洞按设计和规范要求核实一遍，符合要求后将箱盒稳定好，将全部暗配管路也检查一遍，然后扫通管路，穿好带线，堵好管盒。抹灰时配合土建做好配电箱的贴门脸及箱盒的收口，箱盒处抹灰收口应光滑平整。

**3. 怎样进行通风与空调工程施工过程的质量控制？**

答：通风与空调工程施工过程的质量控制包括如下内容：

（1）钢板风管加工制作其厚度小于或等于 1.2mm 可采用咬

接；大于 1.2mm 可采用焊接。镀锌钢板及含有保护层的钢板可采用咬接或铆接。施工中钢板或镀锌钢板及不锈钢板的厚度应符合设计及规范要求。

（2）风管及部件不得有空洞、半咬口和涨裂现象。

（3）焊缝表面不得有裂纹、烧穿现象及明显咬肉等缺陷。

（4）风管表面应平整，圆弧均匀，折角平直。加固装置应牢固，不应扭曲翘角。

（5）咬口缝应紧密、平直、均匀、纵向咬口缝应交错；纵横咬口缝处不应有裂缝和明显凸瘤。

（6）风管单角咬口的手工加工按照有关操作规程。

### 4. 怎样进行住宅、宾馆类自动喷水灭火工程施工中的质量控制？

答：住宅、宾馆类自动喷水灭火系统工程的施工过程质量控制，应按下列规定进行：

（1）各工序应按施工技术标准进行质量控制，每道工序完成后，应进行检查，检查合格后方可进行下道工序。

（2）相关各专业工种之间应进行交接检验，并经监理工程师签证后方可进行下道工序。

（3）安装工程完工后，施工单位应按相关专业调试规定进行调试。

（4）调试完工后，施工单位应向建设单位提供质量控制资料和各类施工过程质量检查记录。

（5）施工过程质量检查组织应由监理工程师组织施工单位人员组成。

（6）按规范要求填写施工过程质量检查记录。

按规范要求填写自动喷水灭火系统质量控制资料。

自动喷水灭火系统施工前，应对系统组件、管件及其他设备、材料进行现场检查，检查不合格者不得使用。

分部工程质量验收应由建设单位项目负责人组织施工单位项

目负责人、监理工程师和设计单位项目负责人等进行，并按规范要求填写自动喷水灭火系统工程验收记录。

**5. 怎样进行房屋建筑安装中弱电工程施工工程质量的控制？**

答：除了满足常规的工程管理外，对弱电工程的质量重点抓如下几个方面的工作：

（1）加强专业与工种之间的协调配合

弱电工程是涉及与土建、装饰、空调、给水排水、供电、照明、电梯等专业，而且在某种意义上弱电工程是配合工种，因此在工程现场必须与上述专业密切配合与协调，尤其在阀门、水管温度传感器、流量计和水流开关安装、开孔位置、凸台焊接、风门与执行器的配合等，均必须与相应工种协调配合，严防在各专业工艺管道完成后再增补 BAS 的传感器、执行器、摄像机、PDS 信息，必须与装饰工程密切配合。

（2）加强工序之间的检查与验收

由于弱电工程的配管、线、槽和线路敷设安装与调试，可能是不同的施工单位施工，因此在每个工序或工种施工结束后，必须填写相应的施工记录或安装表格，进行单体设备安装，穿线、接线时必须按照隐蔽工程相应的工程验收规范和设计图纸要求并进行交接验收，做好单体设备的测试记录，提交完整的工程技术档案资料，以确保工程质量和防止扯皮。

（3）应按施工工艺和相关的施工及验收规范分阶段进行质量控制。

（4）按图示的施工工艺框图的质量保证体系进行施工和质量控制。

（5）做好电管、线槽、电缆敷设及隐蔽工程的施工记录和验收。

（6）按施工工艺要点做好单体设备安装的质量检查表格。

（7）按设计和产品技术说明书的要求做好单体设备的测试和调试记录。

## 6. 怎样有效控制工程施工质量？

答：有效控制工程施工质量的措施如下：

（1）制定明确的质量目标，加强学习、培训工作，提高全员质量意识。牢固树立"质量第一，质量责任重如泰山"的责任意识，正确处理好质量与工期、质量与效益之间的关系，将质量措施落实到工程施工的全过程中。以创优质工程，创样板工程，各项试验、检测结果合格，单位工程一次检查合格率达到100％的几率在95％以上为质量目标。为了达到这一目标，要在队伍进场以后，加强理论学习和现场培训工作。认真进行质量教育，对于质量要求和标准，做到人人明白，个个清楚，领导把关，自觉遵守。完善质量奖惩制度以提高全员创优的积极性和工作质量。

（2）建立严密的质量保证体系，从组织上确保质量计划目标实现。实施以预防为主的全过程，做到凡事有人负责，凡事有章可循，凡事有据可查，凡事有人监督。

1）建立质量管理领导小组。项目经理部成立质量管理领导小组，项目经理为小组长，总工程师为副组长，组员由质量监察、技术、物资机械等部门的人员组成。施工队设质量管理小组，施工队长为组长。

2）建立质量组织管理体系。为确保工程质量，在项目经理部实行三级质量管理制度，项目经理部设安全质量部，现场施工队设专职质检工程师，班组设质检员。各班组设兼职质检员。

（3）建立严格的质量管理制度，从管理上确保质量措施的落实。

1）施工过程中的质量管理制度

① 事前控制制度开工之前，将组织施工阶段的层层技术交底。每个分项工程开工前，由主管工程师对施工人员进行书面交底，明确本项工程的设计要求、技术标准、几何尺寸与其他工程的关系、施工方法和注意事项等，使全体人员在彻底明确了施工

对象的情况下投入施工。

② 事中控制制度。施工中，坚持"三不交接"、"五不施工"制度。"三不交接"即：无自检记录不交接；未有专业人员验收合格不交接；施工记录不全不交接。"五不施工"即指未进行技术交底不施工；图纸和技术要求不清楚不施工；测量资料未经换手复核不施工；材料无合格证或试验不合格者不施工；工程未经检查签证不施工。

③ 对工序实行严格的"三检"制度。"三检"即：自检、互检、交接检。上道工序不合格，不准进入下道工序施工，以确保各道工序的施工质量。

④ 实施严格的隐蔽工程检查制度。

⑤ 实施测量资料换手复核制。

⑥ 建立严格的"跟踪检测"制度。

⑦ 建立严格的原材料、成品、半成品进场检验制度，主要包括：一是进场货物的品种、规格、数量是否符合采购计划；二是厂家的合格证或检验报告是否齐全；三是产品现场质量检查，并填写检查验收记录；四是取样进行试验，并出具试验报告单。经验收不合格的材料不准进场，如已进场，则马上清理出场，不允许在场内存放。

⑧ 认真执行进场材料的管理制度。

⑨ 仪器、设备标定制度。各种仪器、仪表、设备均按计量法的规定进行标定。

⑩ 施工资料管理制度。施工原始资料的积累和保存由分管人员负责，分类归档管理。

⑪ 建立工艺流程规范操作制度和工地试验室检测制度。

⑫ 建立保证质量的奖惩制度，对于工程质量抓的好的单位或个人要进行奖励，对于工程质量差的单位要实行重罚。要达到"奖的开心，罚的心疼"，起到奖惩的作用。

⑬ 事后控制制度。对质量活动结果的评价认定和对质量偏差的纠正。

2）质量责任制：建立项目经理负质量全面领导责任，总工程师负质量总体技术责任，各工班长负质量直接施工责任，各质检工程师及专（兼）职质检员负质量直接监督检查把关责任，以及所有参建职工负相应质量责任的质量分析责任体系。按照"谁主管、谁负责，谁交底，谁检查"的原则，分清质量责任，每月都要考核一次。考核结果与个人业绩挂钩。

3）质量责任保证金：对应于质量目标责任制实施质量责任风险抵押金制度，签订质量目标责任合同的全体职工在签订合同的同时提交一笔保证金，根据工程施工质量评定和工程质量奖罚规定，结合个人工作实绩考核，在工程竣工后返还或奖罚。

4）日常定期质量教育制度：广泛深入地进行质量宣传教育和鼓励工作，提高全员质量责任意识和创优意识，要求全体职工把创优质工程视为企业生存的大事，确保创优工作具有广泛的群众基础。使创建优质工程真正成为每位建设者的自觉行为，并在贯穿于施工的每一道工序中认真执行。

5）工艺流程规范操作制度

① 建立以工班长为责任人的工艺流程负责制，使每一工序的工艺流程有专人负责，确保流程有效。

② 在每个工序实施前，由施工技术人员对施工人员进行工艺流程交底，交底内容为流程程序、达到的标准等。真正使每个施工人员心中有数。

③ 建立流程图标示制度，每一工序施工前，施工队应对工序流程挂牌标示，告知全体人员，不能盲目施工。

④ 对每一工序流程完成后，认真总结施工经验，不断提高操作水平，尤其是使用新材料时，应不断提出改进措施，使其达到最佳流程工艺。

⑤ 施工队应建立流程奖罚制度，明确凡不按工艺流程操作时，应予处罚，凡按工艺流程规范操作，确保质量安全者应予奖励。

尤其是使用新材料时，应不断提出改进措施，使其达到最佳流程工艺。

⑥ 应把规范操作与文明施工、劳动保护等紧密结合起来，凡工艺流程与其相违背时，应修改工艺流程，使其科学合理适用。

6）质量事故报告制度

① 按工程质量报告制：各施工队每月填写质量报表的"质量事故"一栏的内容，由项目经理部汇总上报上级有关部门。

② 工程重大质量事故发生后，事故现场或部位应采取有效抢救措施防止事故进一步扩大，并保持现场不被破坏至事故处理完毕。

③ 工程重大质量事故发生后，事故发生施工队必须立即报告项目经理部，项目经理部立即以最快的方式报告上级有关部门及业主、监理、设计单位，并在三天内提出书面的工程质量事故报告逐级上报。

④ 工程质量事故报告的内容应包括：事故发生的时间、地点、工程项目名称；事故发生的简要经过及损失情况；发生原因的初步分析；采取的应急措施及事故控制情况；事故处理方案及工程计划；事故报告单位。

7）创优措施

① 加强创优工作，建立各级创优领导小组，把创优活动与整个生产过程有机结合起来。

② 建立定期和不定期的施工质量检查制度。及时对分项、分部、单位工程进行质量评定。开展 QC 活动，消除质量通病，全面提高工程质量。

③ 实行优质优价，激励参建职工全员创优。

④ 充分利用新技术、新工艺确保工程质量。

# 第九节 施工安全防范重点，职业健康安全与环境技术文件

**1. 怎样确定脚手架安全防范重点?**

答：（1）一般脚手架搭设作业的安全技术措施与安全防范重

点包括如下内容：

1）架上作业人员必须戴安全帽、系安全带、穿防滑鞋，并站稳把牢。

2）设置第一排连墙件前，应适当设抛撑以确保架子稳定和架上人员的安全。

3）在架上传递、放置杆件时，应防止失衡闪失和滑落。

4）安装较重的杆件或作业条件较差时，应避免单人操作。

5）剪刀撑、连墙杆及其他整体稳定性拉结杆件应随架子高度的增加随时装设，以确保整体稳定。

6）搭设过程中，架子不得集中超载堆置杆件材料。

7）搭设过程中应统一指挥，协调作业。

8）确保构架的尺寸，杆件的垂直度和水平度，节点构造和坚固程度符合设计要求。

9）禁止使用规格、材质不符合要求的配件。

10）当有六级及六级以上大风和雾、雨、雪天气时，应停止脚手架搭设。

（2）一般脚手架拆除作业的安全技术措施与安全防范重点包括：

1）拆除作业应按搭设的相反顺序自上而下逐层进行，严禁上下同时作业。

2）每层连墙件的拆除，必须在其上全部可拆杆件全部拆除以后进行，严禁先松开连墙杆，再拆除上部杆件。

3）凡已松开连接的杆件必须及时取出、放下，以避免作业人员疏忽误靠引起危险。

4）分段拆除时，高差应不大于2步；如高差大于2步，应增设连墙杆加固。

5）拆下的杆件、扣件和脚手板应及时吊运至地面，禁止自架上向下抛掷。

6）当有六级及六级以上大风和雾、雨、雪天气时，应停止脚手架拆除。

## 2. 洞口、临边防护安全防范重点有哪些内容？

答：（1）洞口、临边作业的安全控制要点

1）各种楼板与墙的洞口，按其大小和性质应分别设置牢固的盖板、防护栏杆、安全网或其他防坠落的防护设施。

2）坑槽、桩孔的上口，柱形、条形等基础的上口以及天窗等处都要作为洞口采取符合规范的防护措施。

3）楼梯口用设置防护栏杆，楼梯边应设防护栏杆，或者用正式工程的楼梯扶手代替临时防护栏杆。

4）电梯井口除设置固定的栅门外，还应在电梯井内每隔两层（不大于 10m）设一道安全平网。

5）施工现场大的坑槽陡坡等处，除需设置防护设施与安全标志外，夜间还应设红灯警示。

（2）对洞口防护的具体要求

1）楼板、屋面和平台等面上短边尺寸小于 25cm 但大于 2.5cm 的孔口，必须用坚实的盖板盖严，盖板应防止挪动位移。

2）楼板面等处边长为 25～50cm 的洞口、安装预制构件时的洞口以及缺件临时形成的洞口，可用竹、木等作盖板，盖住洞口，盖板须能保持四周搁置均衡，固定牢靠，防止挪动位移。

3）边长为 50～150cm 的洞口，必须设置一层用扣件和钢管形成的网格，并在其上满铺篱笆或脚手板。也可采用贯穿于混凝土板内的钢筋构成防护网格，钢筋网格间距不得大于 20cm。

4）边长在 150cm 以上的洞口，四周设防护栏杆洞口下方设安全平网。

5）垃圾井道和烟道，应随楼层的砌筑或安装而消除洞口，或者安装预留洞口的做法进行防护。

6）位于车辆行驶通道旁边的洞口、深沟与管道坑、槽，所加盖板应能承受不小于当地额定卡车后轮有效承载力 2 倍的荷载。

7）墙面等处的竖向洞口，凡落地的洞口应加装开关式、固定式或工具式防护门，门栅网格间距不应大于 15cm，也可采用防护栏杆，下设挡脚板。

8）下边沿至楼板底面低于 80cm 的窗台等竖向洞口，如侧边落差大于 2m 时，应加设 1.2m 高的临时护栏。

9）对邻近的人与物有坠落危险的其他竖向孔、洞均应予以加盖或加以防护，并固定牢靠，防止挪动位移。

### 3. 建筑安装工程施工用电安全三级教育的内容有哪些？建筑安装工程施工安全用电管理的基本要求有哪些？

答：（1）建筑安装工程施工用电安全三级教育的内容

三级安全教育是指公司、项目经理部、施工班组三个层次的安全教育。三级教育的内容、时间及考核结果要有记录。建设部颁布的《建筑企业职工安全培训教育暂行规定》规定如下。

1）公司教育的内容。国家和地方有关安全生产的方针、政策、法规、标准、规范、规程和企业的安全规章制度等。

2）项目经理部教育的内容。工地安全制度、施工现场环境、工程施工特点及可能存在的不安全因素等。

3）施工班组教育的内容。本工种的安全操作规程、事故案例剖析、劳动纪律和岗位讲评。

（2）建筑施工安全用电管理的基本要求

1）施工现场必须按工程特点编制施工临时用电施工组织设计（或方案），并由企业主管部门审核后实施。

2）各施工现场必须设置一名电气安全负责人，电气安全负责人应由技术好、责任心强的电气技术人员或工人担任，其责任是负责该现场日常安全用电管理。

3）施工现场的一切电气线路，用电设备的安装与维护必须由持证电工负责，并严格执行施工组织设计的规定。

4）施工现场应视工程量大小和工期长短，必须配备足够的（不少于 2 名）持有市、地劳动安全监察部门核发电工证的电工。

5）施工现场使用的大型机电设备，进场前应通知主管部门派员鉴定合格后才允许运进施工现场安装使用，严禁不符合安全要求的机电设备进入施工现场。

6）一切移动式电动机具（如潜水泵、振捣器、切割机、手持电动机具等）机身必须写上编号，检测绝缘电阻，检查电缆外绝缘层、开关、插头及机身是否完整无损，并列表报主管部门检查合格后才允许使用。

7）施工现场严禁使用明火电炉（包括电工室和办公室）、多用插座及分火灯头，220V 的施工照明灯具必须使用护套线。

8）施工现场应设专人负责临时用电的安全技术档案管理工作。临时用电安全技术档案应包括的内容为：临时用电施工组织设计；临时用电安全技术交底；临时用电安全监测记录；电工维修工作记录。

## 4. 建筑装饰装修施工现场临时用电安全要求的基本原则有哪些方面？

答：（1）建筑装饰装修施工现场的电工、电焊工属于特种作业工种，必须按国家有关规定经专门安全作业培训，取得特种作业操作资格证书，方可上岗作业。其他人员不得从事电气设备及电气线路的安装、维修和拆除。

（2）建筑装饰装修施工现场必须采用 TN—S 接零保护系统，即具有专用保护零线（PE 线）、电源中性点直接接地的 220/380V 三相五线制系统。

（3）建筑装饰装修施工现场必须按"三级配电二级保护"设置。

（4）装饰装修施工施工现场用电必须实行"一机、一闸、一漏、一箱"制，即每台用电设备必须有自己专用的开关箱，专用开关箱内必须设置独立的隔离开关和漏电保护器。

（5）严禁在高压线下搭设临时建筑、堆放材料和进行施工作业；在高压线一侧作业时，必须保持至少 6m 的水平距离，达不到上述距离时，必须采取隔离防护措施。

（6）在宿舍工棚、仓库、办公室内严禁使用电饭煲、电水壶、电炉、电热杯等较大功率电器。如需使用，应由项目部安排专业电工在指定地点安装可使用较高功率电器的电气线路和控制器。严禁使用不符合安全要求的电炉、电热棒等。

（7）严禁在宿舍内乱拉乱接电源，非专职电工不准乱接或更换熔丝，不准以其他金属代替熔丝（保险）丝。

（8）严禁在电线上晾晒衣服和挂其他东西等。

（9）搬运较长的钢筋、钢管等金属物体时，应注意不要触碰到电线。

（10）在临近输电线路的建筑物上作业时，不能随便向下扔金属类杂物；更不能触摸和拉动电线。

（11）移动金属梯子和金属平台时，要观察高处输电线路与移动物体的距离，确认有足够的安全距离后再进行作业。

（12）在地面或楼面上运送材料时，不要踏在电线上，停放手推车或堆放钢模板、跳板、钢筋时不要压在电线上。

（13）在移动有电源线的机械设备时，如电焊机、水泵、小型木工机械等，必须先切断电源，不能带电搬动。

（14）当发现电线坠地或设备漏电时，切不可随意跑动和触摸金属物体，并保持 10m 以上的距离。

（15）正确识别用电警示标志或标牌，不得随意靠近，随意损坏和挪动标牌，进入施工现场的每个人都必须认真遵守用电管理规定，见到以上用电警示标志或标牌时，不得随意靠近，更不准随意损坏、挪动标牌。

## 5. 施工升降机的安全使用和管理规定有哪些？

答：施工升降机的安全使用和管理规定包括：

（1）施工企业必须建立健全施工升降机各类安全管理制度，落实专职机构和专职人员，明确各级安全使用和管理责任制。

（2）驾驶升降机的司机应经有关行政主管部门组织培训合格的专职人员担任，严禁无证操作。

（3）司机应做好升降机的日常检查工作，即在电梯每班首层运行时，应分别作空载和满载试运行，将梯笼升高离地面设计高度处停车，检查制动器的灵敏性和可靠性，确认正常后方可投入使用。

（4）建立和执行定期检查和维修保养制度，每周或每旬定期对升降机进行全面检查，对查出来的隐患按"三定"原则落实整改。整改后需经有关人员复查确认符合安全要求后，方能使用。

（5）梯笼乘人、载物时，应尽量使荷载均匀分布，严禁超载使用。

（6）升降机运行至最上层和最下层时，严禁以碰撞上、下限位开关来实现停车。

（7）司机因故离开吊笼或下班时，应将吊笼降至地面，切断总电源并锁上电箱门，防止其他无证人员擅自开动吊笼。

（8）风力达6级以上，应停止使用升降机，并将吊笼降至地面。

（9）各停靠层的运料通道两侧必须有良好的防护。楼层门应处在常闭状态，其高度应符合规范要求，任何人不得擅自打开或将头伸出门外，当楼层门未关闭时，司机不得开动电梯。

（10）确保通信装置的完好，司机应当在确认信号后方能开动升降机。作业中无论任何人在任何楼层发出紧急停车信号，司机都应当立即执行。

（11）升降机应当按规定单独安装接地保护和避雷装置。

## 6. 物料提升机的安全使用和管理规定有哪些？

答：物料提升机的安全使用和管理规定包括如下内容：

（1）提升机安装后，应由主管部门组织有关人员按规范和设计要求进行检查验收，确定合格后发给使用证，方可交付使用。

（2）有专职司机操作。升降机司机应经专门培训，人员要相对稳定，每班开机前，应对卷扬机、钢丝绳、地锚、缆风绳进行检查，并进行开车运行，确认安全装置安全可靠后方能投入使用。

（3）每月进行一次定期检查。

（4）严禁人员攀登、穿越提升机架体和乘坐吊篮上下。

（5）物料在吊篮内应均匀分布，不得超出吊篮，严禁超载使用。

（6）设置灵敏可靠的联系信号装置，司机在通信联络信号不明时不得开机，作业中不论任何人发出停车信号，均应立即执行。

（7）装设摇臂把杆的提升机，吊篮与吊臂把杆不得同时使用。

（8）提升机在工作状态下，不得进行保养、维修、排除故障等工作，若要进行则应切断电源并在醒目处悬挂"有人维修、禁止合闸"的标志牌，必要时应设专人监护。

（9）卷扬机应装在平整坚实的位置上，宜远离危险作业区，视线应良好，因施工条件限制，卷扬机安装位置距施工作业区较近时，其操作棚的顶部应按规定的防护棚要求加设。

## 7. 高处作业安全防护技术有哪些内容？

答：高处作业安全防护技术有以下内容：

1）悬空作业处应有牢靠的立足处，凡是进行高处作业施工的，应使用脚手架、平台、梯子、防护围栏、挡脚板、安全带和安全网等安全设施。

2）凡从事高处作业人员应接受高处作业安全知识教育；特殊高处作业人员应持证上岗，上岗前应根据有关规定进行专门的安全技术交底。采用新工艺、新技术、新材料、新设备的，应按规定对作业人员进行相关安全技术教育。

3）悬空作业所用的悬索、脚手板、吊篮、平台等设备，均须经过技术鉴定或检证合格后方可使用。

4）高处作业人员应经过体检，合格后方可上岗。施工单位应为作业人员提供合格的安全帽，安全带等必备的个人安全防护用具，作业人员应按规定正确佩戴和使用。

5）施工单位应按高处作业类别，有针对性地将各类安全警示标志悬挂于施工现场各相应部位，夜间应设红灯警示。

6）安全防护设施应由单位工程负责人验收，并组织有关人员参加。

7）高处作业所用工具、材料严禁投掷，上下立体交叉作业确有需要时，中间需设隔离设施。

8）高处作业应设置可靠扶梯，作业人员应沿着扶梯上下，不得沿着立杆与栏杆攀登。

9）在雨雪天应采取防滑措施，当风速在 10.8m/s 以上和雷电、暴雨、大雾等气候条件下，不得进行露天高处作业。

10）高处作业上下应设置联系信号或通信装置，并指定专人负责。

## 8. 高处作业安全技术规范的一般要求有哪些主要内容？

答：（1）临边高处作业要求

1）基坑周边，尚未安装栏杆或栏板的阳台，料台与挑平台周边，雨篷与挑檐边，无外脚手的屋面与楼层周边及水箱与水塔周边等处，都应设置防护栏杆。

2）头层墙高度超过 3.2m 的二层楼面周边，以及无外脚手架的高度超过 3.2m 楼层周边，必须在外围架设安全平网一道。

3）分层施工的楼梯口和梯段边，必须安装临时栏杆。顶层楼梯口应随工程进度安装正式防护栏杆。

4）井架与施工用电梯和脚手架等与建筑通道的两侧边，必须设置防护栏杆。地面通道上部应装设安全防护棚。双笼井架通道中间，应预分隔封闭。

5）各种垂直运输接料平台除两侧设防护栏杆外，平台口还应设置安全门或活动防护栏杆。

（2）高处作业安全技术规范的一般要求

1）高处作业安全技术措施及所需料具，必须列入工程的施工组织设计。

2）单位工程的施工负责人应对工程的高处作业安全技术负责并建立相应的责任制。施工前，应逐级进行安全技术教育及交底，落实所有的安全技术措施和防护用品，未落实时不得施工。

3）高处作业的安全标志、工具、仪表、电气设施和各种设备必须在施工前加以检查，确认其完好，方能投入使用。

4）攀登和悬空高处作业人员及搭设高处作业安全设施的人员，必须经过专业技术培训及专业考试合格，持证上岗，并必须定期进行体格检查。

5）施工中对高处作业的安全技术设施，发现有缺陷和隐患时，必须及时解决，危及人身安全时，必须停止作业。施工场所所坠落的物件，应一律先撤除或加以固定。高处作业所用的物料，均应堆放平稳，不妨碍通行和装卸。工具应随手放入工具袋，作业中的通道、走道和登高用具，应随时清扫干净；拆卸下的物件及余料和废料均应及时清运，不得任意乱置和向下丢弃，传递物件禁止抛掷。

6）雨天和雪天进行高处作业时，必须采取可靠的防滑、防寒和防冻措施。凡水、冰、霜、雪均应清除。对于高处作业的高耸建筑物，应事先设置避雷设施。遇六级（含六级）以上强风、浓雾等恶劣天气，不得进行露天攀登与悬空高处作业。暴风雪及台风暴雨后，应对高处作业安全设施逐一加以检查，发现有松动、变形、损坏或脱落等现象，应立即修理完善。因作业需要，临时拆除或变动安全设施时，必须经施工负责人同意，并采取相应的可靠措施，作业后应立即恢复。防护棚搭设与拆除时，应设警戒区，并应派专人监护。严禁上下同时拆除。

7）建筑施工进行高处作业之前，应进行安全防护设施的逐项检查验收。验收合格后方可进行高处作业。验收可以采取分层验收、分段验收。安全防护设施应由施工单位负责人验收，并组织有关人员参加。安全防护设施应按类别逐项查验，并作出验收记录。凡不符合规定者，必须修正合格后再行查验。施工工期内还应定期进行抽查。

（3）悬空进行门窗作业时的规定

1）安装门、窗，涂刷油漆及安装玻璃时，严禁操作人员站在樘子、阳台栏板上操作。门、窗临时性固定，填封材料未达到强度，以及电焊时，严禁手拉门、窗进行攀登。

2）在高处外墙安装门、窗、屋外脚手架时，应装挂安全网，无安全网时，操作人员应系好安全带，其保险钩应挂在操作人员上方的可靠物件上。

3）进行各项窗口作业时，操作人员的重心应位于室内，不得在窗台上站立，必要时应系好安全带进行操作。

4）支模、粉刷、砌墙各种工种进行上下立体交叉作业时，不得在同一垂直方向操作。下层作业的位置，必须处于上层高度确定的可能坠落半径之外。不符合以上条件时应设置安全防护层。钢模板、脚手架等拆除时，下方不得有其他操作人员，钢模板部件拆除后，临时堆放处离楼层边缘不应小于 1m，堆放高度不得超过 1m。楼层边口、通道口、脚手架边缘等处严禁堆放任何拆下物件。

5）特殊情况下如无可靠安全设施，必须系好安全带并扣好安全钩或架设安全网。

## 9. 消防安全技术规范的要求包括哪些内容？

答：《建设工程施工现场消防安全技术规范》GB 50720—2011 规定，临时用房、临时设施的布置应满足现场防火、灭火及人员安全疏散的要求。

（1）施工现场出入口的设置应满足消防车通行的要求，并宜布置在不同的方向，其数量不少于 2 个。当确有困难只能设置一个出入口时，应在施工现场内设置满足消防车通行的环形道路。

（2）固定动火作业场应布置在可燃堆场及其加工厂、易燃易爆危险品库房等全年最小频率风向的上风侧。易燃易爆危险品库房应远离明火作业区、人员密集区和建筑物相对集中区。可燃材料堆场及其加工场、易燃易爆危险品库房不应布置在架空电线的下方。易燃易爆危险品库房与建筑工程的防火间距不应小于15m，可燃材料堆场及其加工场、固定动火作业场与在建工程的防火间距不应小于10m，其他临时用房、临时设施与在建工程的防火间距不应小于6m。

（3）施工现场应设置临时消防车道，临时消防车道与在建工程、临时用房、可燃材料堆场及加工场的距离不宜小于5m，且不应大于40m；施工现场周边道路满足消防车通行及灭火救援要求时，施工现场内可不设临时消防车道。消防车道的设置应符合下列规定：

1）临时消防车道宜为环形，设置环形车道确有困难时，应在消防车道顶端设置尺寸不小于12m×12m的回车场。

2）临时消防车道的净宽度和净空高度不应小于4m。

3）临时消防车道的右侧应设置消防车行进路线指示标识。

4）临时消防车道路基、路面及其下部设施应能承受消防车通行压力及工作荷载。

（4）下列建筑应设环形消防车道，设置环形临时消防车道确有困难时，除应按规范的规定设置回车场外，尚应按规范的规定设置临时消防救援场地：

① 建筑高度大于24m的在建工程。②建筑工程单体占地面积大于3000m² 的在建工程。③超过10栋，且成组布置的临时用房。

（5）临时救援场地的设置应符合下列规定：

① 临时救援场地应在在建工程装饰装修阶段设置。②临时救援场地应设置在成组布置的临时用房的场地的长边一侧及在建工程的长边一侧。③临时救援场地宽度应满足消防车正常操作要求，且不应小于6m，与在建工程外脚手架的净距不宜小于2m，且不宜超过6m。

在建工程的临时疏散通道应采用不燃、难燃材料建造，并应与在建工程结构施工同步设置，也可以利用在建工程施工完毕的水平结构、楼梯。外脚手架、支模架的架体宜采用不燃难燃材料搭设。

下列工程的外脚手架、支模架的架体应采用不燃材料搭设：①高层建筑；②既有建筑改造工程。

下列安全防护网应采用阻燃型安全防护网：①高层建筑外脚手架的安全防护网；②既有建筑改造时，其外脚手架的安全防护网；③临时疏散通道的安全防护网。

（6）作业现场应设置明显的疏散指示标志，其指示方向应指向临时疏散通道入口。作业层的醒目位置应设置安全疏散示意图。施工现场应设置灭火器、临时消防给水系统和应急照明等临时消防设施，临时消防设施与在建工程施工应同步设置。

（7）施工现场消火栓泵应采用专用消防配电线路。专用消防配电线路应自施工现场总配电箱总断路器上端接入，且应保持不间断供电。地下工程的施工现场应配备防毒面具。临时消防系统贮水池、消火栓泵、室内消防竖管及水泵接合器等应设置醒目标识。

（8）施工现场的消防安全管理应由施工单位负责，实行总承包时，应由总承包单位负责。施工单位应当根据建设项目规模、现场消防管理的重点，在施工现场建立消防安全管理组织机构及义务消防组织，并应确定消防安全负责人和消防安全管理人员，同时应该落实相关人员的消防安全管理责任。施工单位应针对施工现场可能导致火灾发生的施工作业及其他活动，制定消防安全管理制度，管理制度包括下列内容：

① 消防安全教育与培训制度；②可燃及易燃易爆危险品的管理制度；③用火、用电、用气管理制度；④消防安全检查制度；⑤应急预案演练制度。

（9）施工单位应编制施工现场防火技术方案，并应根据施工现场情况变化及时对其修改、完善。施工单位应编制施工现场灭火及应急疏散预案；施工现场的消防安全管理人员应向施工人员进行消防安全教育和培训；施工现场施工管理人员应向作业管理人员进行消防安全技术交底；施工过程中，施工现场的消防安全负责人应定期组织消防安全管理人员对施工现场的消防安全进行检查；施工单位应当依据火灾及应急疏散预案，定期开展灭火及应急疏散的演练。施工现场的重点防火部位或区域应设置防火警示标识。

## 10. 施工现场机具安全防护措施有哪些？

答：（1）施工电梯的基础必须牢固。架体必须按设备说明预埋拉接件，设防雷装置。设备应配件齐全、型号相符，其防冲、防坠联锁装置灵敏可靠，钢丝绳、制动设备要完整无缺。设备安装完毕后要进行试运行，必须待极大指标达到要求后，才能进行验收签证，挂牌准予使用。

（2）机械操作人员必须经过专业考核，合格后持证上岗。

（3）各种机械要定机、定人维修保养，做到自检、自维修，并做好记录。

（4）施工现场各种机械要挂安全技术操作规程牌。

（5）各种起重机械和垂直运输机械在吊运材料时，现场要设人值班和指挥。

（6）所有机械不准带病作业。

## 11. 室内给水管道的安装完成后需要做的试验有哪些？

答：室内给水管道的试验及验收方法是：

（1）埋地的引入管、水平干管必须在隐蔽前进行水压试验，试验合格并验收后方可隐蔽。

（2）系统试验。管道全部安装完毕后应进行系统水压试验并验收。

（3）水压试验压力 $P_s = 1.5P$，但不小于 0.6MPa，不大于 1.0MPa。工作压力 $P$ 按系统水泵扬程或城市供水管网压力选用。

（4）检验方法。金属及复合管供水管道系统在试验压力下观测 10min，压力降不应大于 0.02MPa，然后降到工作压力进行检查，应不渗不漏；塑料管给水系统应在试验压力下稳压 1h，压力降不得超过 0.05MPa，然后在工作压力的 1.15 倍状态下稳压 2h，压力降不得超过 0.03MPa，同时检查各连接处，不得渗漏，不渗不漏为合格。验收应做水压试验记录和隐蔽记录。

（5）卫生器具支管等器具安装完毕后进行脱水试漏。

## 12. 热水锅炉试运转操作程序是什么？

答：热水锅炉试运转操作程序包括如下内容：

（1）热水锅炉试运转前应完成的工作

1）锅炉辅助设备进行单机运转

包括炉排、上煤系统、除渣系统、鼓风机、循环水泵、补给水泵、软化水系统。单机运转应检查电机运转方向是否正确，设备运转时是否有摩擦、碰壳和声响；炉排是否有跑偏现象、液压传动设备有无漏油；设备有无过大振动；电机或设备轴承温升情况；煤斗下煤是否均匀顺利；电机电流是否在额定电流之内，接地电阻是否正常等。

2）检查管路系统

系统上的阀门是否开关灵活严密；阀门应处于运转工作状态；供水回水系统有无漏接或错接处；软化水质是否正常等。设备进行单机运转时，水泵、引风机应进行电机单机运转。以上准备工作完成无发现异常后，可进行锅炉试运转。

（2）锅炉试运转程序

1）首先从回水干管向系统注入软化水，如系统与室内供暖系统一起运转，则在注水过程中，打开放气阀排除空气。但系统注满水后，应检查膨胀水箱水位是否已到正常水位，系统有无漏水，阀门开启位置是否正确。当确定一切均正常后，即开启循环水泵进行系统循环，系统带压循环后在进行一次管路检查及系统排气。

2）点火后，点火后初始煤层可调薄一些。待煤层已点燃后开启引风机，再启动鼓风机，使煤层进入正常燃烧后，逐渐启动炉排,调整鼓、引风量,使炉膛内维持 20～30Pa 的负压。初始升温不宜过快,为了保证锅炉各部分受热面受热均匀,应逐渐升温,室内供暖系统负荷较小,管路较短时,约 1h 即可使系统水温提高。

3)运行开始后应严格检查设备运行情况;管道有无渗漏;室内供暖系统工作状况;循环水泵水量和水压是否符合设计要求;补水系统是否正常;膨胀水箱的液位控制装置或电接点压力表等仪表动作是否正确灵敏,运行均无异常应连续运转,待有关部门验收。

**13. 室内供暖系统完备后应该做哪些试验? 如何做这些试验?**

答:室内供暖系统的试验包括两方面,即一切需隐蔽的管道及其附件(总管及入口装置、地沟、吊顶内的干管)在隐蔽前必须进行水压试验;系统安装完毕,系统的所有组成部分(管道及其附件、散热设备、水泵、水箱、除污器、集水装置等附属设备)必须进行水压试验。前者称为隐蔽性试验,后者称为最终试验。室内供暖系统强度试验程序是:

1)系统试压时,应拆去压力表(试验后再装上),打开疏水器、减压器旁通阀,关闭进口阀。不使压力表、减压器、疏水器参与试验。将试压泵置于系统底部。

2)检查系统上的阀门是否处于开启的状态;检查集气罐、排气阀或自动排气阀前的控制阀是否均打开。

3)暂不与外网管道连接。在回水干管上安装试压泵和临时给水管道,压力表需经校验后安装。

4)从回水干管向系统内注水,此时系统内的空气会随注水水位上升而被挤到干管处并不断排出。对下供下回的热水系统,应在顶层的散热器上逐个打开手动排气阀进行排气。水注满空气排净后关闭排气阀,逐层逐系统检查有无渗漏水处。

5)启动试压泵开始升压,升压过程宜缓慢,且应严密检查和监视系统个组成部分,防止出现渗水、变形、破裂。

6)水压试验时,先开压至试验压力,保持 5min,如压降不超过 0.02MPa，则强度试验合格；降压至工作压力，保持此压力进行系统的全面检查，以不渗不漏为严密性试验合格。

7）实验完毕应排净试验用水，在冬期施工时应排净立管及散热器内的水，防止冻坏管道和散热器，关闭各泄水阀门。

**14. 油漆作业安全技术交底的内容有哪些？**

答：油漆工安全技术交底包括下列内容：

（1）各类油漆，因其易燃有毒，故应放在专用库房内，不得与其他材料混放，对挥发性油料应装入密闭容器内，并设专人保管。

（2）油漆涂料库房应通风良好，不准住人，并应设置消防器材，悬挂"严禁烟火"的明显标志。库房与其他建筑物应保持一定的安全距离。

（3）使用煤油、汽油、松香水、丙酮等易燃物调配油料时，应戴好防护用具，严禁吸烟。

（4）涂刷耐酸、耐腐蚀的过氯乙烯漆时，由于气味较大、有毒性，刷漆时应带上防毒口罩，每隔 1h 应到室外换气一次，同时还应保持工作场所通风良好。

（5）沾染油漆的棉纱、破布、油脂等废物，应收集存放在有盖的金属容器内，及时处理。

（6）在调油漆或稀释油漆时，室内应通风，在室内或地下室涂刷油漆时，通风应良好，任何人不准在操作时吸烟。

（7）在室内或容器内喷漆，要保持通风良好，喷漆作业周围不准有火种。

**15. 手工焊的安全操作规程包括哪些内容？**

答：手工焊的安全操作规程包括如下内容：

（1）严格执行工程有关安全施工的规程及规定。

（2）遵守本工种的操作规程，严禁违章操作。

（3）为防止发生触电，焊机必须按说明书规定实施接地保护。

（4）二氧化碳气体保护焊为明弧焊接，为防止眼部被电弧烧伤发炎及皮肤烧伤，必须遵守如下劳动安全卫生规则。

1）佩戴相应防护用具，穿好白色帆布工作服，戴好焊接专用手套，选用合适的焊接面罩和护目镜。

2）为防止有害气体及烟尘，施焊场地应安装排气通风装置或使用有效的呼吸用保护用具。

3）焊机及施焊场所要远离易燃易爆品。

4）焊机及电缆要经常检查维修，不得有裸露现象。

5）作业前，二氧化碳气体应先预热 15min。开气时，操作人员必须站在瓶的侧面。

6）作业前，应检查并确认焊丝的进给机构、电线的连接部分、二氧化碳气体的供应系统及冷却水循环系统合乎要求，焊枪冷却水系不得漏水。

7）二氧化碳气体瓶宜放在阴凉处，其最高温度不得超过 30℃，其放置位置不得靠近热源。

8）二氧化碳气体预热器端的电压，不得大于 36V，作业后，应切断电源。

（5）焊接操作及配合人员必须按规定穿戴劳动防护用品。并必须采取防止触电、高空坠落、瓦斯中毒和火灾等事故的安全措施。

（6）现场使用的电焊机，应设有防雨、防潮、防晒的机棚，并应装设相应的消防器材。

（7）高空焊接或切割时，必须系好安全带，焊接周围和下方应采取防火措施，并应有专人监护。

（8）当需施焊受压容器、密封容器、油桶、管道、沾有可燃气体和溶液的工件时，应先消除容器及管道内压力，消除可燃气体和溶液，然后冲洗有毒、有害、易燃物质；对存有残余油脂的容器，应先用蒸汽、碱水冲洗，并打开盖口，确认容器清洗干净后，再灌满清水方可进行焊接。在容器内焊接应采取防止触电、中毒和窒息的措施。焊、割密封容器应留出气孔，必要时在进、出气口处装设通风设备；容器内照明电压不得超过 12V，焊工与焊件间应绝缘；容器外应设专人监护。严禁在已喷涂过油漆和塑料的容器内焊接。

（9）对承压状态的压力容器及管道、带电设备、承载结构的受力部位和装有易燃、易爆物品的容器严禁进行焊接和切割。

（10）焊接铜、铝、锌、锡等有色金属时，应通风良好，焊接人员应戴防毒面罩、呼吸滤清器或采取其他防毒措施。

（11）当消除焊缝焊渣时，应戴平光防护眼镜，头部应避开敲击焊渣飞溅方向。

（12）雨天不得在露天电焊。在潮湿地带作业时，操作人员应站在铺有绝缘物品的地方，并应穿绝缘鞋。

（13）焊接现场周围严禁存放易燃易爆品。

## 第十节　施工质量缺陷和危险源

**1. 什么是施工质量缺陷？什么是施工危险源？**

答：（1）施工质量缺陷

凡工程产品没满足某个规定的要求为质量不合格；而没有满足某个预期的使用要求或合理的期望为质量缺陷。工程中通常所称的工程质量缺陷，一般是指工程不符合国家或行业现行有关技术标准、设计文件及合同中对质量的要求。

（2）施工危险源

1）危险源辨识与风险评价

危险源辨识是识别危险源的存在并确定其特性的过程。施工现场识别方法有专家调查法、安全检查表法、现场调查法、工作任务分析法、危险与可操作性研究、事件树分析，故障树分析，其中现场调查法是主要采用的方法。

2）危险源识别应注意的事项

① 充分了解危险源的分布，从范围上讲，应包括施工现场内受到影响的全部人员、活动与场所，以及受到影响的毗邻社区等，也包括相关方的人员、活动场所可能施加的影响。从内容上，应涉及所有的伤害与影响，包括人为失误、物料与设备过

期、老化、性能下降造成的问题。从状态上讲应考虑正常状态、异常状态、紧急状态。

② 弄清危险源伤害的方式或途径。

③ 确认危险源伤害的范围。

④ 要特别关注重大危险源，防止遗漏。

⑤ 要对危险源保持高度警觉，持续进行动态识别。

⑥ 充分发挥全体员工对危险源识别的作用，规范听取每一个员工的意见和建议，必要时可询求设计单位、工程监理单位、专家和政府主管部门的意见。

**2. 怎样对施工现场物件不合格构成的危险源进行识别和处理？**

答：（1）事故隐患的处理

1）项目经理应对存在隐患的安全设施、过程和行为进行控制，确保不合格设施不使用、不合格物资不放行、不合格过程不通过，组装完毕后应进行检查验收。

2）项目经理应确定对事故隐患进行处理的人员，规定其职责权限。

3）事故隐患处理方式包括停止使用、封存；指定专人进行整改以达到规定要求；进行返工，以达到规定要求；对有不安全行为的人员进行教育或处罚，对不安全生产的过程重新进行组织。

4）验证。项目经理部安监部门必须要对存在隐患的安全设施、安全防护用品整改效果进行验证；对上级部门提出的重大事故隐患，应由项目经理部组织实施整改，由企业主管部门进行验证，并报上级检查部门备案。

（2）为防止安全施工的发生，施工员应该：

1）马上下达通知，停止有质量问题，存在隐患的扣件使用，停止脚手架的搭设。

2）现场封存此批扣件，不得再用。

3）向有关负责人报告并送法定检测单位检验。

4）扣件检验不合格，将所有扣件清出现场，追回已使用的扣件，并向有关负责人报告追查不合格产品的来源。

（3）脚手架工程交底与验收的程序

1）脚手架搭设前，应按照施工方案要求，结合施工现场作业条件和队伍情况，作详细的交底。

2）脚手架搭设完毕，应有施工负责人组织，有关人员参加，按照施工方案和规范分段进行逐项检查和验收，确认符合要求后，方可投入使用。

3）对脚手架检查验收应按照相关规范要求进行，凡不符合规定的应立即进行整改，对检查结果和整改情况，应按实测数据进行记录，并由监测人员签字。

## 3. 基础施工作业中与人的不安全因素有关的危险源产生的原因有哪些？

答：（1）造成事故的人的原因分析

1）施工人员违反施工技术交底的有关规定，防水墙体未达到设计规定的强度就开始进行基础回填土的回填作业，且一次回填的高度较高，回填的土方相对集中。

2）负责施工的管理人员，对施工现场的安全状况失察。

（2）基础施工阶段施工安全控制要点

1）挖土机械作业安全；

2）边坡防护安全；

3）降水设备与临时用电安全；

4）防水施工时的防火、防毒；

5）人工挖孔桩安全。

## 4. 怎样识别基坑周边未采取安全防护措施与管理有关的因素构成的危险源？

答：（1）危险源的识别

事发地段光线较暗，基坑周边未设置安全围护设施，临近基坑处也没有设置安全警示标志。

（2）安全防护措施

1）安全警示牌的设置原则是标准、安全、醒目、便利、协调、合理。

2）安全警示牌的设置应具有警示作用。

3）施工现场通道附近的各类洞口与基槽等处除了设置防护设施与安全标志外，夜间还应设置红灯警示。

## 第十一节　调查分析施工质量、职业健康安全与环境问题

**1. 施工质量问题有哪些类别？产生的原因有哪些？责任怎样划分？**

答：建筑工程由于工程质量不合格、质量缺陷，必须进行返修、加固或报废处理，并造成或引发经济损失、工期延误或危及人的生命和社会正常秩序的事件，当造成的直接经济损失低于5000元时，称为工程质量问题；直接经济损失在5000元（含5000元）以上的称为工程质量事故。

建筑工程由于施工工期较长，所用材料品种十分繁杂，同时也不时会受到社会环境和自然条件等各方面的异常因素的影响，使工程质量产生波动，出现的工程质量问题也是五花八门。在各种各样的质量问题中，存在着许多相似之处，归纳起来有如下原因。

（1）违背基本建设程序；

（2）违反现行法规行为；

（3）工程地质勘察失真；

（4）设计计算差错；

（5）施工管理不到位；

（6）使用不合格的原材料、制品及设备；

（7）自然环境因素影响；

（8）结构选择使用不当。

正确地处理工程质量问题源自于对出现的问题原因的正确判

断，只有对提供的调查资料、数据进行详细、深入、科学的分析后，才能找到造成质量缺陷或发生质量责任事故的真正原因。质量管理人员应当在日常施工质量管理中做到严实细，责任切实到人，从源头杜绝质量缺陷或事故的发生。在事故发生后要组织设计、施工、监理、建设单位对事故原因进行认真分析，以杜绝类似和其他质量问题的再度发生。

**2. 工程施工中安全问题产生的原因有哪些？怎样杜绝安全事故的发生？**

答：本题以高处坠落造成的伤亡事故为例回答这个问题。

（1）事故原因

1）作业中缺乏相互监督，无人制止违章行为，该施工企业安全管理不到位。

2）对作业人员未进行安全生产法律、法规教育，安全施工培训不到位。

3）事故受害者本人缺乏安全常识、自我保护意识差，违章、冒险、蛮干。

4）施工现场安全防护设施不符合规定。

（2）分部工程安全技术交底

安全技术交底工作在正式作业前进行，不但口头讲解，而且应有书面文字材料，并履行签字手续，施工负责人、生产班组、现场安全员三方各留一份。安全技术交底是施工负责人向施工作业人员进行责任落实的法律要求，要严肃认真进行，不得流于形式。交底内容不能过于简单，千篇一律，应按分部分项贯彻针对具体的作业条件进行。

（3）安全技术交底内容

1）按照施工方案的要求，在施工方案的基础上对施工方案进行细化和补充。

2）对具体操作者讲明安全注意事项，保证操作者的人身安全。

**3. 工程施工中导致环境问题产生的原因有哪些？怎样整改？**

答：本题以城市中心地带工程施工噪声扰民遭到环保及城管部门经济处罚为例回答本问题。

（1）噪声产生的原因

建筑工程施工引发噪声的重要因素有：施工机械作业、模板拆除、清理与修复作业、脚手架安装及拆除作业等。

（2）建筑工程施工噪声限值

白天噪声不允许超过 70dB，夜间不允许超过 55dB。

（3）时间限制

在城市人口稠密区施工，夜间 10 时至次日晨 6 时截止高噪声作业；在中考、高考开始前半个月内直至高考结束，禁止在人口稠密区进行夜间施工。

（4）夜间施工措施

施工现场因特殊情况确实需要夜间施工的，除采取一定降噪声措施外，还需要办理夜间施工许可证明，并公告附近居民。

# 第十二节 记录施工情况，编制相关工程技术资料

**1. 怎样填写施工日志？**

答：施工日志是现场管理人员每天工作的写实记录。作为施工现场的项目经理、施工技术负责人、施工员、质量员、安全员均应作施工日志。施工日志是自工程开工之日，到竣工验收全过程最原始的记录和写实，是反映工程施工过程中真实具体情况的写照。作为项目管理人员，特别是项目工程师或施工员更应作为一项重要工作来进行。施工日志，它是建筑产品的说明书。

（1）施工日志包括的内容

1）它是工程实施的写照，这份原始资料是当工程有什么问题或需要数字依据时的参考辅助资料。

2）施工日志是施工实践行为表述和记录的"档案"。

3）它是施工技术人员积累技术经济经验，总结工程教训，增长才干的自我财富。

4）施工日志是施工技术人员提高文字书写能力的一个"练兵场"，也是工程完成后书写工程或技术小结的参考依据，还是未来撰写论文的练笔场。

（2）施工日志的记录

1）记录当天的重要工作情况。其大致包括日期、天气、温度、主要工作及形象进度。

2）记录当天的主要技术、质量、安全工作。内容包括技术要求、图纸变更、施工关键、质量情况、有无安全隐患及事故以及是如何处理解决的。

3）技术交底的情况、资料质量情况、配合比情况等均要记录。

4）对施工日志的书写记录应实事求是，真实可靠。字迹清楚，态度认真。

**2. 工程资料包括哪些内容？**

答：工程质量控制资料包括工程准备阶段文件、监理文件、施工文件、竣工图和竣工验收文件。建设单位需在工程验收后 3 个月内将资料文件移交城建档案馆。这就要求施工单位在竣工验收后的 30 日将工程资料文件移交给建设单位。

# 第十三节　利用专业软件对工程信息资料进行处理

**1. 利用专业软件录入、输出、汇编施工信息资料时的注意事项有哪些？**

答：（1）信息的输入

输入方法除手动输入外，能否用 Excel 等工具批量导入，能否采用条形码扫描输入；信息输入格式；继承性，减少输入量。

（2）信息的输出

输出设备对常用打印设备兼容；能否用 Excel 等工具批量导出，供其他系统分析使用；信息输出版式。根据用户需要可否自行定制输出版式。

（3）信息汇编

根据需要可对各类工程信息进行汇总统计；不同数据的关联性，源头数据变化，与之对应的其他数据都应自动更新。

## 2. 怎样利用专业软件加工处理施工信息资料？

答：利用专业软件加工处理施工信息资料的主要内容如下：

（1）新建工程施工资料管理

选择工程资料管理软件，新建工程所有关于此工程的表格都会存放在此工程下面。点击［新建工程］，根据工程概况输入工程名称（××××工程资料表格），确定后进入表格编制窗口。确定之后进入资料编制区软件显示接口。

1）表格选择区

《建筑工程资料管理规程》中所有表格都在表格选择区中，资料类别包括：基建资料、监理资料、施工资料、竣工图、工程资料，档案封面和目录，市政、建筑工程施工质量验收系列规范标准表格文本、安全类表格、智能建筑类表格。

2）表格功能选择区

在表格功能选择区中，根据需要，完成新建表格、导入表格、复制表格、查找表格、删除表格、展开表格等操作。操作者根据各功能提示信息，完成相关工作。

（2）施工现场物资采购和使用等方面的管理

根据工程规模、进度计划、物资计划，制定物资采购计划，进行物资使用情况记载，采用专业软件进行统计分析，利用专业软件进行如下工作：

1）制定物资采购计划，根据审批的物资采购计划安排采购；

2）按规定的流程审批物资领用，随时掌握物资库存情况；

3）按库存情况及工程需要物资，微调物资采购计划，使物资满足施工方面的需要；

4）定期分析数据，减少浪费和库存的积压，向领导提供决策依据；

5）根据工程资料报备的需要，打印输出相关数据。

# 参考文献

[1] 中华人民共和国国家标准. 建筑工程项目管理规范 GB/T 50326—2006 [S]. 北京：中国建筑工业出版社，2006.

[2] 中华人民共和国国家标准. 建筑工程监理规范 GB/T 50319—2000 [S]. 北京：中国建筑工业出版社，2001.

[3] 中华人民共和国国家标准. 建设工程文件归档整理规范 GB 50328—2001 [S]. 北京：中国建筑工业出版社，2002.

[4] 中华人民共和国国家标准. 房屋建筑制图统一标准 GB/T 50010—2010 [S]. 北京：中国计划出版社，2011.

[5] 中华人民共和国国家标准. 建筑给水排水制图标准 GB/T 50106—2010 [S]. 北京：中国建筑工业出版社，2010.

[6] 中华人民共和国国家标准. 暖通空调制图标准 GB/T 50114—2010 [S]. 北京：中国建筑工业出版社，2011.

[7] 中华人民共和国国家标准. 民用建筑设计通则 GB 50352—2005 [S]. 北京：中国建筑工业出版社，2005.

[8] 住房和城乡建设部人事司.《建筑与市政工程施工现场专业人员考核评价大纲（试行）》[M]. 北京：中国建筑工业出版社，2012

[9] 王文睿. 手把手教你当好甲方代表 [M]. 北京：中国建筑工业出版社，2013.

[10] 潘全祥. 怎样当好水暖工长（第二版）[M]. 北京：中国建筑工业出版社，2009.

[11] 王树和. 施工员·设备安装 [M]. 北京：中国电力出版社，2014.

[12] 王文睿. 手把手教你当好土建施工员 [M]. 北京：中国建筑工业出版社，2014.

[13] 王文睿. 建设工程项目管理 [M]. 北京：中国建筑工业出版社，2014.

[14] 洪树生. 建筑施工技术 [M]. 北京：科学出版社，2007.

［15］　朱凤梧. 建筑设备工程—施工图识读要领与实例［M］. 北京：中国
建材工业出版社，2013.

［16］　中国建设教育学会. 质量专业管理实务［M］. 北京：中国建筑工业
出版社，2008.